LE
BASSIN HOUILLER
DU PAS-DE-CALAIS

HISTOIRE DE LA RECHERCHE, DE LA DÉCOUVERTE ET DE L'EXPLOITATION
DE LA HOUILLE DANS CE NOUVEAU BASSIN

PAR

E. VUILLEMIN

INGÉNIEUR ADMINISTRATEUR DE LA COMPAGNIE DES MINES D'ANICHE

TOME Ier.

LILLE

IMPRIMERIE L. DANEL
—
1880

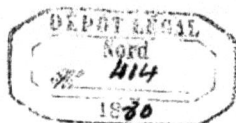

LE

BASSIN HOUILLER

DU PAS-DE-CALAIS

LE

BASSIN HOUILLER

DU PAS-DE-CALAIS

HISTOIRE DE LA RECHERCHE, DE LA DÉCOUVERTE ET DE L'EXPLOITATION
DE LA HOUILLE DANS CE NOUVEAU BASSIN

PAR

E. VUILLEMIN

INGÉNIEUR ADMINISTRATEUR DE LA COMPAGNIE DES MINES D'ANICHE

TOME Ier

LILLE
IMPRIMERIE L. DANEL
—
1880

AVERTISSEMENT.

Le Bassin houiller du Pas-de-Calais, dont la découverte remonte à peine à trente années, a pris un développement tellement rapide que sa production s'élève actuellement à plus de quatre millions de tonnes et dépasse notablement celle de tout autre Bassin français.

Les circonstances qui ont accompagné cette découverte, quoique de date récente, sont déjà en partie oubliées, et des milliers de faits qui ont concouru à donner au nouveau Bassin son importance actuelle, beaucoup sont aujourd'hui inconnus du plus grand nombre.

Rappeler ces circonstances, exposer l'ensemble de ces faits, tel est le but qu'on s'est proposé dans cet ouvrage.

Pour y atteindre, la marche naturellement indiquée était de décrire dans un ordre chronologique les nombreux travaux entrepris, depuis le milieu du siècle dernier jusqu'à ce jour, en vue de la recherche, de la découverte et de l'exploitation de la houille dans le Pas-de-Calais. Mais cette description devait être précédée d'études préliminaires, détaillées et spéciales sur chacune des nombreuses sociétés qui avaient pris une part active à l'exécution de ces travaux.

Ce sont ces études, ou monographies des principales houillères du nouveau Bassin, que nous publions aujourd'hui. Quoique ne formant que la seconde partie de l'ouvrage de M. Vuillemin, nous nous décidons à les faire paraître dès à présent, parce qu'elles sont complètes et nous paraissent offrir, même isolées de la première partie, un véritable intérêt.

CONCESSIONS INSTITUÉES
DANS
LES BASSINS HOUILLERS
DU NORD
ET DU PAS DE CALAIS

Échelle 1 : 560 000

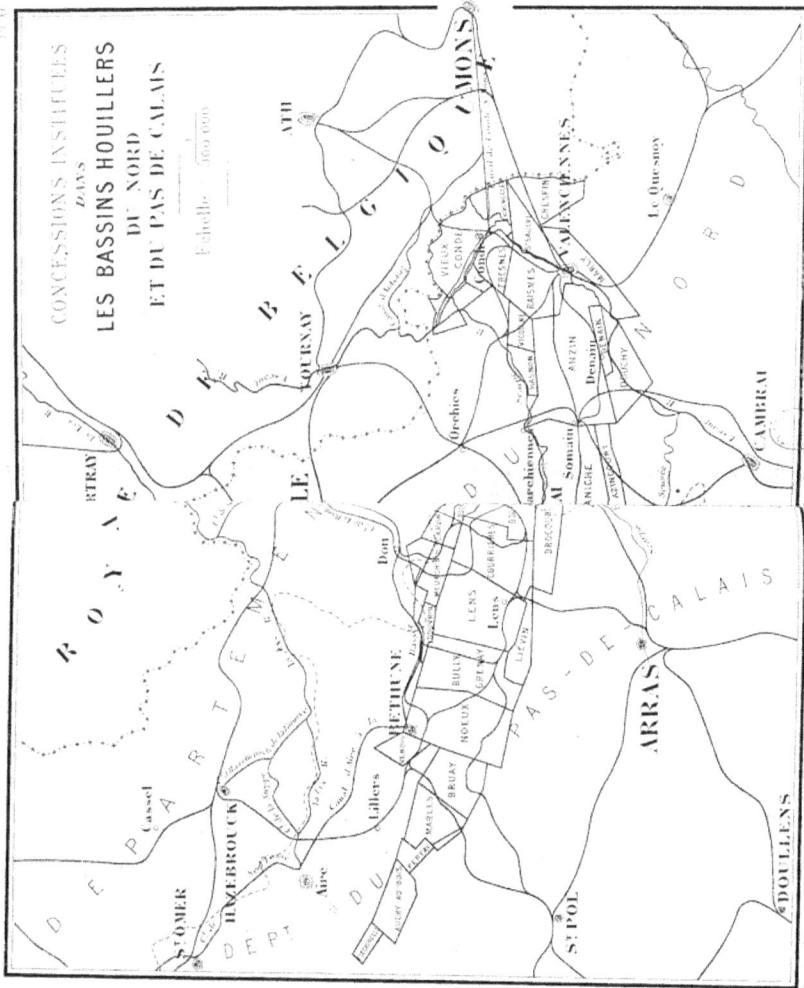

ROYAUME DE BELGIQUE

MONS

ATH

TOURNAY

LE

DÉPARTEMENT DU NORD

DÉPT DU PAS-DE-CALAIS

VALENCIENNES

Le Quesnoy

CAMBRAI

ANZIN

DENAIN

VIEUX CONDÉ

ARRAS

BÉTHUNE

LENS

LIÉVIN

BULLY

NOEUX

BRUAY

LILLERS

Aire

HAZEBROUCK

St OMER

Cassel

St POL

DOULLENS

Orchies

Somain

Aniche

Marchiennes

Douai

LE

BASSIN HOUILLER

DU PAS-DE-CALAIS,

HISTOIRE DE LA RECHERCHE,
DE LA DÉCOUVERTE ET DE L'EXPLOITATION DE LA HOUILLE
DANS CE NOUVEAU BASSIN.

I.

MINES DE L'ESCARPELLE.[1]

Sondage à l'Escarpelle par M. Soyez. — C'est le premier sondage ayant découvert la houille au delà de Douai. — Formation de la Société de la Scarpe. — Doublement du capital en 1855. — Concession — Travaux. — Fosse N° 4. — Sondage d'Auby. — Proposition de vente à la Compagnie d'Aniche. — Pourparlers avec MM. Delahante. — Chemin de fer. — Rivage. — Fabrication de coke. — Gisement. — Production. — Emprunts. — Capitaux engagés. — Valeur des actions. — Dividendes — Prix de vente. — Ouvriers. — Production par ouvrier. — Salaires. — Maisons d'ouvriers. — Caisse de secours. — Puits. — Sondages.

Sondage à l'Escarpelle par M. Soyez. — Le 13 juin 1846, M. Soyez, de Cambrai, établissait un sondage à l'Escarpelle, près Douai, en vue de déterminer le prolongement du bassin houiller à l'ouest de la concession d'Aniche.

(1) La concession de l'Escarpelle ne fait pas partie du bassin houiller du Pas-de-Calais ; elle est comprise dans le bassin houiller du Nord : mais elle se rattache si directement au premier de ces bassins, et par son origine, et par sa situation topo-graphique, qu'il a paru indispensable de joindre sa monographie à celles des autres exploitations du nouveau bassin.

Dans un mémoire ([1]) à l'appui d'une demande, qu'il adressait en 1861 au Gouvernement, d'une récompense pour avoir découvert le prolongement du bassin houiller au-delà de Douai, M. Soyez expliquait les considérations qui l'avaient conduit à entreprendre cette recherche. Il avait, dit-il, depuis longtemps étudié et suivi les travaux de recherches exécutés précédemment, qui avaient constaté 'existence du terrain dévonien au sud de Douai, à Esquerchin, et le calcaire carbonifère, au nord, à Vred, et il en avait conclu que le bassin houiller, s'il se prolongeait au-delà des exploitations d'Aniche, devait nécessairement passer entre Esquerchin et Vred.

« M. Soyez, avec un compas, partageant par égale portion le
» terrain compris entre ces deux points, détermina l'axe ou le
» point de centre, qui fut l'Escarpelle au nord-ouest de Douai.
» Cette simple opération suffit pour démontrer que le bassin
» houiller déviait de sa direction continue de l'est à l'ouest, en
» se portant de 30 à 40° plus au nord.
» Cette déviation avait causé l'erreur dans laquelle étaient
» tombés tous les explorateurs qui croyaient toujours à la
» direction de l'est à l'ouest. »

La demande et le mémoire de M. Soyez furent renvoyés aux Ingénieurs des Mines, qui conclurent qu'il n'y avait pas lieu d'y donner suite. Ils avaient eu connaissance de la proposition soumise en 1845 au Conseil d'administration des mines de Vicoigne, dont M. Soyez était membre, d'entreprendre des recherches pour trouver le prolongement du bassin houiller au-delà de Douai.

Il fut attesté officiellement, par les Administrateurs de la Compagnie de Vicoigne, que

« M. de Braquemont avait fait connaître au Conseil d'Admi-
» nistration de la Compagnie que, dans son opinion, le bassin
» houiller du Nord ne finissait point à Douai, et qu'il y avait
» lieu, dans l'intérêt de la Compagnie de Vicoigne, ne possédant
» que des charbons maigres, de faire des recherches sur le pro-

---

(1) Mémoire sur la découverte faite par M. François-Eugène Soyez, de Cambrai, Président du Conseil d'administration de la Compagnie des mines de l'Escarpelle, du charbon au nord-ouest de Douai, et du prolongement du bassin houiller du Nord jusqu'à la mer (en 1846).

» longement du bassin houiller ; que cette indication avait été
» donnée par M. de Braquemont à une époque qui remonte à
» 1845 , ainsi qu'il est rappelé dans un rapport de ce Directeur,
» en date du 9 août 1850 ; qu'en effet , à la date du 6 avril 1846 ,
» il fut posé au Conseil la question de savoir si ce n'était pas le
» cas de procéder aux recherches conseillées par son Ingénieur,
» proposition qui a été ajournée , reprise plus tard et enfin mise
» à exécution , ce qui a donné lieu à la concession de Nœux
» (Pas-de-Calais), obtenue par la Compagnie de Vicoigne [1]. »

Quoi qu'il en soit , M. Soyez , qui avait été l'un des fondateurs
de la Société d'Esquerchin en 1837, qui avait pris une part active
aux recherches de Vicoigne en 1838 , et était devenu l'un des
Administrateurs de la Société ayant obtenu la concession de ce
nom, M. Soyez, après s'être démis de ses fonctions, avait installé,
au milieu de l'année 1846 , un sondage à l'Escarpelle.

Ce sondage atteignit le terrain houiller à 154 mètres , puis
traversa deux couches de houille qui furent constatées officiellement par les Ingénieurs de l'État les 21 juin et 26 juillet 1847.

**Premier sondage ayant découvert la houille au-
delà de Douai.** — Le sondage de l'Escarpelle est certainement
le premier travail où la découverte de la houille au-delà de Douai
ait été constatée officiellement. Le sondage de Madame Declercq
dans son parc d'Oignies avait sans doute pénétré dans le terrain
houiller depuis plusieurs années, mais la découverte de la houille
ne paraît pas y avoir précédé de beaucoup celle faite à l'Escarpelle , ou du moins elle n'y avait pas été constatée par les Ingénieurs de l'État.

Il ne paraît pas probable non plus qu'en 1845 et 1846 , MM. de
Braquemont et Soyez aient eu connaissance de la rencontre du
terrain houiller à Oignies. Madame Declercq et M. Mulot avaient
tenu secrète cette rencontre, et à moins de quelques indiscrétions
d'ouvriers , auxquelles on ne devrait ajouter que peu de foi , la
nouvelle ne s'en était pas répandue.

L'idée première de rechercher la houille au-delà de Douai , là
où elle a été réellement découverte , appartient à la Compagnie
des Canonniers de Lille qui , dès 1835 , avait établi un sondage

_____

[1] Procès-verbal de la séance du 27 juin 1873, de la Société des Ingénieurs civils.

N° 344 sur Flers, non loin du fort de Scarpe. Ce sondage était arrivé à 206 m. 43 de profondeur, dans le tourtia, lorsqu'un éboulement survint. Le travail fut abandonné, et la Compagnie, renonçant à ses recherches des environs de Douai, les reporta à Raches où elle n'obtint pas plus de succès. En 1850, la Compagnie de Marchiennes, qui avait repris la suite des recherches de la Compagnie des Canonniers, vint s'établir de nouveau près du fort de Scarpe. Le sondage N° 345 qu'elle avait commencé fut arrêté à 82 m. 50, à la suite de l'établissement de la concession de l'Escarpelle.

La Société de Douai et Hasnon avait aussi, en 1838, établi un sondage N° 343 à Auby. Il fut abandonné à 140 m., dans la craie, à la suite d'un accident. Cette Société reporta ses recherches à Hasnon, où elle découvrit la houille et obtint une concession qui ne lui fut guère profitable.

Sans les accidents survenus pendant l'exécution des sondages de Flers et d'Auby, les Compagnies des Canonniers, de Douai et Hasnon eussent certainement découvert la houille, et, par suite, le nouveau bassin du Pas-de-Calais, dix ans avant la date à laquelle il a été réellement découvert.

Formation de la Société de la Scarpe. — Le sondage de l'Escarpelle n'était encore arrivé qu'à **124** m. **55**, et était encore dans la craie, lorsque, le 4 février 1847, M. Soyez constituait, avec divers propriétaires de Cambrai, une Société ayant pour objet la recherche et, s'il y avait lieu, l'exploitation des mines de charbon de terre dans les départements du Nord et du Pas-de-Calais, et spécialement sur le territoire des communes désignées dans la déclaration faite, par ledit M. Soyez, à la Préfecture du Nord.

Cette Société prit la dénomination de *Compagnie charbonnière de la Scarpe,* titre qu'elle devait changer pour prendre celui de la concession qu'elle espérait obtenir.

Elle était purement civile.

Son siége était à Cambrai.

M. Soyez faisait apport, sauf remboursement de frais, des droits pouvant résulter du sondage qu'il avait entrepris, du matériel dudit sondage et des droits de priorité découlant de ses déclarations à la Préfecture du Nord.

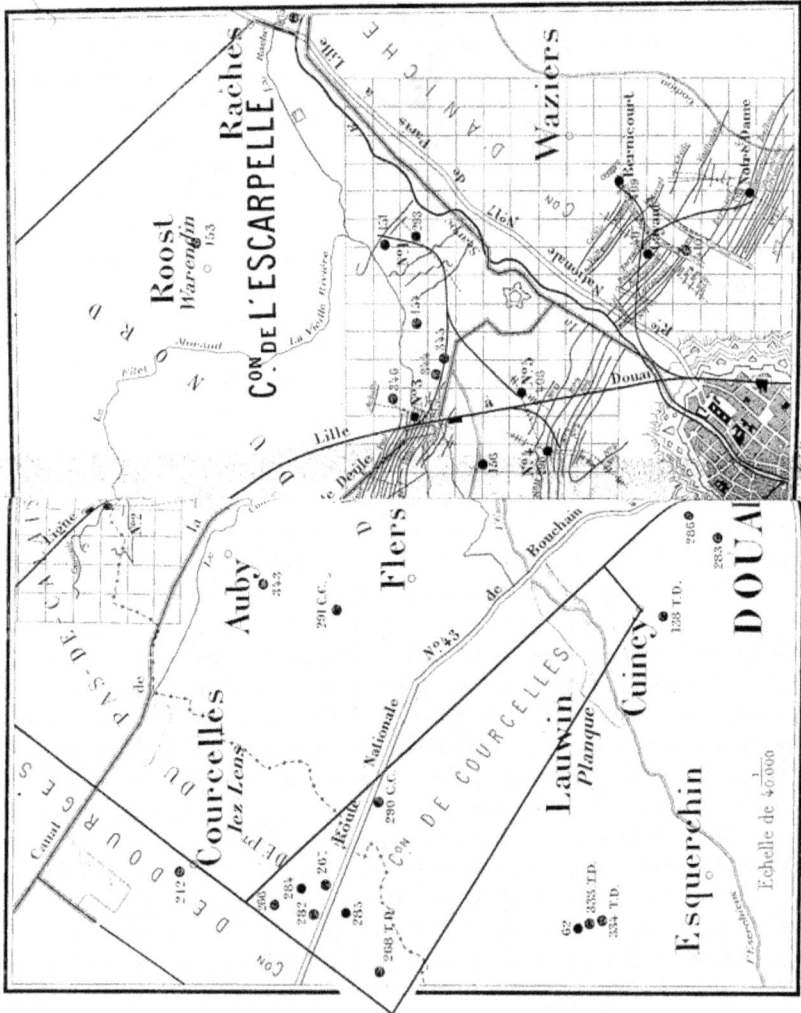

Pl I

Roost
Warendin ○ 153

C.^{on} DE L'ESCARPELLE

Raches

Waziers

Barnicourt

Notre-Dame

DOUAI

Auby

Flers

Courcelles
lez Lens

Lauwin
Planque

Guincy

Esquerchin

Échelle de 1/40000

Le capital était fixé à 1,500,000 francs, représenté par 3,000 actions de 500 francs.

Tout actionnaire avait le droit de quitter la Société après versement de 200 francs et en abandonnant ses mises et ses droits.

Les statuts renfermaient les autres dispositions suivantes :

« Les actions sont nominatives.

» Les actions Nᵒˢ 1 à 1,200 sont dès actuellement souscrites. Sur ces actions, 800 (Nᵒˢ 1 à 800) sont affranchies de tous appels de fonds et inaliénables jusqu'au moment où la Société aura obtenu la concession ; mais après cette obtention, elles sont passibles des appels de fonds.

» Le Conseil d'administration a le droit de retraire les actions cédées, moyennant le remboursement en principal et accessoires du prix porté en l'acte de vente.

» Lorsque la Société aura obtenu une concession, l'Assemblée générale se réunira, chaque année, à Cambrai.

» Pour en faire partie, il faudra être propriétaire de 10 actions.

» Les attributions de l'Assemblés générale sont d'entendre les comptes, de nommer les administrateurs, etc.

» La Société sera gérée par un Conseil d'administration composé de six membres nommés pour huit ans, et possesseurs d'au moins 10 actions.

» Leur remplacement a lieu par un vote de l'Assemblée générale.

» Les pouvoirs du Conseil d'administration sont très-étendus.

» Il est institué, pour vérifier les comptes, un Comité de surveillance composé de trois membres, nommés pour huit ans par l'Assemblée générale.

» Le 30 juin de chaque année, les écritures seront arrêtées et l'inventaire dressé par les soins de l'administration. Elle fixera le chiffre des dividendes. »

Doublement du capital. — Le capital primitif de un million et demi fut insuffisant pour amener l'entreprise de l'Escarpelle à une marche régulière et productive. L'exploitation des charbons secs des deux premières fosses était peu fructueuse, et il fallait, de toute nécessité, en ouvrir une troisième sur le gisement de charbon gras nouvellement découvert à Dorignies.

On songea en 1855 à se procurer un nouveau capital par un

emprunt; mais le crédit de la Compagnie ne lui permit de le réaliser que jusqu'à concurrence de 57,400 francs. Alors le Conseil d'administration, d'accord avec les membres du Conseil de surveillance et les délégués désignés dans la dernière Assemblée générale, proposa aux actionnaires de doubler le capital social en émettant 3,000 actions nouvelles de 500 francs.

L'Assemblée générale du 10 juin 1855 adopta cette proposition et porta le capital de la Société à 3 millions, représenté par 6,000 actions de 500 francs.

Les 3,000 actions nouvelles furent réservées par priorité aux 3,000 actions anciennes. Les versements sur ces actions devaient s'effectuer : 100 fr. en souscrivant, 100 fr. six mois après, puis successivement 50 fr. de six mois en six mois.

Concession.— Aussitôt après la rencontre du terrain houiller et la découverte de la houille au sondage de l'Escarpelle, la Compagnie de la Scarpe présentait, le 19 juin 1847, une demande en concession sur 8,500 hectares.

Cette demande fut accueillie, au moins en partie, et un décret du 27 novembre 1850 accorda aux sieurs Soyez, Douai, Deleau, Tourtois, Taverne et Baralle, représentants de la Compagnie de la Scarpe, sous le nom de concession de l'Escarpelle, une superficie de 4,721 hectares. C'est la première concession qui ait été accordée au-delà de Douai.

Lorsque le sondage du moulin d'Auby, No 291, eut démontré la présence du calcaire et porté la Compagnie Douaisienne à considérer que le terrain houiller devait s'étendre beaucoup au nord, et à entreprendre des recherches à Ostricourt, la Compagnie de l'Escarpelle s'empressa d'ouvrir un sondage à Moncheau, No 292, et de demander, le 21 mars 1855, une extension de sa concession sur 1,200 hectares. Sa demande fut mise aux affiches en même temps qu'une demande pareille de la Compagnie de Dourges. Ces deux Sociétés se concertèrent plus tard entre elles dans un but commun, celui d'évincer la Compagnie Douaisienne et de se partager le terrain que celle-ci demandait en concession. Mais leur demande fut repoussée.

En sondages et frais de toute sorte pour la concession, la Compagnie a dépensé 522,653 fr. 20.

Travaux. — En 1847, la Compagnie de la Scarpe commence

trois nouveaux sondages : N° 157 à la Blanche-Maison sur Auby, N° 153 à Roost-Warendin et N° 154 à Flers ; deux constatent l'existence de la houille et l'autre celle du terrain houiller.

En même temps, elle ouvrait une fosse N° 293 à l'Escarpelle, près de son sondage N° 1. Le passage du niveau fut relativement assez difficile : on eut d'abord à traverser 18 mètres de terrains tertiaires ; puis après, dans la craie, on eut à épuiser jusqu'à 60 hectolitres d'eau par minute, avec deux pompes de $0^m,43$, mises en mouvement à l'aide d'une machine à balancier de 100 chevaux. Cette fosse atteignit le terrain houiller à 154 m., et le 18 avril 1849, à la profondeur de 159 m., une couche de houille sèche tenant 15 % de matières volatiles. Elle commença à produire une faible quantité de 2,000 tonnes en 1850. Mais les veines étaient irrégulières, le charbon menu et terreux, et, jusqu'en 1857, sa production annuelle resta comprise entre 200 et 300,000 hectolitres. En profondeur, les terrains sont devenus plus réguliers et la qualité du charbon s'est améliorée. Cependant, cette fosse n'a fourni jusqu'ici qu'une extraction annuelle faible.

En mai 1850, une deuxième fosse N° 294 est ouverte à Leforest. Elle tombe également sur le faisceau des houilles sèches. Cette fosse entre en exploitation à la fin de 1853 et produit 70,000 hectolitres pendant l'exercice 1853–54, puis successivement :

208,000 hectolitres en		1854-55.
280,000	»	1855-56.
335,000	»	1856-57.
400,000	»	1857-58.

Mais comme à la fosse N° 1, les terrains sont accidentés.

En 1854, la Compagnie exécuta divers sondages en vue de déterminer l'emplacement d'une nouvelle et troisième fosse. Dans l'un d'eux, N° 346, situé à Dorignies, elle rencontra de belles couches de houille grasse, et à la fin de 1855 elle ouvrit une fosse N° 295 à proximité de ce sondage. Son emplacement fut choisi entre le chemin de fer du Nord et le canal de la Deûle, dans une situation magnifique au point de vue des débouchés, mais en plein marais. Les difficultés du passage du niveau furent très-grandes ; cependant elles furent habilement surmontées et, après douze mois de travail, le puits avait atteint la profondeur de 130 m.

Les deux autres fosses avaient été ouvertes au diamètre de

3 m. ; celle de Dorignies fut ouverte au diamètre de 4 m. Elle fut munie d'une machine horizontale à 2 cylindres de 120 chevaux, tandis que les deux premières fosses n'avaient que des machines de 30 chevaux.

La fosse N° 3 entra en exploitation en 1858, et dès 1860 la production de la Compagnie passait de 57,000 à 86,000 tonnes, puis à 102,000 en 1861, 115,000 en 1862, 132,000 tonnes en 1863.

L'exploitation de la fosse N° 3 fut fructueuse dès l'origine. Aussi dès que ce gisement fut bien connu, en 1865, la Compagnie songea à ouvrir une nouvelle fosse N° 296 au sud, sur le prolongement des couches exploitées par la Compagnie d'Aniche à Gayant. Le creusement de ce puits présenta des difficultés excessives.

Fosse N° 4. — En 1865, un premier puits fut creusé à travers les sables mouvants, au moyen d'une tour en maçonnerie qui s'arrêta dans l'argile plastique à 8 m. 82. Il fut continué par le système de croisures jointives. La quantité d'eau augmenta avec l'approfondissement, et bientôt 4 pompes de 0 m. 50 devinrent insuffisantes ; on les remplaça d'abord par 2, puis par 4 de 0 m. 70 et on avait atteint la tête des marnes à 16 m., lorsque, le 18 avril 1866, le balancier de la machine se brisa.

On se décida à ouvrir un deuxième puits à côté du premier, et en faisant fonctionner, à l'aide de 10 générateurs de 50 chevaux, 2 machines avec 4 pompes de 0,50 et 4 de 0,70 à 8 et 10 coups par minute, on parvint à 22 m. 89 de profondeur ; mais on ne put aller au-delà. On tirait jusqu'à 576 hectolitres d'eau par minute, et on faisait monter la vapeur à 7 et 1/2 atmosphères.

D'une part, le public prétendait qu'on inondait la vallée de la Scarpe, et, d'autre part, qu'on asséchait les puits de la ville de Douai [1]. Enfin, d'après les indications fournies par un sondage et par la fosse N° 3, on ne pouvait compter, avant la profondeur de 35 m., avoir des terrains solides permettant d'établir des picotages susceptibles de retenir les eaux. Il avait été déjà dépensé

(1) Un procès fut intenté à la Compagnie de l'Escarpelle par une association de propriétaires et de cultivateurs de la vallée de la Scarpe, dont les terrains avaient été inondés pendant l'hiver et le printemps de 1867. Des experts furent chargés d'examiner jusqu'à quel point les eaux de la fosse N° 4 avaient contribué à cette inondation. Ils reconnurent que le volume d'eau fourni par les pompes de cette fosse ne représentait qu'une quantité insignifiante du volume débité par les canaux de dessèchement de la vallée, et, sur leur rapport, le tribunal de Douai débouta les plaignants.

427,248 fr. 96, dont 98,728 fr. 40 rien que pour le charbon consommé par les machines.

Dans cette situation, la Compagnie de l'Escarpelle eut recours à une Commission composée de MM. de Bracquemont, Glépin et Vuillemin, afin de savoir quel était le meilleur moyen à employer pour surmonter les difficultés que présentait le creusement de la fosse N° 4.

Ces Messieurs ne mettaient pas en doute la possibilité d'achever le creusement du puits N° 4 par le procédé ordinaire, mais ils établissaient par des calculs qu'il faudrait, pour atteindre la profondeur de 35 m., développer avec 2 machines d'épuisement un travail utile de plus de 1,000 chevaux, installer 10 nouveaux générateurs de 60 chevaux, et dépenser au moins 550,000 francs, dont 120,000 en charbon, pour parvenir par un seul puits à la base du niveau, 90 m. ; enfin, que 18 mois devaient être nécessaires pour arriver à cette profondeur de 90 mètres.

Mais les inconvénients de ce mode de travail leur faisaient conseiller à la Compagnie de l'Escarpelle de ne pas l'employer, et d'avoir recours, pour la continuation de leur fosse, au système Kind–Chaudron, alors encore peu connu, ou au système de l'air comprimé.

En employant le système Kind–Chaudron, il leur paraissait nécessaire d'exécuter deux puits, par suite de la réduction obligée du diamètre à 3 m. 40. L'exécution de ces deux puits jusqu'à 90 m. coûterait 575,000 fr. et exigerait 18 mois.

Le fonçage jusqu'à 35 m. par l'air comprimé, obligerait, pour réduire la pression à 2 atmosphères effectives, de continuer l'épuisement dans un des puits et à maintenir le niveau de l'eau à 15 ou 20 m. de profondeur au-dessous du sol. Une fois les eaux retenues par des picotages dans l'un des puits, on continuerait son approfondissement par les procédés ordinaires, au diamètre de 4 m. jusqu'à 90 m. La dépense ne serait que de 350,000 fr. environ, et il ne faudrait que 11 mois pour arriver à 90 m.

Malgré la différence de dépenses et de temps que paraissait présenter le système de l'air comprimé, deux membres de la Commission furent d'avis que la Compagnie de l'Escarpelle devait lui préférer le système Kind–Chaudron. Ils motivaient cet avis, d'abord, sur les complications qu'offrait l'emploi de l'air comprimé simultanément avec l'épuisement dans l'un des puits jus-

qu'à 35 m. ; puis, sur la nécessité où l'on se trouverait ensuite
d'établir un autre attirail d'épuisement pour atteindre 90 m. ;
enfin, sur l'influence funeste qu'exercerait l'emploi de l'air
comprimé sur la santé des ouvriers, et l'incertitude où l'on se
trouvait qu'il fallût en continuer l'emploi au-delà de la profondeur de 35 m. (1).

La Compagnie adopta l'avis de la majorité de la Commission, et
eut à se féliciter de l'application du système Kind-Chaudron.

D'après un Mémoire publié par M. de Boisset dans les *Annales
des Mines*, tome XVI, 5° livraison, de 1869, les travaux d'installation du système Kind-Chaudron commencèrent fin novembre 1867, et le 1er mars suivant, le forage était en train. A la fin
de septembre 1868, le forage au grand trépan était parvenu à
104 m.; on descendit le cuvelage, et, dès la fin de 1868, le niveau
était complètement maintenu. La dépense ne s'élevait qu'à
208,681 fr. 60, et, en déduisant la valeur du matériel du sondage,
à 161,337 fr. 38 seulement.

La fosse N° 4, composée de deux puits, est entrée en exploitation en 1872. Elle a découvert un gisement riche et régulier de
houille grasse, et sa production y a bientôt atteint un chiffre
élevé, dépassant celui des trois autres fosses réunies. En même
temps, le prix de revient y est très-bas. Aussi, cette fosse a-t-elle
modifié d'une manière très-favorable la situation de la Compagnie
de l'Escarpelle.

Cette Compagnie a ouvert, en 1875, sur le même gisement, et
par le procédé Kind-Chaudron, un puits N° 5. Son installation
est aujourd'hui terminée, et il commence à entrer en exploitation. N° 406.

Le creusement, l'installation et l'outillage des cinq fosses de
l'Escarpelle ont coûté, savoir :

Fosse N° 1.......	774,415fr. 69
" 2.......	794,538 . 44
" 3.	996,393 . 85
" 4.......	1,618,897 . 67
" 5.......	917,826 . 16
Ensemble....	5,102,071 . 81

Moyenne du prix coûtant d'une fosse 1,020,414fr. 36

(1) Rapport de MM. de Bracquemont, Glépin et Vuillemin à la Compagnie de
l'Escarpelle, 1867.

Sondage d'Auby. — Un sondage N° 291, exécuté en 1854, près du Moulin d'Aubry, tomba contre toutes prévisions sur le calcaire carbonifère et y pénétra, sans en sortir, de 15 m. 89.

M. Vuillemin tira, de l'observation de ce fait anormal, la conclusion que la formation houillère devait se relever au Nord et s'étendre au-delà du périmètre de la concession de l'Escarpelle. Les recherches d'Ostricourt, suivies plus tard de celles de Carvin, de Meurchin et de Don, vinrent confirmer l'exactitude de cette conclusion, et constatèrent en dehors des concessions, primitivement instituées, l'existence de plus de 6,000 hectares de terrain houiller qui donnèrent lieu à l'établissement, en 1860, de cinq concessions nouvelles.

En présence des recherches d'Ostricourt, la Compagnie de l'Escarpelle ne resta pas inactive. Elle ouvrit en 1855 un sondage n° 292 à Moncheaux, qui rencontra le calcaire carbonifère. En même temps elle réclamait une extension de sa concession sur les terrains demandés par la Compagnie douaisienne. Mais, ainsi qu'il a été dit précédemment, sa réclamation ne fut pas accueillie.

Proposition de vente à la Compagnie d'Aniche. — En 1853, la Compagnie de l'Escarpelle était dans une situation peu favorable. Son capital était épuisé ; ses deux fosses, tombées sur des terrains accidentés, ne fournissant que des charbons secs, n'étaient pas productives, et il restait beaucoup à dépenser pour rendre l'entreprise fructueuse. D'un autre côté, la Compagnie d'Aniche venait d'ouvrir une fosse sur les charbons gras qu'elle avait découverts, près Douai, dans le voisinage de l'Escarpelle.

Il vint à la pensée de quelques intéressés de proposer une fusion avec la Compagnie d'Aniche. Des pourparlers eurent lieu entre les Administrateurs des deux Compagnies, mais ils n'aboutirent pas. D'une part, la Compagnie de l'Escarpelle avait des prétentions assez grandes ; d'autre part, la Compagnie d'Aniche possédant une immense concession, trouvait que tous ses efforts, tous ses capitaux devaient se porter sur la mise en valeur de la partie de cette concession où elle venait de constater de nouvelles richesses, plutôt que de les consacrer à une autre entreprise qui se présentait alors sous un aspect peu encourageant.

La Compagnie de l'Escarpelle demandait 3 millions de francs, payables en 3,000 obligations remboursables en 30 annuités au pair, et rapportant un intérêt annuel à fixer.

Pourparlers avec MM. Delahante. — Quelque temps
après, M. Soyez entra en pourparlers avec MM. Delahante pour
la cession de la concession. Ceux-ci envoyèrent M. Chatellux,
Ingénieur en chef des Mines, visiter les travaux, et l'on était à
peu près d'accord avec la Compagnie de l'Escarpelle pour acheter
l'entreprise moyennant une somme de 3 millions de francs,
lorsqu'éclata la déclaration de la guerre d'Italie. MM. Delahante
abandonnèrent leur projet d'acquisition, et la Compagnie de
l'Escarpelle décida alors, en 1855, le doublement de son capital.

Chemin de fer. — Rivage. — Les puits de la Compagnie
de l'Escarpelle sont admirablement situés par rapport aux voies
d'expédition de leurs produits, et il n'est pas de houillère qui ait
eu moins de dépenses à faire pour se raccorder et aux lignes
ferrées et aux voies navigables, et qui ait moins de frais à supporter pour l'écoulement de ses houilles. Tous ces puits sont
contigus au chemin de fer du Nord et aux canaux de la Deûle et
de la Scarpe, auxquels ils sont reliés par de simples voies de
garage ou par des embranchements de très-faible longueur.

Cependant, pour se soustraire à certains péages à la Compagnie du Nord comme pour effectuer avec facilité les mélanges
de ses diverses sortes de charbons, la Compagnie vient de créer
à Dorignies un beau rivage, avec vastes quais d'embarquement et
dépôts de houille et de bois, qui, dit-on, va être en communication avec ses cinq puits.

Les expéditions par la voie d'eau, d'après un travail de
M. Micha, ont été :

En 1869,	de	56,667	tonnes,	ou	42 %	de l'extraction.
1870	»	36,744	»		25	»
1871	»	43,149	»		28	»
1872	»	50,553	»		23	»
1873	»	61,546	»		23	»
1874	»	66.371	»		25	»
1875	»	72.295	»		25	»
1876	»	65,167	»		24	»

Fabrication de coke. — En 1872, la Compagnie de l'Escarpelle traita un marché de 50 à 75,000 tonnes de charbon de la
fosse N° 4, par an, pendant trois ans, au prix de 13 fr. 50 la
tonne, avec la Compagnie de transports de Saint-Dizier.

Cette dernière installa près de ladite fosse une fabrication de
coke pouvant livrer 150 tonnes par jour.

Ce traité donna lieu, dès 1873, à un procès basé sur la trop grande teneur en cendres des charbons.

Sur un rapport d'experts, le tribunal de Douai condamna la Compagnie de l'Escarpelle à payer à la Compagnie de transports, d'abord une indemnité de. 84,159fr. 86
pour trop forte teneur en cendres des charbons
livrés ; puis une deuxième indemnité de . . . . . 239,785 . 71
pour préjudice indirect éprouvé par la Compagnie
des transports, du fait de livraisons de charbons
défectueux.

Soit, en totalité. 323,945fr. 57

La Cour d'appel réduisit cette deuxième indemnité à 61,000 fr. environ, et un nouveau marché de charbon de cinq ans, conclu en 1877, à 12 fr. 50, vint mettre fin à toute réclamation ultérieure, moyennant paiement, par la Compagnie de l'Escarpelle, d'une somme totale d'environ 145,000 francs.

Gisement. — C'est à l'Escarpelle que les morts terrains, qui recouvrent le terrain houiller dans le bassin du Pas-de-Calais, prennent la plus grande épaisseur. Cette épaisseur varie de 216 à 232 mètres aux trois fosses Nos 3, 4 et 5, près Douai. Elle est de 154 et 156 mètres seulement aux fosses Nos 1 et 2.

Ces deux dernières fosses exploitent des houilles sèches à flamme courte, ne collant et ne fumant pas ou très-peu, et tenant de 14 à 17 % de matières volatiles, employées avec beaucoup d'avantage pour le chauffage des chaudières à vapeur. Leur gisement, qui comprend quatorze couches, est assez irrégulier et peu productif.

Les fosses Nos 3, 4 et 5, placées au sud, exploitent des couches supérieures aux précédentes, et dont la proportion de matières volatiles va en augmentant en se dirigeant du nord au sud, et passe de 18 à 28 %. Ces houilles sont grasses, à courte flamme, bitumineuses et très-convenables pour la fabrication du coke et pour la verrerie.

Dirigées de l'est à l'ouest, elles forment à l'ouest un coude brusque qui les ramène au midi, puis à l'est, de sorte que la bowette-sud de la fosse No 4 recoupe les veines traversées par la bowette-nord du même étage. Il doit exister vers l'ouest un grand accident qui a refoulé toutes les couches de la manière qui vient d'être dite. Cependant ces couches, dans la partie exploitée par les fosses N°s 4 et 5, présentent une régularité très-grande, favorable à une production économique.

Les coupes ci-jointes montrent, avec la carte de la concession de l'Escarpelle :

1° La position relative des houilles sèches par rapport aux houilles grasses ;

2° La manière dont se comprend le renversement des couches au sud de la fosse N° 3 ;

3° La relation qui existe entre les veines exploitées à l'Escarpelle et celles exploitées aux fosses Gayant et Bernicourt, de la Compagnie des mines d'Aniche.

Production. — La fosse N° 1 entre en exploitation fin de 1850 et produit cette année 2,000 tonnes seulement. Son extraction reste faible, 20 à 30,000 tonnes pendant bien des années.

La mise en exploitation de la fosse N° 2 vient augmenter la production, qui ne dépasse pas, cependant, 50 à 60,000 tonnes jusqu'en 1860, malgré le contingent fourni par la fosse N° 3.

> En 1860, l'extraction monte à....... 86,000 tonnes.
> En 1861,   id.   à...... 102,000 »
> Elle n'est encore, en 1868. que de .... 115,000 »
> Et en 1872, de.... .... 150,000 »

L'exploitation de la fosse N° 4 commence en 1872 et l'extraction s'élève d'année en année :

> Elle est, en 1872, de.... .... 215,000 tonnes.
> Et elle monte, en 1875, à .... 284,000 »

plus haut chiffre qu'elle ait atteint.

Elle descend ensuite à 260 et quelques mille tonnes pendant chacune des années 1876 à 1878.

En résumé, ainsi que le montre le tableau ci-joint, la production des mines de l'Escarpelle a été :

> De 1850 a 1859, de .... 363,276 tonnes.
> » 1860 à 1869................... 1,157,988 »
> » 1870 à 1878....... .... 2,102,001 »
>
> Et depuis l'origine, de .. 3,623,265 tonnes.

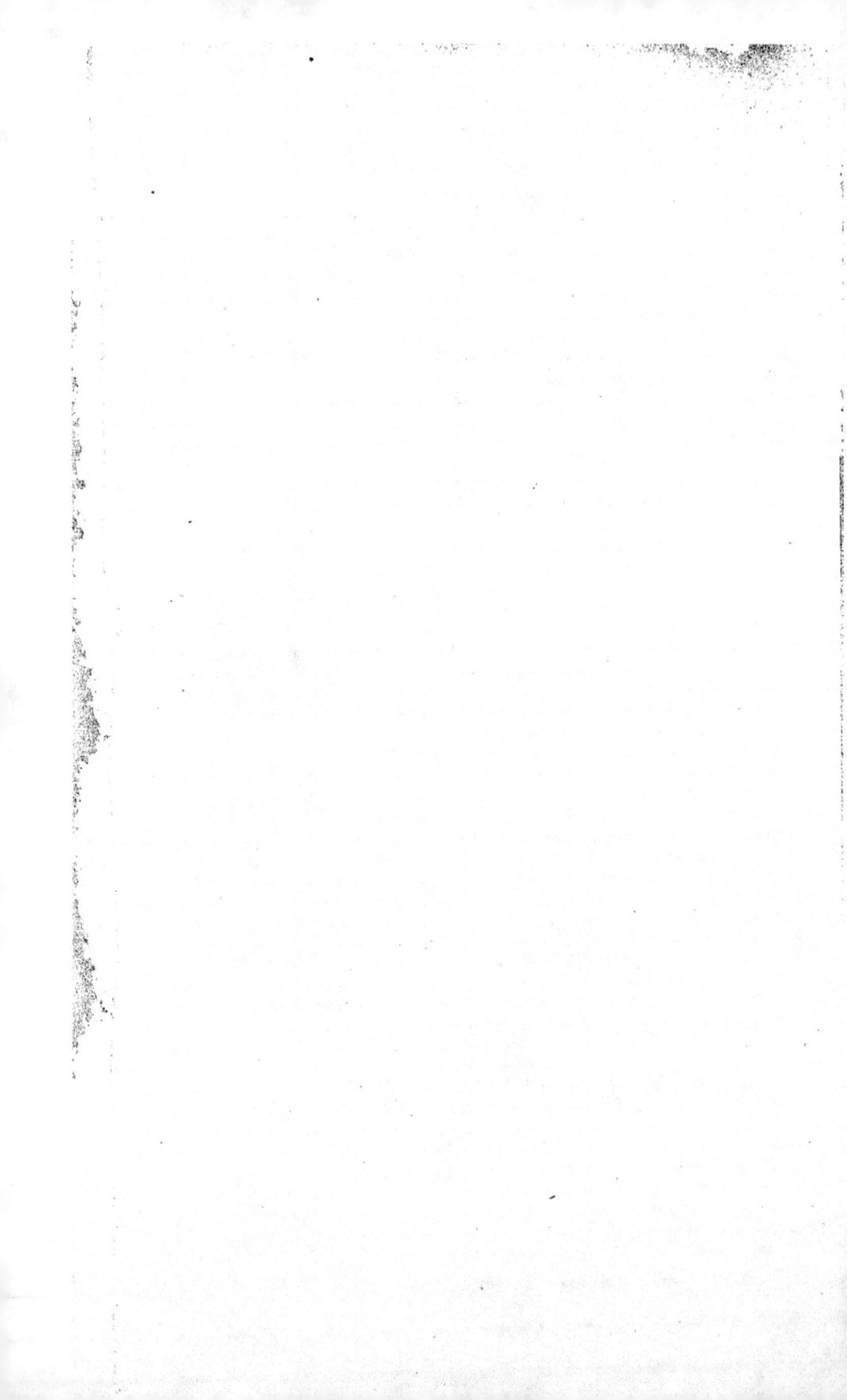

CONCESSION DE L'ESCARPELLE

COUPE PAR FOSSES N°4 ET 5

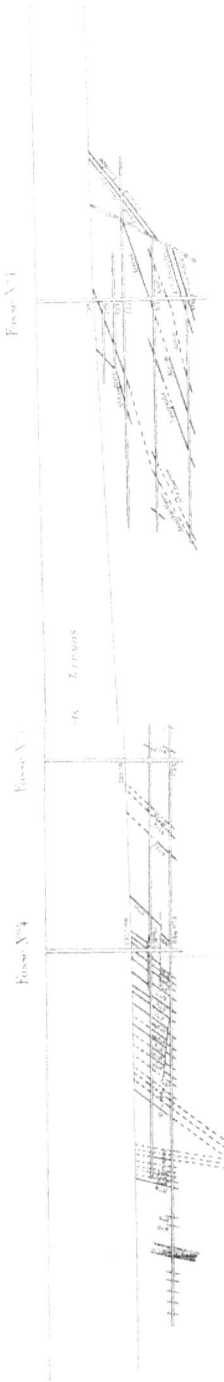

COUPE PASSANT PAR LES FOSSES GAYANT

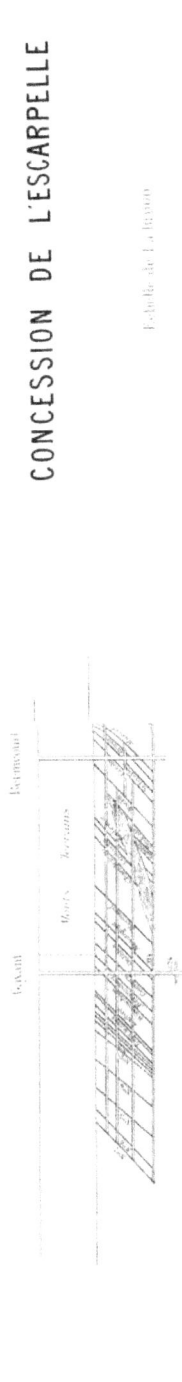

TABLEAU
donnant par année l'extraction, le nombre d'ouvriers occupés,
et la production, par ouvrier, des mines de l'Escarpelle,
de **1850 à 1878**.

ANNÉES.	EXTRACTION.	NOMBRE D'OUVRIERS OCCUPÉS	PRODUCTION PAR OUVRIER.
	tonnes.		tonnes.
1850	2.009	202	»
1851	28.052	332	84
1852	25.171	332	78
1853	20.751	355	58
1854	31.657	270	117
1855	44.345	556	79
1856	44.744	557	80
1857	51.867	470	110
1858	57.423	445	128
1859	57.257	502	114
1850-59	363.276	Moyenne. . . .	94
1860	86.316	500	172
1861	102.235	851	120
1862	115.008	824	139
1863	115.197	776	148
1864	132.840	895	148
1865	132.521	955	138
1866	108.577	893	121
1867	113.980	963	118
1868	115.572	805	143
1869	135.742	855	158
1860-69	1.157.988	Moyenne. . .	140
1870	143.046	821	174
1871	150.058	956	156
1872	215.899	1.030	209
1873	258.831	1.167	221
1874	261.295	1.323	197
1875	283.933	—	—
1876	265.182	1.346	197
1877	262.444	1.445	181
1870-77	1.840.688	Moyenne. . . .	190
1878	261.313		
Total	3.623.265		

Emprunts. — On a vu qu'en 1855, la Compagnie avait voulu contracter un emprunt pour l'exécution de sa troisième fosse. Mais son crédit n'était pas suffisamment établi par les résultats de ses deux premières fosses ; aussi cet emprunt échoua complètement. Le capital nécessaire à l'exécution de la troisième fosse fut fourni par l'émission de 3,000 actions de 500 francs.

Dans sa réunion du 21 mai 1865, l'assemblée générale vota un emprunt de 900,000 fr. destinés à l'établissement d'une quatrième fosse et d'une cité ouvrière à proximité.

Cet emprunt fut réalisé par l'émission de 3,000 obligations de 300 fr., portant intérêt à 6 % l'an, et remboursables en 15 annuités avec prime de 40 francs.

Le premier tirage devait avoir lieu en 1869 et le dernier en 1883.

Capitaux engagés. — Des 6,000 actions composant le capital de la Compagnie, il n'en a été émis que 5.773 à 500 fr. pour . . . . 2.886.300 fr. »

Il a été emprunté par obligations, en 1865 .   900.000 »

Ensemble. . . . 3.786.300 fr. »

Mais ce chiffre est loin de représenter le capital employé à créer les travaux. Il faut y ajouter une somme importante prélevée sur les bénéfices annuels, ainsi que le montre le bilan du 30 juin 1879, bilan qui comprend :

ACTIF. —				
Fosse N° 1		360,944 fr. »		
" 2		405,932 "		
" 3		557,511 "		
" 4		1,407,050 "		
" 5		917,827 16		
			3,649,263 fr. 16	
Maisons d'ouvriers			862,054 40	
Propriétés			395,382 85	
Chantier, quai, rivage, chemin de fer			467,909 "	
Matériel, mobilier, magasin, charbon			533,106 06	
Caisse, portefeuille, valeurs			777,110 39	
Comptes créditeurs			814,629 23	
			7,499,455 fr. 09	
PASSIF — Capital			2,886,500 f. "	
Bénéfices employés ou à employer aux travaux			3,171,062 74	
Obligations, intérêts, etc			412,500 "	
Réserve statutaire			400,000 "	
Comptes débiteurs			629,392 35	
			7,499,455 fr. 09	

Il ressort de ce bilan qu'il a été employé en travaux, en outil-lage et fonds de roulement . . . . . . fr. 7,499,455 09

A cette somme , il faut ajouter les amortisse-ments annuels faits depuis l'origine de la Société sur les sondages et le capital engagé , amortisse-ments qui varient de 2 1/2 à 10 %, suivant la nature des objets, et qui s'élèvent en totalité, du 1er juillet 1851 au 30 juin 1879, à 3,008,178 54

de sorte qu'il a été effectivement engagé dans l'entreprise des mines de l'Escarpelle 10,507,633 63

L'extraction a été, en 1878 , de 261,313 tonnes , et le plus haut chiffre qu'elle ait atteint a été, en 1875, de 283,933 tonnes.

Le capital engagé à l'Escarpelle correspond donc à 3,700,000 fr. pour une extraction annuelle de 100,000 tonnes, ou de 37 fr. par tonne. Il y a lieu , toutefois, d'observer que ce chiffre se réduirait à 30 fr. par tonne avec une extraction , qui est possible , de 350,000 tonnes. Et cependant , la Compagnie de l'Escarpelle n'a eu à faire que de très-faibles dépenses pour raccorder ses puits aux grandes voies de transport, chemins de fer et canaux.

Valeur des actions. — Les actions de l'Escarpelle furent émises en 1847, lors de la constitution de la Société, à 500 francs. C'est à ce même prix de 500 francs, qu'en 1855, lors du doublement du capital, furent émises 3,000 actions nouvelles.

A la fin de 1859, après la mise en exploitation de la fosse N° 3. elles se vendent 1,000 francs. Elles montent au commencement de 1861 à 1.200 francs ; mais ce prix ne se maintient pas et elles descendent à 1.000 francs en 1862 et même 950 francs en 1864

En 1868, on les trouve à 1.150 francs, et elles restent à ce prix jusqu'en mars 1872. Avec le haut prix qu'atteignent les charbons, elles s'élèvent à la fin de 1872 à 1.880 francs et en juillet 1873 à 3.100 fr. Elles sont encore à ce dernier taux en avril 1874. Mais elles montent à

4,000 francs en juillet 1874.
5,000   "   octobre   "
6,200   "   janvier 1875.
8,250   "   mai   "

chiffre maximum qu'elles aient atteint.

Elles redescendent ensuite à :

```
6,250 francs en janvier  1876
4,200    »     juillet      »
3,600    »     décembre     »
```

A la fin de 1877, elles se vendent à 4.400 francs, et pendant l'année 1878, elles vacillent entre 4.000 et 3.600 francs. C'est à ce dernier prix qu'elles sont en avril 1879.

Dividendes. — Quoique la situation financière de la Compagnie fût peu brillante, il fut réparti en 1852 un premier dividende de 30 fr. à chacune des 3,000 actions émises, et en 1853 et 1854, un deuxième et un troisième de 40 francs.

En 1855, le capital de la Compagnie est porté à 3 millions, représenté par 6,000 actions. Mais il n'en a été émis réellement que 5,773, nombre des actions en circulation encore aujourd'hui.

La Compagnie a continué ensuite sans interruption ses répartitions de dividendes, savoir :

```
En 1855......  35 fr. à 5,773 actions.
   1856......  40  »        »
   1857......  45  »        »
```

Pendant les trois années 1858 à 1860, le dividende est de 35 fr. Il s'élève à 50 fr. dans les quatre années 1861-1864, et à 55 fr. en 1865.

```
Il redescend à 50 francs en 1866.
   »      40   »     1867.
   »      30   »     1868 et 1869.
```

En 1870, il ne fut pas distribué de dividende, et en 1871, il ne fut réparti que 40 fr. par action.— La hausse du prix des houilles permit à la Compagnie de distribuer

```
En 1872........ 120 francs.
   1873......... 170   »
   1874........ 190   »
```

C'est le plus fort dividende qui ait été distribué.

```
Le dividende tombe à 150 francs en 1875.
     »       »   120   »     1876.
     »       »   110   »     1877.
Et il remonte à..... 120   »     1878.
```

Prix de vente. — En 1862, le prix moyen de vente des charbons de l'Escarpelle était de

```
La tonne ................... 11fr. 70
En 1869, il est de .......... 12   »
```

D'après les rapports des Ingénieurs des mines, il est en

1871, de...................	12fr. 84
1872.....................	12 . 86
1873....	15 . 89
1874.....................	15 . 68
1875.............	15 . 85
1876.....................	14 . 72
1877.....................	12 . 76
1878	11 . 91

Ces prix sont des moyennes, qui sont inférieures et de beaucoup aux prix cotés officiellement. Ainsi au 1er janvier 1875, le cours des charbons de l'Escarpelle était :

Tout venant , aux fosses.......	25 à 26 fr. la tonne.
Gros,	»	....	38 fr.	»

tandis que le prix moyen de vente de toute l'année 1875 n'est que de 15 fr. 85.

Ouvriers. — Dans un tableau précédent, on trouvera le nombre d'ouvriers employés annuellement par les mines de l'Escarpelle depuis 1850.

Pendant cette année 1850, ce nombre était de 202. Il varie de 270 à 355 de 1851 à 1854 ; de 445 à 557 de 1855 à 1860, et de 776 à 963 de 1861 à 1871.

En 1872, il est de 1.030 et en 1877 de 1.445.

D'après une notice publiée dans le bulletin de la Société de l'industrie minérale ([1]) à l'occasion de la visite du congrès en 1876, la répartition des ouvriers des mines de l'Escarpelle était la suivante :

ANNÉES.	AU FOND.	AU JOUR.	ENSEMBLE.
1860....	454	168	622
1865....	652	171	823
1870....	660	227	887
1875....	1154	287	1441

1) *Bulletin de la Société de l'Industrie minérale*, 2e série, tome **VI**. — 1877

Ces chiffres diffèrent un peu de ceux donnés dans le tableau précédent extrait des annuaires du département du Nord, et établis d'après les états de redevance.

Production par ouvrier. — De 1850 à 1859, la production par ouvrier est faible ; elle varie de 58 à 128 tonnes, suivant les années. De 1860 à 1869, elle est bien meilleure ; elle est de 118 à 172 tonnes. Enfin, de 1870 à 1877, elle s'améliore beaucoup ; elle ne tombe pas au-dessous de 156 tonnes (1871), et s'élève à 221 tonnes en 1874. — Elle est en 1877 de 181 tonnes.

La notice du bulletin de l'industrie minérale donne les chiffres suivants :

ANNÉES.	PRODUCTION	
	par ouvrier du fond.	par ouvrier du fond et du jour
	tonnes.	tonnes.
1860	190	138
1865	203	161
1870	216	161
1875	245	196

Enfin les Ingénieurs des mines fournissent dans leurs rapports annuels les résultats suivants :

Production par ouvrier de fond... 1873 = 280 tonnes.
    "   "   ... 1874 = 253   "
    "   "   ... 1875 = 246   "
    "   "   ... 1876 = 221   "
    "   "   ... 1877 = 226   "
    "   "   ... 1878 = 294   "

Salaires. — Suivant les états des redevances, les salaires payés successivement par la Compagnie de l'Escarpelle ont été :

En 1856, de .... 328,441 fr. = par ouvrier, 580 fr.
   1857 . . . . 361,450 "   "   769 "
   1858 . . . . 377,721 "   "   848 •
   1859 . . . . 318,096 "   "   623 "
   1860 . . . . . 514,737 "   "   1029 "
   1861 . . . . . . 633,903 "   "   745 "
   1862 . . . . 656,918 "   "   793 "
   1863 . . . . 654,535 "   "   843 "
   1864 . . . . . . 675,844 "   "   755 "
   1865 . . . . . . 676,511 "   "   703 "
Moy^{ne} des 10 années (1856-1865). 519,216 fr.   Par ouvrier, 766 fr.

Les rapports des Ingénieurs des mines fournissent les chiffres suivants, sur le salaire annuel des ouvriers de toute espèce des mines de l'Escarpelle, de 1873 à 1877 :

En 1873 = 1.337 fr.
1874 = 1,252 »
1875 = 1,197 »
1876 = 1,108 »
1877 = 1,016 »

Moyenne des 5 années (1873-1877) : 1,182 fr.

Ainsi, comparativement à la moyenne des 10 années 1856-1865, il y a eu dans la période des cinq années 1873-1877 une augmentation de salaire de 416 francs, ou de 54 %.

Enfin, d'après la notice publiée dans l'Industrie minérale, le salaire journalier du mineur proprement dit a été successivement :

En 1860 , de 4fr. 20
1865. 4   16
1870. 4   48
1875. 5   76

et le salaire journalier des ouvriers de toute espèce :

En 1860 , de 2fr. 77
1865. 2   70
1870. 3   29
1875 4   27

L'augmentation en 15 ans de 1860 à 1875 a donc été :

1° Pour l'ouvrier mineur . . . . de 1fr. 56 ou de 37 %.
2° Pour l'ouvrier de toutes catégories . .   1   30   »   54

Maisons d'ouvriers. — Une première cité ouvrière fut commencée à Roost-Warendin en 1852 et terminée en 1853. Depuis il fut créé une nouvelle cité à Leforest, et fin 1857 la Compagnie possédait 128 maisons. La Compagnie a créé depuis un centre important d'habitations à Dorignies, et elle possédait, fin 1876, 494 maisons ayant coûté plus d'un million.

Elle employait 1,346 ouvriers, et logeait au moins 50 % de son personnel.

Chaque maison est occupée par une famille, composée en moyenne de 5 personnes.

Le hameau de Dorignies dépend de la ville de Douai. Ce centre est devenu très-populeux, à cause des mines et de plusieurs établissements industriels qui sont venus s'y fixer. Il est compris dans l'octroi de la ville, qui par contre y a installé à ses frais écoles, asile et église.

Les mines de l'Escarpelle et les autres usines ont toutefois contribué, dans une certaine mesure, à la création de ces établissements.

Caisse de secours. — La Compagnie a établi dès l'origine une caisse de secours qui est alimentée par une retenue de 3 % sur les salaires des ouvriers par une cotisation de la Compagnie de 1 % desdits salaires.

Elle fournit aux ouvriers malades ou blessés des secours en argent, les soins médicaux, et assure des pensions de retraite aux vieux ouvriers, à leurs veuves et à leurs orphelins.

PUITS.

N° 293. Fosse N° 1, ou Soyez, à l'Escarpelle. — 1847. — Terrain houiller à 154 m. La houille est constatée officiellement à 159 m, le 18 avril 1849. Entre en exploitation en 1850. Terrains supérieurs très-irréguliers, s'améliorant en profondeur Toutefois, cette fosse n'a fourni qu'une extraction annuelle assez faible. — Il y existe du grisou

294. Fosse N° 2, ou de Leforest, ou Douay. — Ouverte en 1850. Rencontre le terrain houiller à 150 m 18. Entre en exploitation fin 1853. Terrains accidentés et inclinés près du puits de 70 à 75° — Le grisou y existe.

295. Fosse N° 3. — Ouverte en 1855 Son creusement présenta de sérieuses difficultés à travers les terrains tertiaires et les marnes fendillées jusqu'à la profondeur de 20 m. 62. L'épuisement des eaux exigea l'emploi de quatre pompes de 0 m. 50, marchant à douze coups par minute. Rencontre le terrain houiller à 216 m. Niveau difficile. Entre en exploitation en 1858. Le cuvelage en bois laissait passer beaucoup d'eau ; en 1876, on a mis à l'intérieur une chemise en fonte.

296. Fosse N° 4. — Ouverte en 1865. Deux puits abandonnés à 24 m. à cause de l'énorme affluence d'eau. On y applique, pour la première fois dans le Nord, le système Kind-Chaudron. Un puits d'extraction et un puits d'aérage — Terrain houiller à 232 m. — Profondeur : 340 m.

Entre en exploitation en 1872 — Exploite le faisceau de houille grasse de la fosse Gayant de la Compagnie d'Aniche. — Très-riche et très-productive.

406. Fosse N° 5. — Ouverte en 1875. Creusée par le système Kind-Chaudron. Le cuvelage descend jusqu'à 122 m. Atteint le terrain houiller à 210 m. Entre en exploitation en 1879.

SONDAGES.

N° 151. Sondage de l'Escarpelle. — 1846. — Atteint le terrain houiller à 153 m. 75 ; une veine de houille de 0 m. 85 à 159 m. 18, puis une deuxième, qui sont constatées officiellement les 20 juin et 26 juillet 1847.

C'est près de ce sondage qu'a été ouverte la fosse N° 1. Profondeur totale : 169 m 90.

152. Sondage d'Auby, près de la Blanche-Maison et le chemin du Nord — 1847. — Le charbon y a été constaté officiellement le 25 février 1848. — Terrain houiller à 157 m. 41. — Profondeur totale : 247 m. 60.

C'est près de ce sondage qu'a été ouverte la fosse N° 2.

153. Sondage à Roost-Warendin. — 1847. — Terrain houiller à 158 m. 90, constaté officiellement le 31 mars 1848. Assez grande épaisseur de terrains tertiaires. Profondeur totale : 168 m.

154. Sondage sur Flers-Est ou du Fort-de-Scarpe.— 1847. Terrain houiller constaté le 1er avril 1848 à 156 m. 77. Profondeur totale : 177 m. 87.

155. Sondage d'Évin-Malmaison. — 1849. — Terrain houiller à 159 m. 54. Rencontre la houille à 170 m. en 1850, constatée par l'Ingénieur des mines. Profondeur totale : 177 m 20. — Est compris dans la concession de Dourges.

156. Sondage de Dorignies ou du Polygone. — 1849. — Abandonné en 1850 à 253 m. 50. Avait atteint le terrain houiller à 232 m. 79, une première veine à 239 m. 75 et une deuxième à 247 m. 85.

346. Deuxième sondage de Dorignies, près de la fosse N° 3. — 1854. — A atteint le terrain houiller à 212 m. 51. Profondeur totale : 239 m. 31. — Rencontre plusieurs veines de houille grasse.

290. Sondage de Flers-Ouest, sur la route de Douai à Béthune. — 1850. — Atteint le calcaire carbonifère à 141 m.

291. Sondage d'Auby, près du Moulin. — 1854. — Calcaire carbonifère à 158 m. 47. Profondeur : 174 m 36. Exécuté par Kind.

C'est le résultat de ce sondage qui a donné lieu à l'idée que le bassin houiller remontait au nord, et qui a donné naissance aux recherches d'Ostricourt.

292. Sondage de Moncheaux. — 1855. — En dehors de la concession, rencontre le terrain négatif. Calcaire à 185 m. Poussé à 190 m. 94. Eau jaillissante.

342. Sondage du pont d'Auby. — 1854. — Terrain houiller à 153 m.

343. Sondage d'Auby. — 1838. — Exécuté par la *Compagnie de Douai et Hasnon.* — Abandonné à 140 m. dans la craie, par suite d'accident. — Ce sondage, s'il avait été continué, eût découvert le nouveau bassin du Pas-de-Calais huit ans avant la date à laquelle il a été réellement découvert.

344. Premier sondage à Flers, à 5 kilomètres au nord-ouest de Douai, exécuté en 1835 par la *Compagnie des Canonniers.* Abandonné à 206 m. 43 dans le tourtia par suite d'éboulement. — Aurait atteint le terrain houiller vers 210 m. s'il avait été continué.

345. Deuxième sondage à Flers. — Exécuté en 1850 par la *Société de Marchiennes* — Abandonné à 82 m. 50 à la suite de l'octroi de la concession de l'Escarpelle.

287. Sondage de Douai, en dehors et près de la porte d'Esquerchin. Exécuté en 1866 par une Société dite : *La Roubaisienne.* A rencontré le calcaire à 251 m. et y a pénétré de 2 m.

II.

MINES DE DOURGES.

Premiers sondages. — Concession. — Statuts. — Association avec les Compagnies d'Anzin et de Vicoigne. — Travaux. — Production — Gisement. — Dépenses. — Dividendes.—Valeur des actions. — Prix de revient — Prix de vente. — Ouvriers. — Salaires — Grève de 1872. — Maisons d'ouvriers. — Caisse de secours. — Puits. — Sondages.

Premiers sondages. — « Dès 1841 Mme De Clercq, par des travaux de forage N° 146, commencés dans son parc, à Oignies » (Pas-de-Calais) avait acquis la connaissance de l'existence du » terrain houiller à une profondeur de 170 à 180 m. Le forage, » entrepris pour procurer des eaux jaillissantes, ne pouvait plus » atteindre ce but après la découverte du terrain houiller, et il » aurait été abandonné, si cette même découverte n'avait pas » engagé Mme De Clercq à la poursuivre pour constater plus » complètement la consistance et la direction des couches de ce » nouveau bassin houiller. C'est sur cette dernière et unique vue » que le forage dont s'agit fut conduit jusqu'à une profondeur » de plus de 400 m. et a occasionné une dépense de plus de » 100.000 fr. »

Tels sont les termes dont se servait la Société des Mines de Dourges, pour expliquer sa découverte, en 1841, du prolongement du bassin houiller du Nord, dans un mémoire du 18 février 1853 au Conseil de préfecture du Pas-de-Calais, en réponse à une demande de la Compagnie de la Scarpe de remboursement de la dépense d'un sondage, exécuté par cette dernière Compagnie, à Evin-Malmaison, et compris dans la concession de Dourges.

« Les travaux de ce premier forage durèrent, comme on le
» comprendra facilement, plusieurs années ; en 1846 et 1847.
» Mme De Clercq et M. Mulot, qui avait dirigé ce premier forage.
» crurent devoir poursuivre leurs recherches. Ils firent d'abord
» 2 nouveaux forages sur la commune de Dourges, aux lieux dits
» d'*Harponlieu* N° 28 et des *Peupliers* N° 148. Les forages
» poussés jusqu'à 250 m. étaient achevés dès la fin de 1847. »

» En 1849 et 1850, Mme De Clercq et M. Mulot ont continué leurs
» travaux de recherches par 2 nouveaux sondages, l'un à
» Dourges, près le village, N° 9, et l'autre sur la commune
» d'Hénin-Liétard, N° 147 ([1]). »

La découverte du terrain houiller, puis de la houille, dans le parc de Mme De Clercq, à Oignies, fut donc l'effet du hasard. Mais il est constant que c'est sur ce point qu'a été constaté pour la première fois la présence de terrain houiller au-delà de Douai.

La Compagnie des Canonniers de Lille avait bien exécuté dès 1835 un sondage sur Flers, près du fort de Scarpe et l'avait même poussé à 206 m. 43 de profondeur. Elle allait y atteindre certaine-ment, dans quelques mètres, le terrain houiller, lorsqu'un éboulement l'obligea à abandonner ce sondage.

En 1838, la Compagnie de Douai et Hasnon avait aussi ouvert un sondage, plus à l'ouest, à Auby, mais, comme celui des Canonniers, il dut être abandonné à 140 m. dans la craie, par suite d'un accident.

Ensuite le seul travail, ayant donné un résultat utile, fut le sondage de M. Soyez, en 1846, à l'Escarpelle, entrepris, comme on l'a vu, sur la communication, en 1845, de M. de Bracquemont à la Compagnie de Vicoigne. Il ne paraît pas que ni l'un, ni l'autre

---

(1) Mémoire de la Compagnie de Dourges contre la Compagnie de la Scarpe. — 18 février 1853.

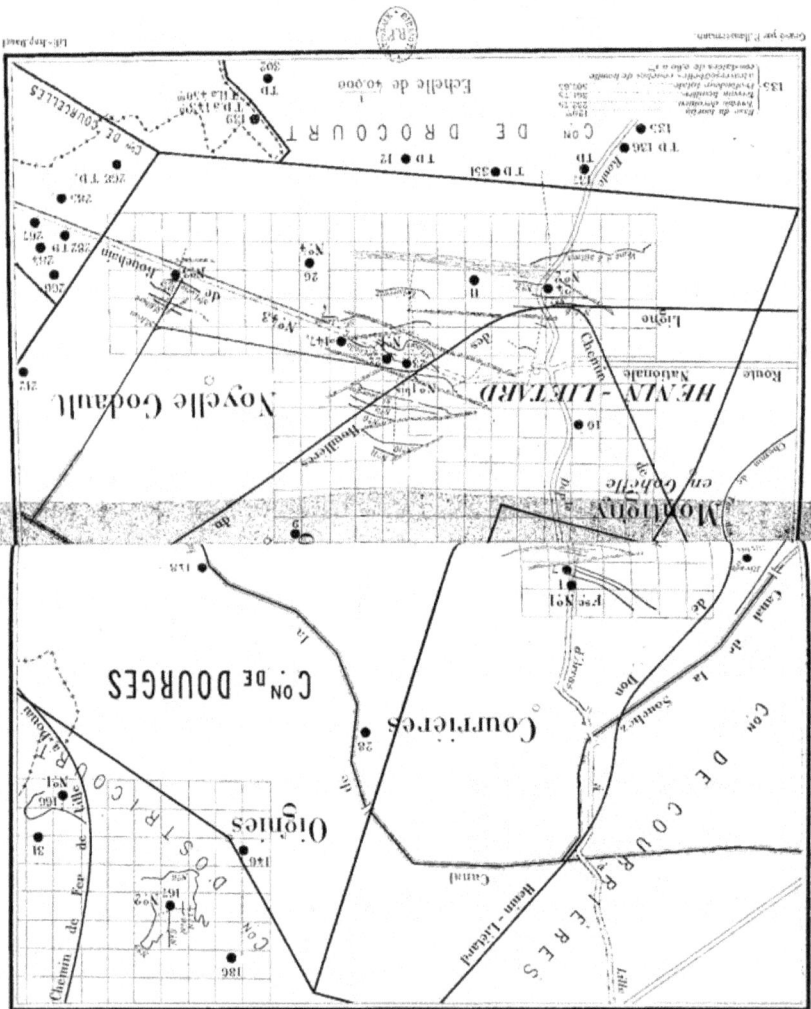

Lith.Imp.Monrocq

Echelle de 40,000

Pl. III

de ces Messieurs ait eu connaissance alors de la rencontre du terrain houiller à Oignies, rencontre qui avait été tenue secrète.

Si le sondage d'Oignies a découvert le premier le terrain houiller, c'est au sondage de l'Escarpelle que, pour la première fois, on a constaté officiellement la houille au-delà de Douai, et il n'est pas douteux que cette constatation officielle, l'ouverture d'une nouvelle fosse et de nouveaux sondages par la Compagnie de la Scarpe, n'aient exercé une influence décisive sur Mme De Clercq pour l'engager à poursuivre ses travaux de recherches, et à se mettre en mesure de créer une exploitation houillère.

Elle entreprit donc en 1846 et 1847 deux nouveaux sondages, puis en 1849 deux autres sondages au sud et découvrit la houille sèche et maigre dans les deux premiers et la houille grasse dans les deux derniers.

Concession. — A la fin de l'année 1848, Mme De Clercq et M. Mulot présentaient une demande de concession. Des prétentions rivales, de la part de la Compagnie de la Scarpe et de la Compagnie de Courrières, apportèrent des retards dans l'instruction de cette demande.

Enfin un décret du 5 août 1852 accorda à la dame veuve De Clercq et au sieur Mulot une concession s'étendant sur 3.787 hectares, sous le nom de *Concession de Dourges*.

Cette concession fut, avec celles de Courrières, établie par décret du même jour, la première concession instituée dans le nouveau bassin du Pas-de-Calais.

Lorsque la Compagnie douaisienne entreprit, en 1854, des recherches au nord des concessions instituées, la Compagnie de Dourges ouvrit deux sondages N°s 31 et 32 en dehors de sa concession, et formula en 1855 deux demandes d'extension, qui furent rejetées.

De même lorsque la Compagnie de Drocourt eut exécuté des recherches au midi qui rencontrèrent le terrain houiller et la houille sous le terrain dévonien, la Compagnie de Dourges poussa, en 1876 et 1877, au sud de sa fosse N° 3 (24) une galerie de reconnaissance qui dépassa la limite de sa concession. Cette galerie est restée constamment dans le terrain houiller présentant des allures tourmentées [1].

---

[1] Rapport des Ingénieurs des mines sur l'industrie minérale en 1877.

Malgré cette demande en concurrence, une concession a été accordée à la Compagnie de Drocourt par décret du 22 juillet 1878.

Statuts. — La Compagnie de Dourges a été fondée par actes passés devant M. Du Rousset, notaire à Paris, les 22 septembre, 2 novembre et 4 décembre 1855.

Les statuts ont été modifiés par délibérations des assemblées générales des 24 mars 1856 et 23 février 1861.

Voici l'analyse de ces statuts modifiés :

La Société est purement civile.

Elle prendra la dénomination de *Société de Dourges*.

Le siége et le domicile de la Société sont à Paris.

Le capital social est fixé à 1,800,000 fr. représentés par 1,800 actions de 1,000 fr.

Elles sont libérées jusqu'à concurrence de 700 fr., soit d'une somme totale de 1,260,000 fr. égale à la valeur des apports faits par les fondateurs : concessions, terrains, travaux, approvisionnements, outillage, etc., soit : 820.000 fr., montant des dépenses au 1er septembre 1855, et 440,000 fr., valeur de la concession.

Les actions sont au porteur ou nominatives au choix de leurs propriétaires.

Les fonds nécessaires pour continuer à mettre la concession en état d'exploitation sont évalués à 540.080 fr., soit 300 fr. par action. Si cette somme était insuffisante, il pourra être émis 300 nouvelles actions de 1,000 fr. qui seront offertes de préférence aux actionnaires.

La Société est gérée et administrée par 6 administrateurs qui sont :

MM. Mulot, Mortimer-Ternaux, Hély-d'Oissel, Duplan, mandataire de Mme De Clercq, Lelasseux et Collin.

Ils doivent être propriétaires chacun de 10 actions.

En cas de décès, démission ou cessation de fonctions d'un administrateur, il sera remplacé par un autre associé, possédant ou représentant 10 actions, élu par les administrateurs restants.

Les administrateurs exercent tous les droits et sont investis de tous les pouvoirs de la Société.

Le Conseil pourra déléguer à un ou plusieurs membres, ou même à une personne étrangère, tout ou partie de ses pouvoirs.

Chaque année il est prélevé, avant toute répartition, une somme pour le fonds de roulement qui s'élèvera selon les besoins et qui ne pourra être moindre de 300,000 fr. ; un fonds de réserve de 500.000 fr.

On ne considérera comme bénéfice que l'exédant des produits sur les dépenses, sans distinction entre les dépenses qui seraient représentées par une augmentation de la valeur du fonds social, et celles qui ne représenteraient que des salaires, des consommations ou des charges journalières

Chaque actionnaire ne pourra demander d'autre communication que celle du bilan annuel et sommaire, tel qu'il aura été dressé par le Conseil d'administration.

Tant que Mᵐᵉ De Clercq ou sa succession en ligne directe jusqu'au 2ᵉ degré inclusivement conserveront 400 actions au moins, cette dame ou sa succession auront le droit de nommer aux places d'administrateurs, actuellement remplies par cette dame et M. Mulot, et à chaque fois que lesdits administrateurs viendront à cesser leurs fonctions par décès, démissions ou autrement.

Les administrateurs se réuniront au moins 12 fois par an.

Ils auront droit à un jeton de 20 fr., au remboursement de leurs frais de voyage, et a une quotité de 10 % sur le dividende, après paiement des intérêts et des prélèvements attribués à la réserve, tant que le dividende ne dépassera pas 200.000 fr., et de 5 % sur toutes les autres sommes distribuées au même titre et qui dépasseront ce chiffre.

Pour avoir droit d'assister à l'assemblée générale, il faut être propriétaire de 10 actions au moins qui donnent droit à une voix. La même personne ne peut avoir plus de 40 voix.

Association de la Compagnie de Dourges avec les Compagnies d'Anzin et de Vicoigne. — Mᵐᵉ De Clercq, étrangère aux affaires industrielles, s'assura le concours des Compagnies d'Anzin et de Vicoigne pour la direction, l'exécution et les dépenses de ses travaux.

Sur les 1,800 actions de la Société, formée pour l'exploitation des mines de Dourges, Mᵐᵉ De Clercq, M. Mulot et quelques personnes de leur entourage reçurent 600 actions ; la Compagnie d'Anzin en prit 600, et la Compagnie de Vicoigne 600.

Lorsque parut le décret du 23 octobre 1852, interdisant les

réunions de concession, la Compagnie de Vicoigne, qui n'avait pas encore obtenu sa concession de Nœux, renonça à ses actions dans la société de Dourges. Mais la Compagnie d'Anzin conserva les siennes ; elle en augmenta même le nombre, par suite du partage qui fut fait des 600 actions abandonnées par la Compagnie de Vicoigne et qui furent partagées entre la Compagnie d'Anzin, Mme De Clercq et ses autres associés.

Plus tard, la Compagnie d'Anzin fit entre ses sociétaires, la répartition de ces actions, à raison de 2 par chacun de ses deniers d'intérêt, ainsi qu'il résulte d'une circulaire du 20 juin 1857, adressée auxdits sociétaires, et dont voici quelques extraits :

« La découverte du bassin houiller du Pas-de-Calais intéres-
» sait vivement l'avenir de notre Compagnie. La régie ne
» pouvait rester indifférente devant un événement aussi impor-
» tant. Après y avoir mûrement réfléchi, elle pensa qu'elle ne
» pouvait mieux faire que de s'intéresser aux entreprises nou-
» velles, pour être d'abord exactement instruite de ce qui s'y
» passerait ; secondement, pour contribuer à leur inspirer, dans
» l'intérêt commun, les principes de l'industrie sage et régulière ;
» troisièmement, enfin, pour prendre part à leur prospérité et se
» dédommager ainsi du tort qu'elle pourrait en recevoir, s'il
» arrivait que leur rapide développement nuisit au sien, ce qui,
» jusqu'ici, ne s'est point réalisé. Elle saisit donc l'occasion qui
» lui fut offerte, de prendre un certain nombre d'actions dans
» l'une des Sociétés entre lesquelles ce bassin est aujourd'hui
» partagé, celle de Dourges, fondée par Mme De Clercq et
» M. Mulot, société sérieuse, reposant sur les meilleures bases,
» n'ayant d'autre but que la bonne administration de sa conces-
» sion, et offrant au gouvernement comme à ses actionnaires les
» plus larges garanties. »

» Mais l'intervention du décret du 22 novembre 1852 et surtout
» l'interprétation qui en fut faite, bien qu'excessive, selon nous,
» a placé la Compagnie d'Anzin dans une fausse position vis-à-vis
» de l'administration, qui semble ne pas vouloir admettre qu'en
» matière de mines de la même nature, une Société possède des
» actions dans une autre Société. »

« Dès lors, l'intention de la Régie fut de ne pas conserver les
» actions de la Compagnie dans la mine de Dourges, mais de les

» répartir entre ses associés . Toutefois , elle devait attendre es
» appels de fonds dont ces actions sont passibles. Plusieurs verse-
» ments étaient encore à faire ; le dernier vient d'être opéré en
» devançant l'appel , et les actions à répartir sont entièrement
» libérées. »

Etc., etc.

On verra plus loin que la Compagnie de Vicoigne avait aussi
fait une association avec la Compagnie de Lens. Elle se proposait
de réunir les trois concessions de Nœux , Lens et Dourges , et
d'en former une seule et grande entreprise . Ces trois Sociétés
avaient donc adressé au Gouvernement une demande en autorisation de réunion de leurs concessions. Cette demande fut soumise aux enquêtes et affichée pendant quatre mois dans les
concessions intéressées. Des oppositions nombreuses se produisirent , et le Gouvernement rejeta la demande d'autorisation de
réunion.

Travaux. — M. Mulot, entrepreneur de sondages très-connu ,
avait exécuté le sondage d'Oignies , commencé en 1841 , et qui
avait duré plusieurs années. Mme de Clercq l'avait associé à la
continuation de ses recherches dans les autres sondages exécutés
de 1846 à 1850.

M. Mulot , marchant sur les traces de son émule en sondages
M. Kind , voulut , comme ce dernier l'avait fait dans les environs
de Forbach , creuser un puits par le procédé du sondage.

Il ouvrit donc , à Hénin-Liétard , un puits (22) sur l'emplacement d'un forage de 104 m. 55 de profondeur, et il descendit à
l'intérieur, sur une hauteur de 65 m. 75 , un cuvelage circulaire
formé de soixante douves ou pans verticaux, dont l'épaisseur
variait de 0 m. 15 à 0 m. 25 c. Le diamètre intérieur de ce cuvelage était de 3 m. 10.

Il se terminait par un sabot en bois , ayant la forme d'un tronc
de cône d'un mètre de hauteur et d'un diamètre de 3 m. 84 à sa
partie supérieure et 3 m. 41 à sa partie inférieure. Ce sabot
s'adaptait dans une cavité de même forme creusée à l'alésoir,
dans les *bleus*. Il devait suffire , pensait M. Mulot , à retenir les
eaux du niveau et à les empêcher de pénétrer plus bas , comme
le fait la *boîte à mousse* dans le système Kind-Chaudron.

Au-dessus du sabot , et dans l'espace annulaire de 0 m. 20 c.

3

de largeur existant entre l'extérieur du cuvelage et le terrain, on avait pilonné avec soin, sur une hauteur de 3 m. 745, une couche d'argile très-compacte que l'on avait surmontée d'une couche de sable de 34 m. Une deuxième couche d'argile de 1 m. 90 avait été pilonnée de manière à bien comprimer ce sable et à isoler les diverses nappes d'eau du niveau. Enfin, le restant de l'espace annulaire était rempli de sable jusqu'à la surface du sol.

On devait ensuite creuser le puits par le procédé habituel, et établir des trousses picotées et un cuvelage polygonal sur 2 à 3 m. de hauteur, venant se raccorder avec le cuvelage en douves.

Le travail fut exécuté ainsi qu'il vient d'être dit, et la continuation du puits au-dessous du niveau fut confiée, en 1853, à M. de Bracquemont, ingénieur-directeur des mines de Vicoigne, qui y installa un personnel compétent. Il y monta une machine d'extraction de 50 chevaux, à deux cylindres oscillants du système Cavé, et une machine d'épuisement Newcomen, louée par la Compagnie d'Anzin. Vers le milieu de l'année 1854, les eaux avaient été épuisées jusqu'à 40 mètres de profondeur, lorsqu'on s'aperçut que des pièces de cuvelage s'étaient dérangées et qu'il était nécessaire de les remettre en place. Malgré les travaux de consolidation, la suspension du cuvelage sur des tirants en fer, on reconnut bientôt que le revêtement du puits allait s'écrouler et qu'il était impossible de continuer la reprise de la fosse. Elle fut donc abandonnée, après une dépense de 195,000 francs, et on en ouvrit une nouvelle à côté (23). Elle fut commencée en août 1854. Le niveau fut traversé sans grandes difficultés avec la machine Newcomen montée précédemment sur la fosse Mulot, et deux pompes de 0 m. 41 de diamètre.

Le terrain houiller était atteint en août 1855 à 144 m. 80. La fosse fut approfondie à 180 m. 80, et entra en exploitation en 1856. Elle produisit 16.000 tonnes pendant cette année et 40.000 en 1857. Les terrains étaient accidentés, les veines irrégulières et l'extraction se réduisit pendant les 3 années suivantes, à 32.000, 29.000 et 26.000 tonnes.

En 1858, la Compagnie de Dourges ouvrit une nouvelle fosse (24). Le creusement en fût facile, car le puits arrivé à la profondeur de 250 m. ne coûtait que 196.098 fr.

Le terrain houiller y fut atteint à 140 m.; il était assez irrégulier. Les 2 fosses de Dourges ne produisent encore que 47.000 tonnes en 1861 , 60.000 tonnes en 1862 . L'extraction s'y développe les années suivantes, mais jusqu'en 1875 elle reste comprise entre 100.000 et 115.000 tonnes .

Une fosse N° 3 (25) fut commencée en 1867 . Les travaux y furent suspendus pendant la guerre et ne furent repris qu'en 1872.

Cette fosse est entrée en exploitation en 1877 seulement.

Enfin, une quatrième fosse (26) a été commencée en 1876, mais son fonçage a été suspendu en 1877, par suite de la difficulté d'écouler les produits de trois fosses en exploitation.

La Compagnie de Dourges possède actuellement 3 fosses en exploitation , et une dont le creusement est suspendu.

Production. — C'est en 1856 que l'exploitation de Dourges commence à produire.

L'extraction de son premier puits a été :

En 1856 , de	16,263	tonnes
1857	40.344	»
1858	32,876	»
1859	29,069	»
1860	26,049	»
		144,601 tonnes

En 1861, son deuxième puits entre en production et son extraction s'élève successivement :

En 1861, à	47,263	tonnes.
1862	59,723	»
1863	75,668	»
1864	87,162	»
1865	94,757	»
1866	108,388	»
1867	115,574	»
1868	108,064	»
1869	108,818	»
		805,417

Elle descend :

En 1870 à	107,458	tonnes.
1871	107,910	»
1872	106,832	»
1873	100,576	»
1874	108,808	»
		531,584 »

A reporter .... 1,481,602 tonnes

Report............ 1,481,602 tonnes.

puis s'élève progressivement :

En 1875, à............ 128,646 tonnes.
    1876............ 131,480   »
    1877............ 163,305   •
    1878............ 198,000   »
                    ──────────   621,431   »

Ensemble............ 2,103,033 tonnes.

Gisement. — La Compagnie de Dourges possède 3 fosses en exploitation, qui ont atteint le terrain houiller à la profondeur de 140 à 154 m. Elles sont toutes trois placées dans la partie méridionale de la concession, et fournissent des houilles grasses, plus ou moins gazeuses, dont la quantité de matières volatiles est comprise entre 32 et 23 %.

M. Breton ([1]) dans un Mémoire couronné par la Société des sciences de Lille, dit que les fosses N°s 2 et 3 ont exploré 750 m. le terrain houiller et reconnu 80 couches de houille de toute épaisseur depuis 0,01 m. jusqu'à 1 m. 50. Les couches sont presque horizontales, même vers le sud de la Fosse N°3 où elles sont renversées, et n'ont qu'une inclinaison de 15 à 20 degrés.

Elles sont coupées par de nombreuses failles, et sont assez irrégulières.

M. Breton classe les houilles de Dourges en trois catégories :

1° Faisceau *très-gras* reconnu sur une épaisseur de 300 m., tenant de 28 à 32 % de matières volatiles ;

2° Faisceau *gras* reconnu sur une épaisseur de 190 m., tenant de 25 à 28 % de matières volatiles ;

3° Faisceau *demi-gras* reconnu sur une épaisseur de 260 m., tenant de 23 à 25 % de matières volatiles.

Il donne ensuite dans le tableau ci-contre les noms et les épaisseurs de chaque veine de ces 3 faisceaux, rangées en trois catégories :

1° Les veines très-exploitables, ou très-productives ;
2° Les veines exploitables dans les parties régulières ;
3° Les veinules qu'il est impossible d'exploiter.

(1) *Étude géologique du terrain houiller de Dourges*, par Ludovic Breton.— 1873

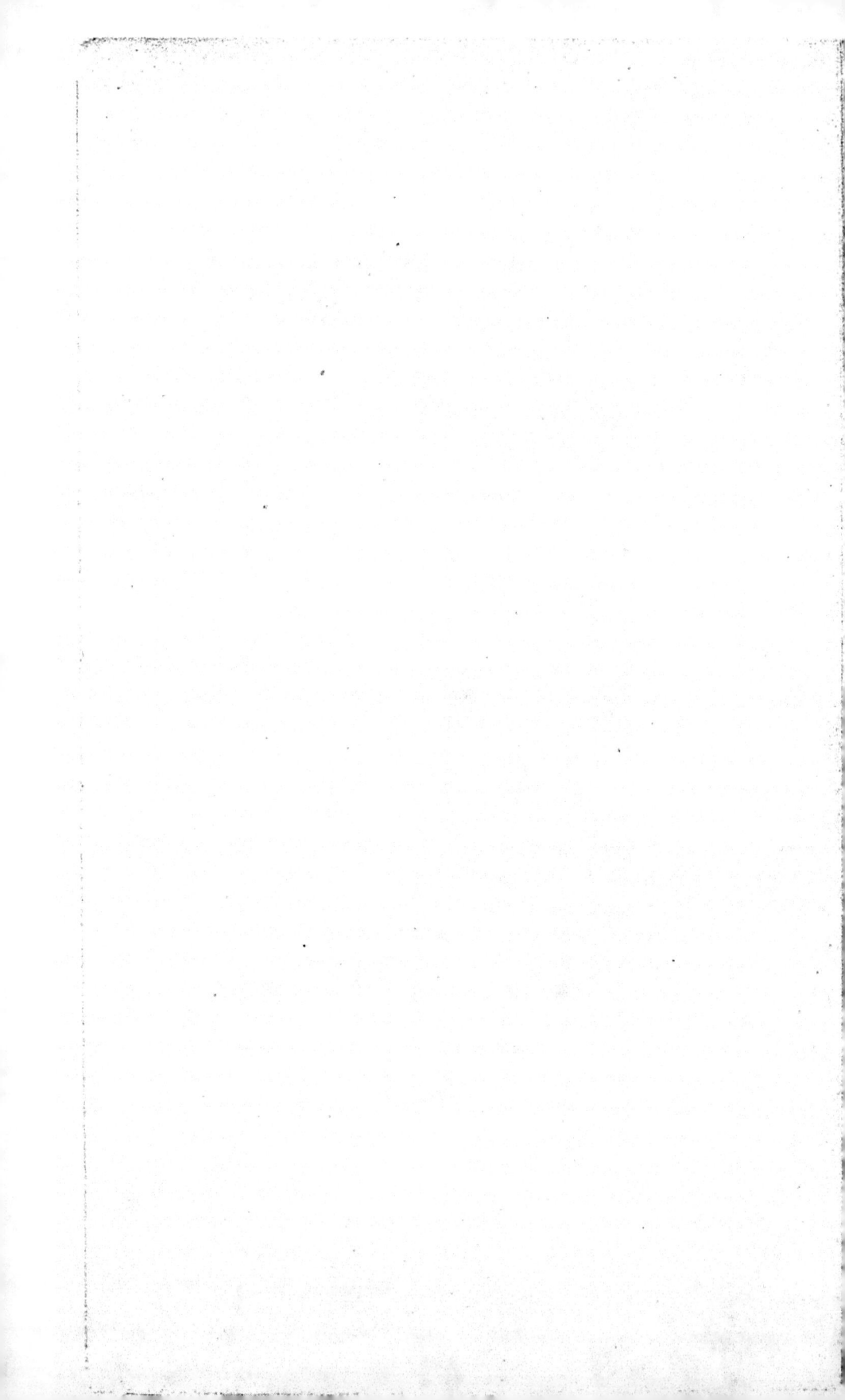

CONCESSION DE DOURGES

COUPE PASSANT PAR LA FOSSE N° 5

COUPE PASSANT PAR LA FOSSE N° 7

COUPE PASSANT PAR LA FOSSE N° 3

Faisceau très-gras.

NOMS DES VEINES.	1re catégorie.	2e catégorie.	3e catégorie.
	m.	m.	m.
Veine Ste-Barbe	0.95	»	»
Veine de 0m60	»	0.60	0.20
Voisin de la veine No 8	0.80	»	»
Veine No 8	0.80	»	0.10
Veine No 7	»	»	»
Voisin de la veine No 7	»	0.60	0.20
Veine No 6	»	0.50	0.40
Veine No 5	»	»	0.10
Passée	»	»	0.30
Veine No 4	»	»	»
Voisin de la veine No 3	»	»	»
Veine No 3	0.50	0.65	»
Veine No 2	»	0.50	»
1re veine du Midi	»	»	»
2e veine du Midi	1.	0.45	»
Veine No 9	»	0.40	»
Veine No 10	»	»	»
Veine No 1	0.90	»	0.05
Veine l'Eclaireuse	»	0.50	»
Voisin de l'Eclaireuse	»	0.40	»
Veine Brillante	»	»	»
Veine Botty	1.20	»	»
Veine à 3 sillons	»	»	0.30
Voisin du 3 sillons	»	0.70	»
Veine Daubresse	»	»	»
	6.15	5.30	1.65

13m10

Faisceau gras.

NOMS DES VEINES.	1re catégorie.	2e catégorie.	3e catégorie.
	m.	m.	m.
Veine du Nord	0.80	»	»
Veine Muller	»	0.40	»
Veine de la Place	0.70	»	»
Petite veine du Nord	0.50	»	»
Voisin de la petite veine du Nord	»	»	0.10
Veine de 0.45	»	0.45	»
Passée de 0.10	»	»	»
Veine Morez	»	0.30	»
Veine St-Louis	0.90	»	»
Veine Ste-Cécile	0.60	»	»
Passée de 0.10	»	»	0.10
Passée de 0.20	»	»	0.20
Veine de 0 70	»	0.70	»
	3.50	1.85	0.50

5m85

Faisceau demi-gras.

NOMS DES VEINES.	1re catégorie.	2e catégorie.	3e catégorie.
	m.	m.	m.
Veine No 3 au nord	0.60	0.30	»
Veine St-Georges	»	»	0.20
Trois passées	»	»	»
Veine No 5 au nord	0.70	»	»
Veine intermédiaire	»	0.45	»
Veine à 2 sillons	0.50	»	»
Veinule de 0.40	»	»	0.40
Veine No 7 au nord	»	0.40	»
Veine No 8 au nord	»	0.45	»
Veine No 9 au nord	»	0.60	»
Passée de 0.20	»	»	»
Deux passées	»	0.80	»
Veine No 10 au nord	0.80	»	»
Cinq passées	»	»	»
Veine No 11 au nord	0.95	»	0.30
	3.55	3. »	1.10

7m65

Ainsi la Compagnie de Dourges connaissait, en 1872 :

17 couches de houille de 0 m 50 à 1 m. 20, d'une exploitation très avantageuse,
d'une épaisseur totalisée de.......................... 13^m20 de houille.
20 couches de 0 m. 30 à 0 m. 80, exploitables dans les parties
régulières, présentant ensemble....................... 10^m15 »
16 couches de 0 m. 10 à 0 m. 40, inexploitables ; ensemble... 3^m25 »

53 couches, donnant en épaisseur de houille .... 26^m60.

En rapportant ces épaisseurs à 100 m. de terrain houiller.
M. Breton obtient :

1° Pour le faisceau très-gras, 4^m36 d'épaisseur en charbon pour 100 m.
2° » gras, 3 07 » »
3° » demi-gras, 3 94 » »

Moyenne...... 3^m54 d'épaisseur pour 100 m. de terrain houiller.

Depuis l'étude de M. Breton, exécuté en 1872, les travaux de
Dourges se sont développés, et ont fourni des indications plus
complètes sur le gisement de ces mines. Comme on peut en
juger par la carte et les coupes verticales ci-jointes, récemment
établies, ce gisement est fortement accidenté et coupé par de
nombreuses failles. Il comprend 16 couches de houille exploitables fréquemment interrompues, il est vrai, mais dont onze
présentent une épaisseur de charbon de 0 m. 70 à 0 m. 90, et
une même 1 m. 30, qui fournissent de belles et bonnes houilles,
très-appréciées par les consommateurs.

Dépenses. — Au 1er septembre 1855, d'après l'acte constitutif de la Société, il avait été dépensé 820,000 fr.

M. Burat dans *les Houillères de la France en 1866* donne
le montant des dépenses faites par la Compagnie de Dourges, à
la fin de 1860 :

Sondage d'Oignies, de 1841 à 1845 (Ce sondage ayant amené la
découverte du terrain houiller et ayant été poussé à la profondeur de
400 m.) .... 105,000 fr.
Deux sondages de 250 m., exécutés en 1847 et 1848 sur les bords de
la Deûle.. 84,619 »
Deux sondages sur les communes de Dourges et d'Hénin-Liétard
(1848 et 1850) .... 45,000 »

A reporter........ 234,619 fr.

Report	234,619 fr.
Deux sondages sur les communes de Carvin et d'Oignies (1855 et 56)	26,880 »
Fosse N° 1, abandonnée par suite de la rupture du cuvelage.......	195,000 »
Fosse N° 1 bis, en exploitation depuis 1856, approfondie à 240 m. :	
Fonçage, cuvelage, etc...................... 278,434 »	
Constructions...... .... 124,732 »	
	403,266 »
Fosse N° 2, approfondie à 250 m. :	
Fonçage, cuvelage, etc..................... 196,098 »	
Constructions........................... 137,221 »	
	333,319 »
Machines à vapeur aux fosses N°s 1 bis et 2....................	239,195 »
Matériel des fosses	99,528 »
Maisons d'ouvriers	207,572 »
Terrains	48.116 »
Rivage pour dépôt de charbon........... •...............	29,760 »
Ateliers, bureaux , etc...........................	85,000 »
Voie de raccordement des deux fosses avec le chemin de fer.......	59,480 »
Total..............	1,961,755 fr.

Ainsi, du 1ᵉʳ septembre 1855 au 31 décembre 1860, il a été dépensé en travaux neufs 1.441.755 fr., soit en moyenne plus de 200.000 fr. par an.

Dans ce chiffre de 1.961.735 fr. ne sont compris ni les approvisionnements, ni le fonds de roulement. Si l'on tient compte de ces deux articles on arrive à 2 1/2 millions pour la dépense faite en 1860. Pendant cet année, la production ne fut que de 26,000 tonnes. Elle s'élève en 1861 à 47.000, et jusqu'en 1874 elle ne dépasse par 110.000 tonnes.

Depuis 1860, la Compagnie de Dourges a eu à faire de nouvelles et importantes dépenses en matériel, outillage, creusement de fosses, constructions, etc., pour porter sa production à 198.000 tonnes, chiffre de 1878, et son capital immobilisé doit atteindre actuellement 7 à 8 millions, ou 35 à 40 fr. par tonne extraite.

Dividendes. — La Compagnie de Dourges n'a émis que 1.800 actions. Aussi, malgré une production peu considérable, a-t-elle pu répartir, à ce petit nombre d'actions, des dividendes assez importants.

D'après le *Journal des mines* du 1ᵉʳ décembre 1858, il aurait été déjà distribué à cette date un dividende de 50 fr. par action.

Ce qui est certain, c'est qu'il fut réparti en :

1860 et 1861 un dividende de...	60 fr.
1862	70 »
1863	80 »
1864	90 »
1865	120 »
1866	200 »
1867	250 »

Le dividende descend à 200 fr. pendant chacune des années 1868-1869 et 1870.

Il remonte à :

220 fr. en 1871
225 »   1872
300 »   1873, 1874 et 1875.

Il tombe ensuite, par l'abaissement des prix de vente des houilles, et malgré un très-notable accroissement de la production, à :

150 fr. en 1876
125 »   1877 et 1878.

Valeur des actions. — Les 1.800 actions formant le capital de la Compagnie de Dourges ont été émises en 1855 à 1.000 fr.

Dès la fin de 'année 1859, elles se vendaient	2,500 fr.
Elles montent, en 1861, à	3,000 »
pour redescendre, en 1862 et 1863, à	2,400 »
Elles sont cotées en 1864	3,000 »
et en 1868	3,800 »
Au début de la crise houillère de 1872-75, elle valent	4,200 »
Il se fait peu de transactions, et, vers la fin de 1874, on les voit paraître tout à coup à la cote de la Bourse de Lille à	13,000 »
En janvier 1875, à	15,400 »
En août » à	21,800 »

Ce dernier prix est le maximum qui ait été atteint. Il n'était réellement en rapport ni avec l'extraction 100 à 130 mille tonnes, ni avec le dividende de 300 fr. distribué.

Aussi la valeur des actions tomba, au commencement de 1876, à...	14,800 »
et, à la fin de la même année, à	10,000 »
Elle remonta, en mars 1877, à	11,250 »
pour redescendre, quelques mois après, à	8,500 »
et, fin 1878, à	7,300 »
Le prix de vente actuel (mars 1879) est de	7,000 »

Prix de revient. — D'après les états de redevances, le prix de revient des mines de Dourges a été :

En 1873, de... ..... 10$^{fr.}$ 29 la tonne.
1874 .... 11 . 39   »

Prix de vente. — En 1869, le prix moyen de vente était à Dourges de 13 fr. 28 la tonne, et en 1872 de 13 fr. 50 c.

Il monte pendant la crise houillère en 1873, à 22 fr. 31 c., maximum atteint.

Puis il descend en :

1874, à.......... 20$^{fr.}$ 33
1876 .... 17 . 93
1877 .... 14 . 52
1878 .... 13 . 70

Les chiffres ci-dessus sont extraits des rapports des ingénieurs des mines, ainsi que les renseignements suivants :

1877. — *Extraction*. — Gros. .... 4,962 tonnes.
                 Tout venant. 147,741   »
                 Escaillage.......................... 10,600   »

                                    Total............ 163,305 tonnes.

Consommation aux machines .... 6.671 tonnes.
               aux autres foyers 4,402   »

                                    11,073 tonnes.

Vente. — Dans le Pas-de-Calais :
             Industries diverses .... 25,599 tonnes.
             Chauffage domestique...... 9,438   »

                                   35,037 tonnes.
             Dans le Nord........................... 35,910   »
             Hors du Pas-de-Calais et du Nord........... 89,085   »

                         Total de la vente....... 160,032 tonnes.

                         Vente et consommation........... 171,105 tonnes.

	1876.	**1877.**
Vente. — Par voitures......	14,854 tonnes.	15,776 tonnes.
» bateaux	27,935 »	45,939 »
» chemin de fer..	75,000 »	98,317 »
Total......	117,789 tonnes.	160,032 tonnes.
Consommation de la mine....	8,890 »	11,073 »
Ensemble........	126,679 tonnes	171,105 tonnes.

Ouvriers. — La Compagnie de Dourges a employé successivement :

	Ouvriers du fond.	Ouvriers du jour.	TOTAL.
En 1869............	522	45	567
1871............	522	47	569
1872............	503	82	585
1877............	910	117	1027
1878............	1059	129	1188

La production a été par :

	Ouvrier du fond.	Ouvrier de toute espèce.
En 1869........	208 tonnes.	197 tonnes.
1871........	206 "	189 "
1872........	212 "	182 "
1873........	204 "	" "
1874........	207 "	" "
1876........	174 "	" "
1877........	179 "	159 "
1878........	186 "	166 "
Moyenne........	197 tonnes.	179 tonnes.

Salaires. — D'après les rapports des ingénieurs, les Mines de
Dourges ont distribué à leurs ouvriers en salaire, en :

1869..........	531,997 fr.	= par ouvrier,	936 fr.	
1870..........	521,904 "		" "	
1871..........	589,144 "		1,039 "	
1872..........	607,393 "	"	1,038 "	
1873..........	" "		1,015 "	
1874..........	" "		1,231 "	
1876..........	" "		1,066 "	
1877..........	1,093,654 "		1,074 "	
1878..........	1,264,948 "		1,005 "	

Grève de 1872. — Le 16 juillet 1872, cinq cents ouvriers
de Dourges se mettaient en grève. Ils réclamaient une augmentation des salaires, le partage de la caisse de secours, et différentes modifications dans le règlement des conditions de travail.
On dût céder, au moins en partie, à leurs exigences. La demande
des houilles était considérable ; on manquait partout d'ouvriers.

Cette grève n'était que le prélude de celle qui éclatait quelques
jours plus tard à Courrières, puis à Anzin, à Aniche et dans
d'autres houillères, et qui amena une augmentation générale
de 8 % dans les salaires. La journée type fut portée de 3 fr.
à 3 fr. 25.

Un peu plus tard, en février 1873, une nouvelle augmentation, mais cette fois spontanée, était apportée aux salaires. Le prix de la journée était porté à 3 fr. 50 c.

Maisons d'ouvriers. — Dès 1855, la Compagnie faisait construire 26 maisons d'ouvriers. Elles revenaient seulement à 1.600 fr. l'une, non compris la valeur du terrain.

En 1856, elle construit 40 autres maisons et successivement elle en élève le nombre à 303, chiffre actuel.

Chaque maison logeant en moyenne 1,70 ouvrier, la Compagnie de Dourges fournirait l'habitation à 515 de ses ouvriers, sur 1.188 qu'elle occupe, soit près de la moitié de son personnel.

La construction de ces 303 maisons a coûté 816.838 fr. 40, soit 2.700 fr. pour chacune d'elles, valeur du terrain comprise.

Le produit net des loyers, déduction faite des réparations et des contributions est de 9.386 fr. 20 c. ou de 30 fr. 97 c. par maison, ou encore de 1,16 % du capital engagé.

Caisse de secours. — Une caisse de secours a été établie aux mines de Dourges en 1866. Elle est alimentée par une retenue de 3 % sur les salaires, une subvention de 1 % par la Compagnie, l'abandon des amendes et les intérêts des fonds.

Elle est administrée par une commission composée de chefs et d'ouvriers, ceux-ci nommés par leurs camarades.

Elle accorde aux ouvriers blessés ou malades, un secours égal à 40 % dans le premier cas et 30 % dans le second, de leur salaire moyen.

Elle paie des pensions aux vieux ouvriers, à leurs veuves et à leurs orphelins.

Enfin elle satisfait aux charges habituelles des caisses de secours ordinaires.

A la fin de l'année, les écritures de la caisse de secours sont arrêtées. L'excédant des recettes sur les dépenses, après prélèvement d'une part mise à la réserve, est partagée entre tous les ouvriers, proportionnellement aux versements de chacun d'eux.

Pour l'exercice 1877-78, les ressources de la caisse se sont élevées à . 54,933fr. 21
et les dépenses à .... 32,065 . 60

L'excédant de recettes............ 22,867 . 61

a été attribué : à la réserve............... 5,716fr. 90
aux ouvriers. .... 17,150 . 71

•

PUITS.

N° 22. Fosse N° 1. — Creusée au trépan par M. Mulot et revêtue d'un cuvelage à douves verticales en bois. Lorsqu'on voulut vider la fosse, les douves se déplacèrent et s'éboulèrent dans le puits ; on dut renoncer à poursuivre le travail de ce puits, qui fut abandonné en 1854 : on y avait dépensé 195,000 fr.

23. Fosse N° 1 bis, ou Henriette, près du N° 1 écroulé. — 1854. — Terrain houiller à 154 m. Entre en exploitation en mars 1856.— Le fonçage et le cuvelage de ce puits, jusqu'à 240 mètres, coûta 278,434 fr. Le passage du niveau fut facile et ne fournit pas au-delà de 7 hectolitres d'eau par minute. Terrains irréguliers.

24. Fosse N° 2, ou Mulot. — 1857. — Terrain houiller à 140 m. Le fonçage de ce puits, jusqu'à 250 mètres, a coûté seulement 196,098 fr. — Terrains irréguliers.

Une galerie a été poussée au sud en dehors de la concession ; est restée dans le terrain houiller, mais à allures tourmentées. — Profondeur, 330 mètres.

25. Fosse N° 3, ou Hély d'Oissel. — 1868, puis suspendue et reprise en 1872. Terrain houiller à 146 m. Entre en exploitation en 1877. — Profondeur, 276 mètres.

26. Fosse N° 4. — 1876. — Le fonçage est provisoirement suspendu en 1877.

SONDAGES.

N° 146. Sondage d'Oignies, dans le parc de Mme De Clercq. De 1841 à 1845. Poussé à 406 m. A coûté 105,000 fr. Terrain houiller à 151 m.

C'est ce sondage qui, le premier, a découvert le terrain houiller dans le nouveau bassin du Pas-de-Calais. Charbon maigre.

28. Sondage des Peupliers. — 1846-47. — Terrain houiller à 157 m. — Profondeur 250 m. Charbon maigre.

148. Sondage d'Harponlieu. — 1847-48. — Terrain houiller à 151^m27. — Profondeur, 250 m. — A traversé en juin 1848 une veine de houille de 0^m44 à 247 m. Houille maigre.

9. Sondage de Dourges, près le village. — 1849. — Terrain houiller à 145 m. Profondeur, 208 m. Charbon 3/4 gras.

117. Sondage d'Hénin-Liétard, sur la route de Douai à Lens. — 1850. — Terrain houiller à 143 m. — Profondeur, 199 m. — Houille grasse.

31. Sondage au nord de l'Empire, sur Oignies.— Commencé le 10 mars 1855, rencontre en octobre une veine de 0^{m}78 à 180 m. 45, constatée officiellement le 5 oct. 1855. — Terrain houiller à 166 m. 50. Profondeur, 183 m. — Compris dans la concession d'Ostricourt.

32. Sondage de Libercourt, près de la gare de Carvin. — Commencé le 25 novembre 1855. — Pénètre de quelques mètres dans le terrain houiller et y rencontre une veine de houille de 0^{m}70 à 154 m. 70, constatée officiellement le 7 avril 1856. — Terrain houiller à 154 m. 11. Profondeur 158 m. 75. — Compris dans la concession d'Ostricourt.

155. Sondage d'Évin-Malmaison. — Exécuté par la Compagnie de l'Escarpelle en 1849. — Terrain houiller à 159 m. 54. — Rencontre la houille à 170 m. en 1850 ; elle est constatée par l'Ingénieur des mines — Profondeur totale, 177 m.

212. Sondage de Courcelles-lez-Lens. — Exécuté par la Compagnie de Courrières. — Arrêté dans le tourtia à 174 m.

10. Sondage d'Hénin-Liétard (Nord). — Exécuté par la Compagnie de Courrières, 1849 — Terrain houiller à 145 m. — Profondeur totale, 159 m.

11. Sondage d'Hénin-Liétard (Sud). — Exécuté par la Compagnie de Courrières, 1850. — Terrain houiller à 151 m. — Profondeur totale, 172 m.

III.

MINES DE COURRIÈRES.

Découverte de la houille à Courrières. — Convention avec la Compagnie de Douchy. — Contrat de société. — Capitaux versés. — Concession. — Travaux. — Extraction. — Dividendes. — Prix de vente des actions. — Gisements. — Matériel et outillage des puits. — Canal. — Chemins de fer. — Prix de revient. — Prix de vente. — Nombre d'ouvriers. — Production par ouvrier. — Salaires. — Maisons d'ouvriers. — Institutions de bienfaisance. — Épargne. — Société de coopération. — Puits. — Sondages.

Découverte de la houille à Courrières. — Cinq sondages exécutés de 1846 à 1849 par la Compagnie de la Scarpe, avait démontré le prolongement du bassin houiller au-delà de Douai.

Trois autres sondages, exécutés par Mme De Clercq et par M. Mulot, plus à l'ouest encore, avaient fait voir que cette prolongation s'étendait d'une manière certaine et sur une grande distance.

M. Charles Mathieu, directeur des mines de Douchy, avait suivi avec intérêt les recherches faites au-delà de Douai, et avait été frappé de leurs résultats.

De concert avec son frère, M. Joseph Mathieu et son beau-frère, M. Carlier-Mathieu, tous deux administrateurs et fondateurs comme lui des mines de Douchy, en 1832, ils songèrent à entreprendre des recherches entre Douai et Oignies. Ils se mirent en rapport avec quelques notabilités du haut commerce de Lille, MM. Bigo, Crespel, L. Danel et Martin-Muiron, pour réaliser leur projet. Ceux-ci fournirent les premiers fonds nécessaires, et agirent seuls en nom devant le public.

Dès les premier jours d'avril 1849, ils établirent, sur les indications de M. Ch. Mathieu, un sondage N° 7 à Courrières. qui atteignit au bout de quelques mois le terrain houiller à 148 m. de profondeur, puis la houille à 151 m.

Convention avec la Compagnie de Douchy. — La Société Bigo entra aussitôt, par l'entremise de MM. Mathieu, en rapport avec la Compagnie des mines de Douchy, pour obtenir de celle-ci, les capitaux, le matériel et le personnel nécessaires à l'ouverture d'un puits.

Une convention, à cet effet, intervint le 1er août 1849, entre MM. Bigo, Ch. Crespel, L. Danel et Martin-Muiron, représentants de la Société Bigo, et MM. Carlier, H. Defrance, Guilmot-Martin, Ch. Gellé, Ild. Landrieux, administrateurs de la Compagnie de Douchy.

Par cette convention il était créé 500 actions, dont 312 étaient attribuées aux associés de Douchy, moyennant le versement individuellement avancé par ceux-ci d'une somme de 300.000 fr. Cette somme devait leur être remboursée avec intérêts à 5 % au moyen d'un prélèvement d'un cinquième des bénéfices de la mine.

S'il arrivait que la concession ne fût pas obtenue (ce qu'on pouvait supposer alors que la houille n'avait été découverte que par un sondage), les propriétés acquises, les bâtiments construits et tous les objets d'approvisionnements reviendraient aux associés de Douchy en considération de leurs avances.

Une circulaire fut adressée à tous les sociétaires de Douchy pour leur demander leur adhésion à cette convention. Il y était dit :

« Des faits très-importants se sont passés depuis peu dans le » bassin houiller du Nord de la France ; la houille a été décou- » verte à la tête du bassin, d'abord à l'Escarpelle, près Douai, puis » à Courrières, entre Douai et Lille, à 5 lieues de cette dernière

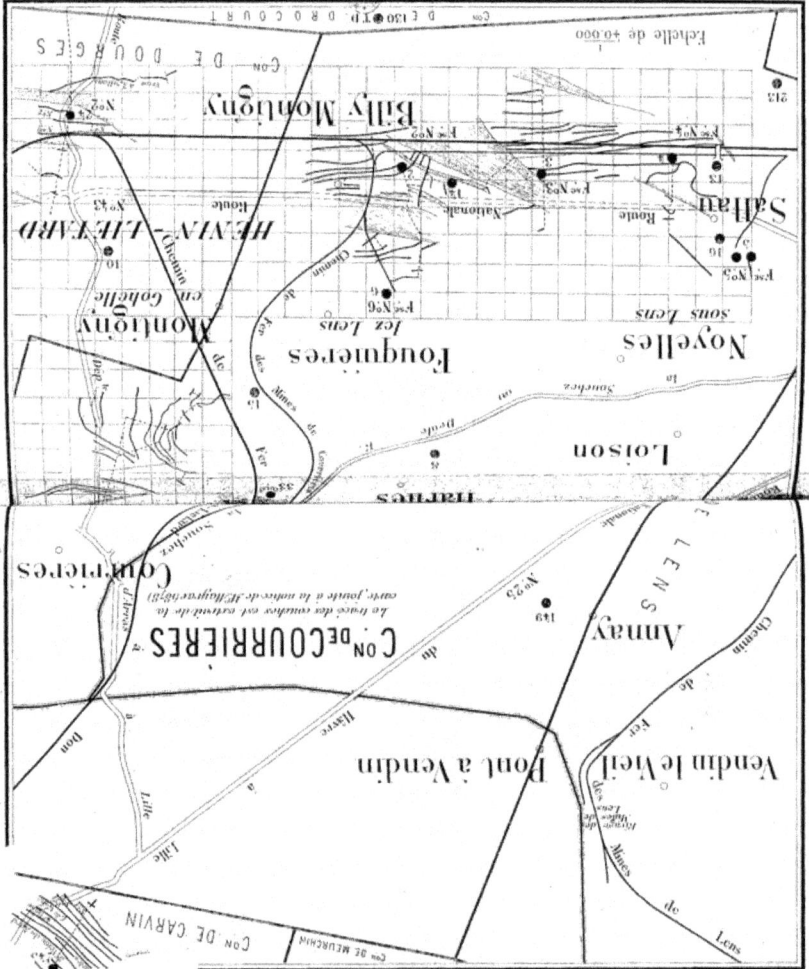

» ville, dans le département du Pas-de-Calais, où, jusqu'à ce
» jour, on avait fait de vaines recherches.

» Les auteurs de cette découverte forment une Société com-
» posée de personnes haut placées dans le commerce de Lille.
» Cette Société, dans le but de se mettre plus promptement en
» mesure d'obtenir la concession qu'elle sollicite, est venue faire
» à la Compagnie de Douchy des propositions qui n'ont pu être
» acceptées par elle.

» Mais, voulant favoriser la Société Bigo et utiliser les forces
» qui, par suite des évènements, sont en ce moment d'un
» emploi peu fructueux pour nous, notre Compagnie a traité
» avec cette Société pour la location de sa machine d'épuisement
» et l'enfoncement d'un puits, qui, pendant quelques mois, assu-
» rera à nos ouvriers un travail qui nous manque en partie, par
» suite de la stagnation du commerce.

» En échange de ces bons services, nous avons obtenu de la
» Société Bigo qu'elle nous abandonnerait 312 actions sur les
» 500 dont elle se compose, et cela moyennant une somme de
» 300.000 fr. au maximum, à employer en travaux nécessaires à
» la mine, convenus et arrêtés entre nous.

» En obtenant cet avantage, que nous considérons comme des
» plus capitaux, et comme pouvant avoir pour chacun de nous,
» même dans un avenir assez rapproché, les conséquences les plus
» heureuses, nous avons pensé que cet avantage devait être
» équitablement offert et réparti entre tous les actionnaires de
» la Compagnie de Douchy, qui consentiront à participer à cette
» acquisition. Nous avons, en conséquence, décidé que les
» 312 actions dont il s'agit seront offertes, puis réparties entre
» les actionnaires de Douchy, possesseurs des 312 deniers dont la
» Société se compose, à raison d'une action par denier.

» Et afin de faciliter à nos associés les moyens de faire cette
» acquisition sans avoir aucun sacrifice personnel à faire, l'as-
» semblée générale de la Compagnie de Douchy, dans sa séance
» du 1er août 1849, a décidé, à l'unanimité, qu'il serait fait à
» tous ses actionnaires, une répartition extraordinaire, prise
» exclusivement sur la réserve, et suffisante pour que ceux
» d'entre eux qui participent à l'affaire n'aient rien à débourser
» par suite de cette acquisition. »

4

Des 188 actions réservées à la Société Bigo, il en fut attribué 56 aux demandeurs en concession, et le reste fut réparti entre MM. Mathieu, qui avaient eu, les premiers, la pensée des recherches de Courrières; à quelques autres personnes de Lille, intervenues dans l'affaire, et enfin à M. Casteleyn, en échange de l'admission des actionnaires ci-dessus de Courrières dans la Société de recherches de Lens.

C'est ainsi que MM. Bigo, Danel et Crespel sont devenus actionnaires de la Société de Lens et ont pris plus tard une part active à son administration.

Au mois d'octobre 1850, le puits de Courrières N° 1 était parvenu à la profondeur de 182 m., et avait traversé une veine exploitable. Deux autres veines, également exploitables, avaient été découvertes par une galerie exécutée au niveau de 145 m. Mais la concession n'était pas obtenue et les fonds de la Société étaient épuisés. Le Conseil d'administration provisoire décida un appel de fonds de 93.320 fr.

Cet appel était inattendu. Aussi, dans la circulaire adressée aux associés, rappelait-on les dispositions de l'art. 7 du contrat provisoire de la Société, dans lequel il était dit qu'après l'épuisement des fonds mis à la disposition de la Société, soit que la concession ait été ou non obtenue, chaque actionnaire pouvait se retirer en abandonnant ses droits dans l'association, sans être tenu à aucune obligation, la Société ne pouvant faire de dettes.

Un second appel de fonds de 200 fr. par action fut fait en juillet 1851.

Les sommes ainsi avancées, comme les 300.000 fr. primitivement apportés par les associés de Douchy, devaient être remboursées dès la mise en extraction de deux fosses[1].

Contrat de Société. — Enfin parut le décret du 5 août 1852, qui institua la concession de Courrières, et aux termes de l'art. 8 de la convention du 1er août 1849, les Sociétaires furent

---

[1] Combien les temps sont changés! Ces parts primitives de 1,000 fr., sur lesquelles on appréhendait de fournir 400 fr. d'appel de fonds, ont été transformées en 1852 en quatre actions de la nouvelle Société de Courrières, qui ont atteint en 1875 le prix de 52,000 fr La part primitive a donc valu, en 1875, plus de 200,000 fr., et vaut encore aujourd'hui 100,000 fr.

appelés en assemblée générale pour arrêter le contrat de Société
définitif.

« Deux systèmes bien différents étaient en présence pour la
» constitution de la Société : d'une part, le système suivi à
» Douchy, d'une administration secrète, n'ayant nul compte
» sérieux à rendre, et de l'autre le système d'une administration
» ayant pour la gestion des intérêts communs les pouvoirs les
» plus étendus, mais ne devant rien tenir secret, devant rendre
» compte, chaque année, à la Société toute entière, et sous la
» surveillance d'un Comité, de toutes les opérations, de toutes
» les recettes, de toutes les dépenses faites pendant l'année ;
» des bénéfices obtenus, des dividendes répartis aux action-
» naires, et devant recourir à la Société elle-même pour
» toute mesure sortant des limites d'une administration ordi-
» naire, ou pouvant entraîner des dépenses considérables, hors
» de proportion avec les ressources de l'entreprise ». (Circulaire
du 14 octobre 1852 de M. Guilmot-Martin).

Le système de Douchy était soutenu par un grand nombre des
actionnaires de cette Société ; cependant il fut repoussé, et l'Assemblée générale du 27 octobre 1852 arrêta le contrat de la
nouvelle Société, résumé ci-dessous, avec les modifications
apportées plus tard par les délibérations des Assemblées générales
des 15 mars 1853 et 15 mars 1859.

La durée de la Société est illimitée ;
Le siége social est à Courrières ;
L'avoir social est divisé en 2.000 actions ;
Les titres sont nominatifs.

En cas de cession, vente, liquidation de Société, donation,
legs, transmission de propriété par décision judiciaire ou par
toute autre voie, au profit d'une personne étrangère à la Société,
les actions sont soumises au droit de retrait dans le délai de
2 mois.

Le prix du retrait est fixé chaque année par l'Assemblée générale.

L'action retraite ne sera pas amortie. Elle restera la propriété de la Société qui en touchera les dividendes. Elle pourra
être émise de nouveau.

En cas de retrait, le cédant pourra redevenir propriétaire des actions cédées, par une déclaration de rétrocession dans la quinzaine.

L'Assemblée générale des actionnaires se réunit de droit en séance le 15 mars de chaque année, même sans convocation, à Douai.

Pour avoir entrée et voix délibérative à ladite Assemblée, il faut être propriétaire de quatre actions, qui donnent lieu à une voix. Un même actionnaire ne peut réunir à lui seul plus de 5 voix, etc., etc.

L'année sociale commence le 1er janvier et prend fin le 31 décembre.

Le Conseil d'administration est composé de 7 membres nommés par l'Assemblée générale. Pour faire partie du Conseil, il faut être propriétaire de 8 actions.

Les administrateurs sont nommés pour 3 ans. Ils sont renouvelés par tiers, savoir : 2 à l'expiration de la première année : 2 à l'expiration de la deuxième et 3 à l'expiration de la troisième : ils sont toujours rééligibles.

Le Conseil choisit dans son sein un président, un vice-président et un secrétaire.

Il se réunit deux fois par mois ; il ne peut délibérer si le nombre de ses membres présents ne s'élève à 4 au moins.

Les Administrateurs ne sont pas rétribués, mais ils reçoivent des jetons de présence dont la valeur est fixée à 20 fr.

Le directeur-gérant, d'après les instructions et sous la direction du Conseil d'administration, agit au nom de la Société.

Tous les employés et ouvriers sont sous ses ordres immédiats.

Il est nommé par l'Assemblée générale.

Le capital social est fixé à 600.000 fr. Il sera versé par tous les associés à raison de 300 fr. par action.

Tout actionnaire peut renoncer au profit de la Société à la propriété de son intérêt social. Cette renonciation n'aura d'effet que pour l'avenir ; il restera chargé de sa part dans les dettes de la Société, contractées avant sa renonciation.

Sur le bénéfice net de l'année, tel qu'il est arrêté par l'Assemblée générale, il est prélevé 10 % pour former un fonds de réserve, qui ne pourra toutefois dépasser 1.500.000 fr. et dans ce chiffre est compris celui de 600.000 fr., importance du capital social. Toutes les fois que la réserve sera de 1.500.000 fr.

300.000 fr. seront répartis entre les actionnaires à raison de 150 fr. à l'action.

Nota. — En .... le fonds de réserve a été fixé à 3.000.000 fr.

Le nombre d'actions avait d'abord été fixé, comme dans la convention du 1er août 1849, à 500, subdivisibles en douzièmes, qui devaient verser 1.200 fr. ou 100 fr. par 1/12, soit en totalité 600.000 fr.

C'est dans l'Assemblée générale du 15 mars 1853, qu'on changea le nombre des actions, et qu'on le porta à 2.000, susceptibles d'appels de fonds jusqu'à concurrence de 300 fr., soit en totalité de 600.000 fr.

Capitaux versés. — On a vu que les associés de Douchy avaient avancé à la Société Bigo, moyennant l'abandon de 312 actions sur 500. . . . . Fr.   300.000

Il fut appelé, en 1850, 200 fr., et en 1851, 200 fr. sur les 500 actions . . . .   »   200.000

Ensemble . . . . . . Fr.   500.000

qui devaient être remboursés sur les bénéfices.

Le capital de 600.000 fr. constitué par le contrat de Société du 27 novembre 1852 fut appelé :

75 fr. par action le 2 mars 1854. . . . . Fr.	150.000
75 fr. » le 15 janvier 1855. . . . »	150.000
150 fr. » le 8 mars 1855. . . . . »	300.000
Ensemble . . . . . Fr.	600.000

Il fut donc versé en totalité 1.100.000 fr. dont 500.000 fr. remboursables sur les bénéfices à venir.

En outre de ces . . . . Fr.   1.100.000
il fut fait 2 emprunts de 600.000 fr., chaque, en obligations 5 %. . . . .   »   1.200.000
le premier, le 31 mai 1860, remboursable en 5 ans à partir du 1er juillet 1864; le deuxième le 21 mars 1865, remboursable en 5 ans, à compter du 1er juillet 1869.

Total des capitaux versés. . . . . Fr.   2.300.000

Les importants travaux exécutés dans la concession de Courrières, 17 sondages, 6 puits, constructions, chemins de fer et canal, etc., ont absorbé des sommes bien autrement considérables que celle de 2.300,000 fr., montant des capitaux versés. Ces travaux sont en mesure de fournir une production annuelle de 500.000 à 600.000 tonnes, et d'après le chiffre de 30 francs et plus par tonne immobilisé par les autres houillères du Nord, on peut admettre que les dépenses, réellement faites aujourd'hui à Courrières, atteignent le chiffre de plus de 15 millions de francs, prélevés, à peu près entièrement, sur les bénéfices réalisés.

Concession. — Après la découverte de la houille au sondage de Courrières, une demande de concession avait été formée, le 9 mars 1850, par MM. Bigo, Crespel, Danel et Martin-Muiron.

L'instruction de cette demande fut longue, par suite des oppositions et demandes en concurrence, d'abord de la Compagnie des canonniers de Lille, qui avait exécuté de nombreuses et dispendieuses recherches à Marchiennes et dans les environs, puis de la Compagnie Casteleyn et de Mme de Clercq, qui réclamaient partie des terrains demandés par Courrières.

Enfin, le 5 août 1852, parut le décret qui accordait aux sieurs Bigo et consorts une concession de 4.597 hectares sous le nom de concession de Courrières.

Un autre décret du même jour attribuait à la dame veuve de Clercq et au sieur Mulot la concession de Dourges, limitrophe, et d'une superficie de 3.787 hectares.

Ce sont les premières concessions instituées dans le nouveau bassin du Pas-de-Calais.

Un second décret du 27 août 1854 attribua à la Compagnie de Courrières une extension vers le nord et l'ouest de 720 hectares, qui n'avaient pas été compris dans les affiches primitives, et pour lesquels les formalités n'avaient pas été remplies.

Cette extension porte la superficie de la concession à 5.317 hectares.

Lorsque la Compagnie Douaisienne eut établi, en 1855, des recherches à Ostricourt, au nord des concessions alors instituées, la Compagnie de Courrières demanda une extension de périmètre dans cette direction, et l'appuya sur l'exécution de 4 sondages à Carvin et Meurchin, mais sa demande fut repoussée.

Enfin, après l'exécution, en 1871-72, d'un sondage au sud de ses limites, la Compagnie de Courrières obtint, le 25 juillet 1874, une deuxième extension de périmètre de 142 hectares.

Les limites actuelles de la concession de Courrières comprennent donc une superficie totale de 5.459 hectares.

Travaux. — On a vu que la Société Bigo avait découvert la houille au sondage de Courrières en 1849 ; qu'elle avait aussitôt ouvert une fosse N° 1, près du sondage, avec le concours financier, le personnel et le matériel de Douchy ; que, dès le mois d'octobre 1850, cette fosse avait atteint la profondeur de 182 m. ; et qu'on y avait rencontré, tant par le puits que par une bowette, 3 veines exploitables.

En juillet 1851, on connaissait 5 veines exploitables, et les galeries de reconnaissance avaient acquis un assez grand développement. La Compagnie avait été autorisée à vendre les charbons que fournissaient les travaux d'exploration.

L'exploitation de la fosse de Courrières n'était cependant pas avantageuse ; elle ne fournissait annuellement que 12 à 20.000 tonnes de houille maigre, infestée de grisou, et quoique plus tard, par de longues galeries de recherches vers le sud, on y ait atteint des couches grasses, cette fosse n'a pour ainsi dire pas donné de résultats.

En même temps que la Compagnie Bigo poursuivait ses travaux de la fosse de Courrières, elle exécutait, en 1849 et 1850, 6 sondages pour la détermination du périmètre de la concession qu'elle sollicitait, et, en 1853, un sondage N° 14 par le procédé Kindt, à Billy-Montigny, en vue de l'ouverture d'une nouvelle fosse.

Le succès de ce sondage fut complet ; on y fit des découvertes importantes, qui décidèrent la Compagnie à percer un puits N° 2 à côté. Commencé en avril 1854, le passage du niveau présenta de sérieuses difficultés ; mais, dès 1857, ce puits fournissait abondamment, et son extraction, jointe à celle du puits de Courrières, s'élevait de 70 à 80.000 tonnes par an.

La découverte de la houille au nord par les Compagnies Douaisienne, de Carvin et de Meurchin, en 1855-56, amena la Com-

pagnie de Courrières à leur disputer les terrains dans cette
direction, elle exécuta dans ce but 4 sondages à Carvin et à
Meurchin ; mais sa prétention sur ces terrains fut rejetée.

Une troisième fosse N° 3 fut ouverte à Méricourt en 1858, et
dès 1862, elle contribuait à porter l'extraction à 110.000 tonnes
d'abord, et successivement à 200.000 et 230.000 tonnes.

En 1867, est ouverte la quatrième fosse ; l'extraction s'élève à
280,000 tonnes en 1868, et à 317,000 tonnes en 1869.

La crise houillère de 1872-1875, la demande excessive des
charbons, les hauts prix qu'ils atteignent, et les bénéfices considérables réalisés, tout engage la Compagnie à ouvrir de nouvelles fosses ; le N° 5 en 1872, et le N° 6 en 1875.

Le creusement de la fosse N° 5 présenta des difficultés énormes. Un premier puits dût être abandonné à 24 m. Un second fut
ouvert à 50 m. du premier, à l'aide d'une tour en tôle que l'on
descendit jusqu'à 35 m. du sol. On épuisa jusqu'à 1.300 m. cubes
d'eau à l'heure, au moyen de 3 pompes, dont 2 de 0 m. 55 et 1 de
1 m. de diamètre, marchant avec une course de 3 m.

En outre des 6 puits ci-dessus, la Compagnie a exécuté
17 sondages tant dans le périmètre de sa concession que sur son
pourtour.

Extraction. — La première fosse de Courrières, commencée
en 1849, entrait en exploitation dans le courant de 1851. Mais le
gisement de cette fosse était très accidenté, et les houilles, qu'il
fournissait, de qualité maigre et d'un écoulement difficile. Aussi
l'extraction était peu importante, et de 1851 à 1856, elle reste
comprise entre 4.000 et 23.000 tonnes.

La mise en exploitation de la fosse N° 2 de Billy-Montigny
vint modifier, d'une manière très-favorable, cet état de chose, et
de 1857 à 1861, l'extraction s'éleva à 70.000 et 80.000 tonnes,
pour s'accroître ensuite d'année en année. A partir de 1862 et
jusqu'en 1867, avec 3 fosses en activité, on produit de 109.000
à 230.000 tonnes.

L'achèvement de la fosse N° 4 permet de porter l'extraction à
280.000 tonnes en 1868, à 310,000 tonnes en 1870, et en 1875
436,000 tonnes, chiffre maximum qui ait été atteint.

Les années suivantes, elle tombe à 370,000 tonnes, mais

uniquement par défaut de vente, et se relève en 1878, à 433.000 tonnes.

On trouvera ci-dessous les chiffres de production annuelle des mines de Courrières depuis l'origine jusqu'à ce jour.

1851.....	4,672	tonnes.
1852.....	12,838	•
1853.....	17,420	"
1854.....	21,022	"
1855.....	18,577	"
1856.....	22,675	"
1857.....	73,028	•
1858.....	80,259	"
1859.....	73,498	•

328,989 tonnes

1860.....	70,166	tonnes.
1861.....	75,206	"
1862.....	109,349	"
1863.....	139,420	"
1864.....	180,122	"
1865.....	202,944	"
1866.....	230,587	"
1867.....	227,669	"
1868.....	279,173	"
1869	316,904	"

1,831,540 "

1870.....	309,972	tonnes.
1871.....	289,117	•
1872.....	353,580	"
1873.....	376,621	"
1874.....	375.563	"
1875.....	435,805	"
1876.....	377,183	"
1877.....	370,475	"
1878.....	433,211	"

3,321,527 "

Ensemble.......... 5,477,056 tonnes.

Dividendes. — Le premier dividende distribué, bénéfice de 1857, et résultat de la mise en exploitation de la fosse N° 2, de Billy-Montigny, fut payé aux actionnaires en 1858. Il était de 150 fr. par action.

Il fut payé un dividende semblable pour chacun des exercices 1858, 1859 et 1860.

De 1861 à 1863, le dividende fut de	200 fr
et , en 1864 . de...........	250 »
Il s'éleva en 1865 à	400 »
en 1866 à	500 »
et en 1867, pendant la hausse du prix des houilles, à.........	600 »
Il retombe, de 1868 à 1871, à...................................	400 »

Mais il monte pendant la crise houillère :

En 1872 , à...........	1,500 fr.	
1873..............	1,600	»
1874..............	1,750	»
1875..............	1,600	»

La baisse du prix des houilles le fait descendre :

En 1876..............	900	»
1877..............	500	»
1878..............	600	»

La Compagnie de Courrières est certainement la Compagnie houillère du Nord qui a distribué les plus gros dividendes, eu égard à l'importance de son extraction. Bien administrée, elle exploite économiquement, et ses produits très-beaux et très-bons se vendent cher.

Il y a lieu de remarquer, toutefois, que cette Compagnie n'a en circulation que 2.000 actions, tandis que les autres Compagnies houillères en ont 3.000 , 4.000 , 6.000 et même plus.

Prix de vente des actions. — Les 2.000 actions de la Compagnie de Courrières, ainsi qu'il a été expliqué précédemment, avaient versé en totalité 1.100.000 fr. , soit par titre 550 fr. dont 250, avancés par les actionnaires primitifs, furent remboursés, principal et intérêts, sur les bénéfices de 1858 à 1862, après la mise en exploitation de la fosse N° 2, de Billy-Montigny (¹).

Les 300 fr. restants, versés en 1854 et 1855, recevaient un premier dividende en 1858. Aussi le prix de vente des actions s'élève-t-il à la fin de 1859 à . . . . 3.000 fr.

_____

(1) Des actions furent vendues, dans le courant de l'année 1854, à 1,025 fr., et en février 1855, à 1,750 fr.

Au commencement de 1861, après l'achèvement
de la fosse N° 3, ces actions montent à.   . . . .   5.300 fr.

En septembre 1863, elle sont offertes à. . .   4.900 »

Au milieu de l'année 1866, elles valent . . .   5.500 »

Dans le courant des années 1868, 1870 et 1871. . 10.500 »

Et en octobre 1872. . . . . 13.500 »

Pendant la crise houillère, les actions de Courrières atteignent
un prix excessif, inouï :

Ainsi, cotées déjà en janvier 1873 à . . . . 17.250 fr.

elles s'élèvent dès le mois suivant à . . . . 21.000 »

puis en mai 1874, à . . . . 24.000 »

    »   juin 1874, à . · . . . . . 27.000 »

    »   août 1875, à. . . . . . 37.000 »

et en mars 1875, à . . . . 52.000 »

prix maximum qu'elles aient atteint.

En janvier 1876, elles descendent à. . . . 39.800 »

et en décembre 1876, à . . . . . . 25.000 »

Dans le cours de l'année 1877, leur prix de vente
oscille entre 24.000 et 27.000 ; elles sont aujourd'hui
encore à . . . . 24.000 »

La valeur attribuée à ces actions, comme du reste à toutes les
actions des houillères du Nord, a toujours été exagérée, et nulle-
ment en rapport avec les dividendes distribués. Leur taux de
capitalisation ne dépasse pas 2 à 3 %.

Gisements. — Dans la concession de Courrières, la formation houillère est recouverte par une épaisseur variable de
135 m. à 155 m. de morts terrains, composés d'alluvions,
parfois d'un peu de terrain tertiaire, et surtout de terrain
crétacé supérieur, dont une moitié, 80 m. environ, renferme
des nappes aquifères. La traversée de ces derniers terrains
présente souvent de grandes difficultés.

Tous les puits sont cuvelés en bois de chêne sur une hauteur
variant de 80 m. à 107 m. Leur section dans le cuvelage est un
polygone dont le nombre de côtés est de 16 à 24, et dont le diamètre varie de 3 m. 50 à 4 m. 50.

En-dessous du cuvelage les puits sont muraillés. Ils sont tous guidés en bois. Leur profondeur varie de 210 m. à 310 m.

Le tableau ci-contre donne des détails circonstanciés sur les différents gisements reconnus et exploités aux mines de Courrières :

TABLEAU

donnant la nature, la composition, le nombre et l'épaisseur des couches de houille reconnues et exploitées par les Mines de Courrières.

SORTES DE HOUILLES.	COUCHES.		COMPOSITION (cendres déduites).		FOSSES qui exploitent chaque sorte.	USAGES.
	Nombre	Épaisseur totale.	Carbone.	Matières volatiles.		
Maigres........	3	1m.90	92	8	Nᵒ 1.	Cuisson des briques et de la chaux.
Demi-grasses....	4	1 . 65	86 à 82	14 à 18	Nᵒ 1.	Générateurs. Chauffage domestique.
Grasses , à courte flamme.	6	3 . 80	79 à 76	21 à 24	Nᵒ 1.	Générateurs. Verreries. Puddlage. Locomotiv. Forges. Coke. Usage domestique.
Id. maréchales	7	5 . 35	74 à 70	26 à 30	Nᵒ 1.	Forges. Puddlage et réchauffage. Gaz. Coke. Chauffage domestique
Id. à longue flamme.	11	14 . 55	66 à 64	34 à 36	Nᵒˢ 2, 3, 4,	Gaz. Forges domestiques
	7	6 . 55	63 à 60	37 à 40	5, 6.	Sucreries. Brasseries. Fours à réchauffer. Générateurs.
Ensemble..	38	33m.80				

L'épaisseur moyenne des veines est donc de 0m889. Le faisceau des houilles maigres et demi-grasses est momentanément inexploité.

Tous les autres le sont plus ou moins, suivant les besoins du commerce [1].

La carte donnant l'allure des couches exploitées dans la concession de Courrières et la coupe verticale des gisements qui accompagnent ce travail sont tirées de la notice de M. Alayrac. On

[1] Exposition universelle de 1878. Notice sur la Compagnie des mines de houille de Courrières (Pas-de-Calais) — 20 juin 1878 — par M. Alayrac , ingénieur de la Compagnie.

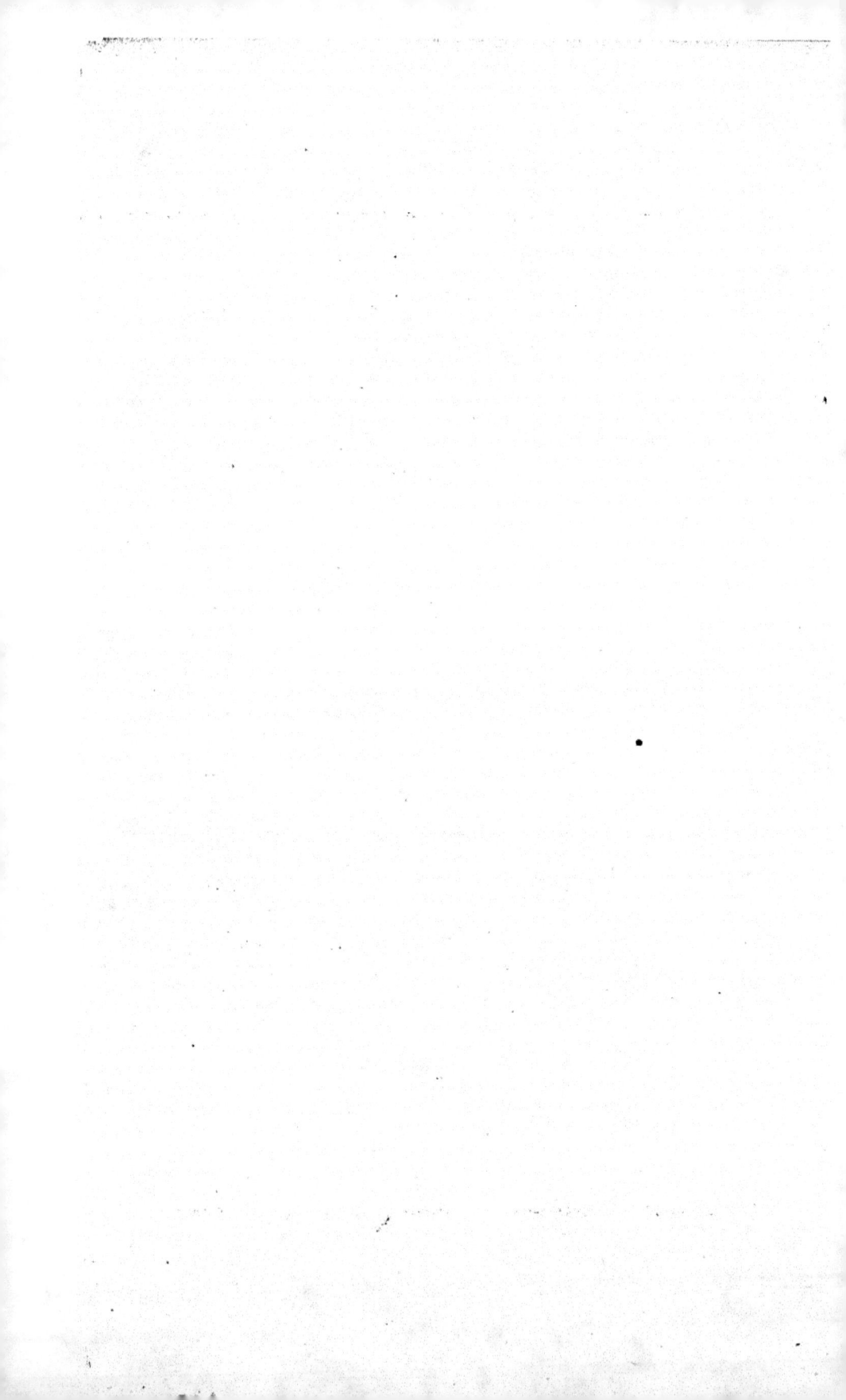

CONCESSION DE COURRIÈRES

COUPE PASSE FOSSE N° 4

COUPE PASSE FOSSES N°s 2 ET 6

a ajouté sur la carte les divers sondages exécutés dans le périmètre, et partie des gisements de Dourges et de Carvin.

Matériel et outillage des puits. — Les cinq puits en
exploitation sont guidés en bois.

L'extraction s'opère :

Au N° 1, par des caisses de 1.050 kil. suspendues à des cadres
guideurs. Ces caisses sont remplies aux accrochages par 3 berlines de 350 kil. au moyen de petits culbuteurs ordinaires ;

Au N° 2, par des cages à deux étages, dont l'un est destiné à la
circulation des hommes et l'autre reçoit une caisse de 1.050 kil.
remplie aux accrochages de la même manière qu'au puits N° 1 ;

Aux N°s 3, 4 et 5, par cages à 2 étages, contenant chacun
2 chariots de 400 kil., chargés directement aux tailles.

Toutes les cages sont munies de parachutes à 4 griffes agissant
par couples sur les faces latérales des guides, sauf à la fosse
N° 4 où fonctionne le parachute Fontaine, modifié par Taza.

Indépendamment des parachutes, les fosses sont armées
contre les accidents de ruptures de cables, de tous les systèmes
de précaution usités qui sont :

1° Les freins à vapeur, actionnés par les cages elles-mêmes au
moyen de leviers et tringles de communication ;

2° Les crochets de suspension à déclinche qui abandonnent les
cages lorsque par suite de fausses, manœuvres, elles sont sur le
point d'arriver aux mollettes ;

3° Les taquets de retenue, placés dans le chevalet, à 0 m. 20
au-dessous de la position limite des cages, dont la fonction con-
siste à arrêter ces dernières au cas où le parachute n'aurait pas agi
après le décrochement automatique ;

4° Enfin le rétrécisement du guidage dans la région voisine des
mollettes.

La Compagnie de Courrières emploie 5 ventilateurs du système Guibal : celui de la fosse N° 1 a 4 m. de diamètre et 1 m. 50
de largeur ; ceux des fosses 2, 3 et 4 ont 7 m. de diamètre et
1 m. 75 de largeur, et celui du N° 5 a 9 m. de diamètre et 2 m. 25
de largeur.

Les appels d'air se font par compartiments étanches installés dans les puits mêmes.

L'épuisement des eaux s'opère, soit par des caisses guidées en bois contenant 16 à 24 hectolitres, soit par des caisses en tôle de 15 hectolitres qu'on introduit dans les cages.

L'extraction d'eau pour les 5 puits en exploitation est de 760 m. cubes par 24 heures.

Le transport souterrain s'effectue par des chariots en bois contenant 400 kil. houille.

Les rails sont à simple ou double champignon, du poids de 4 à 5 kil. le mètre.

La Compagnie possède 20 machines à vapeur, savoir, pour l'extraction :

Puits N⁰ 1, horizontale à 1 cylindre et engrenages.						Force	60	chevaux
"	2	"	2	"	de 0.65 et 1.80.	"	120	"
"	3	"	2	"	de 0.65 et 1.80.	"	120	"
"	4	"	2	"	de 0.75 et 1.60.	"	200	"
"	5	"	2	"	"	"	"	200	"
5 machines, ensemble.						Force	700	chevaux
7 machines alimentaires.						"	28	"
5 ventilateurs Guibal.						"	150	"
2 machines de fonçage de puits, dont une en réserve.						"	82	"
1 machine d'épuisement, en réserve.						"	250	"
20 machines, d'une force totale de.							1,210	chevaux

La vapeur est fournie à ces machines par 25 générateurs, présentant une surface de chauffe totale de 1940 m. c.

Il existe en outre :

5 locomotives pour le service des chemins de fer ;

2 Monte charges à vapeur aux puits N⁰ˢ 3 et 4 ;

3 Grues Chrétien ⎫
2 Élévateurs ⎭ au rivage ;

4 Machines aux ateliers de réparations de Billy-Montigny, ayant ensemble une force de 64 chevaux [1].

Un atelier important, installé à Billy-Montigny, exécute toutes les réparations que nécessite un aussi considérable outillage.

[1] Notice de M. Alayrac.

Canal. — Chemin de fer. — La ligne des houillères fut concédée à la Compagnie du chemin de fer du Nord par décret du 26 juin 1857 ; mais elle ne fut livrée à la circulation qu'en 1862.

Jusqu'alors les nouvelles houillères du Pas-de-Calais n'écoulaient leurs produits que par voitures, ou bien par le canal de la Deûle où ils étaient amenés avec des frais considérables.

La Compagnie de Courrières demanda, dès 1857, à établir un chemin de fer de ses fosses jusqu'au canal ; mais elle arrêta son embranchement à Harnes, sur la rivière du Souchez, et préféra canaliser cette rivière jusqu'à son embouchure dans le canal de la Deûle.

Plus tard, elle relia toutes ses fosses par des embranchements à la gare de Billy-Montigny et aujourd'hui elle possède 8 kilomètres 1/2 de chemin de fer, non compris 12 kilomètres de voies de garages indispensables à son service. Elle effectue ses transports et au rivage d'Harnes et à la station de Billy-Montigny avec 5 locomotives et 160 wagons qui lui appartiennent en propre.

L'embarquement des charbons s'effectue par trois grues Chrétien et par deux élévateurs fixes à vapeur qui versent directement dans le bateau des caisses de 1 et de 2 1/2 tonnes amenées des fosses sur des wagons-trucs.

La Compagnie de Courrières a expédié par bâteaux d'après M. Micha,

En 1869........	155,470	tonnes, ou 49 % de son extraction.
1870........	157,250	"	50	*
1871........	131,600	"	45	"
1872........	172,400	"	48	"
1873........	182,100	"	48	"
1874........	177,500	"	47	"
1875........	207,000	"	47	"
1876........	147,000	"	39	"
1877........	158,295	"	47	"

Prix de revient.—D'après les états des redevances, le prix de revient des mines de Courrières a été :

En 1873, de..........	9fr 76	la tonne
1874	10 96	"

Prix de vente. — Les rapports des Ingénieurs des Mines donnent les résultats suivants pour les prix moyens de vente des houilles des mines de Courrières.

De 1851 à 1854....... 9.50 à 11 fr.
En 1855 et 1856........ 13.26 et 14.38

Les prix ci-dessus ne s'appliquent qu'aux charbons secs et maigres de la fosse N° 1, la seule en exploitation. Fin 1856, on met en exploitation la Fosse N° 2 ou de Billy-Montigny, qui donne des charbons gras de très-bonne qualité. Aussi les prix de vente s'élèvent, de 1857 à 1861, à 16 fr. 30 et 16 fr. 93.

Ils descendent ensuite à 14 fr. 75 en 1862, et s'abaissent graduellement les années suivantes, pour tomber à 12 fr. 51 en 1865.

En 1866 et 1867, années de grandes demandes, les prix se relèvent à 15 fr. 09 et 17 fr. 64.

Puis ils descendent à 13 fr. 13 en 1868 et à 12 fr. 57 en 1870.

En 1871, il remontent à 13 fr. 55 et en 1872 à 16 fr. 02. La crise houillère les porte à 21 fr. en 1873, prix maximum qui ait été atteint.

Ils descendent ensuite, en 1874, à.. 18 fr.
"   "   en 1877.... 15 50
"   "   en 1878.... 14 05

En 1877, la Compagnie de Courrières a expédié :

Par voitures.......... 39,063 tonnes.
"   bateaux.......... 158,295 "
"   chemin de fer...... 161,880 "
Elle a consommé....... 26,155 "

Ensemble.... 385,393 tonnes.

Elle a vendu :

Dans le Pas-de-Calais.............. 51,883 tonnes.
"   Nord.................... 173,805 "
Hors du Pas-de-Calais et du Nord .... 133,550 "
Consommation de ses mines.......... 26,155 "

Total........ 385,393 tonnes.

Ouvriers. — Production par ouvrier.— La Compagnie de Courrières a successivement occupé les chiffres d'ouvriers

repris dans le tableau ci-dessous, qui donne en même temps
leur production annuelle.

Années.	Nombre d'ouvriers.	Production d'un ouvrier
1851........	109	42 tonnes.
1852........	115	112 »
1853........	152	114 »
1854........	.	» »
1855........	285	65 »
1856........	310	73 »
1857........	494	148 »
1858........	631	127 »
1859........	647	113 »
1860........	610	114 »
1861........	730	103 »
1862........	750	146 »
1863........	797	175 »
1864........	956	188 »
1865........	1,084	188 »
1866........	1,163	179 »
1867........	1,278	178 »
1868........	1,426	195 »
1869........	1,575	201 »
1870........	1,411	219 »
1871........	1,491	193 »
1872........	1,716	206 »
1873........	»	» »
1874........	»	» »
1875........	2,266	192 »
1876........	»	» »
1877........	2,203	168 »
1878........	2,321	187 »

De 1851 à 1862, la production annuelle par ouvrier ne dépasse
pas 148 tonnes; elle est même presque toujours inférieure à ce
dernier chiffre. Mais, à partir de 1863, elle atteint en moyenne
190 tonnes, soit 35 % de plus que dans la période précédente.

Les ouvriers des mines de Courrières se répartissent de la
manière suivante :

	Ouvriers du fond.	Ouvriers du jour.	Ouvriers des 2 catégories.
1869.....	1,257	268	1,525
1871.....	1,207	284	1,491
1872.....	1,388	328	1,716
1875.....	1,800	466	2,266
1877.....	1,815	388	2,203
1878.....	1,772	549	2,321

La production par ouvrier du fond est :

En 1869, de.............. 252 tonnes
   1871................. 239 »
   1872 .... 254 »
   1875................. 297 »
   1877................. 204 »
   1878................. 244 »
         Moyenne...... 249 tonnes.

chiffre dépassant très-notablement la moyenne des autres houillères du bassin, et dénotant des conditions d'exploitation favorables et un bon emploi du personnel.

D'après M. Alayrac, la population, vivant exclusivement du travail des mines de Courrières, s'élève à 6,900 personnes.

Salaires. — Une notice distribuée par M. Alayrac, ingénieur en chef des mines de Courrières, lors de la visite de ces mines, en juin 1876, par le Congrès de l'Industrie minérale, renferme les renseignements suivants sur les salaires :

ANNÉES.	MINEURS proprement dits.	ROULEURS de tout âge.	OUVRIERS de toutes sortes au fond.
1864..............	3fr. 15	1fr. 80	2fr. 74
1868 à 1871.......	3 70	2 11	2 97
1872..............	4 08	2 20	3 03
1873..............	4 56	2 37	3 35
1874...............	4 57	2 39	3 42
1875..............	4 60	2 47	3 48

Il ressort de ce tableau que, de 1864 à 1875, les salaires ont augmenté aux mines de Courrières :

Pour les mineurs proprement dits, de.......... 1fr. 45 ou de 46 %
  »   rouleurs, de .... 0 . 67 » 37
  »   ouvriers de toutes sortes au fond, de.. 0 . 74 » 27

D'après les rapports des Ingénieurs des Mines, la Compagnie de Courrières payait en salaires à ses ouvriers :

En 1869 . ... 1,317,589 fr.
   1871 . ... 1,427,294 »
   1872 .... 1,769,300 »
   1877 .... 1,984,149 »
   1878 .... 2,405,705 »

et le salaire annuel moyen des ouvriers de toute espèce était :

En 1869, de	836	fr.
1871	958	»
1872	1,031	»
1873	1,039	»
1874	1,000	»
1875	1,070	»
1876	1,152	»
1877	900	»
1878	1,037	»

Maisons d'ouvriers. — En 1876, la Compagnie de Courrières possédait déjà 646 maisons habitées par 2,601 personnes, dont 882 étaient occupées dans les travaux.

Elle fournissait donc le logement aux deux cinquièmes de ses ouvriers.

En 1878, le nombre de ses maisons est de 694, pouvant loger 2,800 personnes, dont 1,100 ouvriers de tous âges.

Ces maisons sont de trois types différents :

1° Petite, avec cave, pièce au rez-de-chaussée et pièce à l'étage ;

2° Moyenne, avec cave, grande pièce et cabinet au rez-de-chaussée, et deux chambres à l'étage ;

3° Grande, avec deux grandes pièces au rez-de-chaussée et deux à l'étage.

A chacune d'elles est attribué un petit jardin de 1 are à 1 are 50 centiares.

Elles sont louées à raison de 2, 3 ou 4 fr. par mois, suivant leur grandeur, jardin compris.

Ces maisons reviennent en moyenne à 2,250 fr. l'une, plus le prix du terrain (1).

Institutions de bienfaisance. — Près de la fosse N° 3, la Compagnie a construit deux écoles et un asile pouvant contenir 700 élèves des deux sexes, et tenus par quatre instituteurs congréganistes et cinq religieuses de St-Vincent-de-Paul. Il y existe un cours d'adultes du soir pour les jeunes ouvriers, un ouvroir et une bibliothèque.

(1) Notice de M. Alayrac.

La Compagnie envoie, en outre, gratuitement aux écoles des communes 1,200 enfants.

Egalement, près de la fosse N° 3, il a été construit une chapelle desservie par un prêtre spécial. Tout contre est un cimetière réservé.

On a obtenu la création, pour cette section de la commune de Méricourt, d'un adjoint au maire, qui remplit toutes les fonctions de l'état civil.

Le service de santé est fait par quatre docteurs et deux officiers de santé. Un docteur a sa résidence à Billy-Montigny, et est spécialement attaché à la Compagnie. On a établi une pharmacie qui délivre gratuitement les médicaments aux ouvriers et à leurs familles.

Tout le service médical est à la charge de la Compagnie, ainsi que l'alimentation des convalescents, l'instruction primaire et une partie des pensions de retraite.

Une caisse de secours, alimentée par une cotisation mensuelle de 1 à 3 fr., suivant les salaires des ouvriers, fournit les secours en argent aux malades et blessés, aux nécessiteux, les frais de funérailles, les pensions aux veuves et orphelins des ouvriers tués dans les travaux.

Il est gardé une réserve de 15,000 fr. au-delà de laquelle l'excédant de l'encaisse, arrêté au 31 août de chaque année, est partagé entre tous, au prorata des cotisations annuelles, ainsi qu'il a été dit pour Dourges.

En 1877, les dépenses de la Compagnie se sont élevées :

Service médical	11,030$^{fr.}$ 71
Pharmacie	18,973 40
Secours en nature	4,019 25
Écoles	17,879 85
Pensions	8,148 39
Total	60,051$^{fr.}$ 60

La Caisse de secours, dont les recettes ont atteint le chiffre de 62,683 fr., a dépensé :

Secours ordinaires et extraordinaires	42,536$^{fr.}$ 50
Pensions	7,241 »
Total	49,777$^{fr.}$ 50

Épargne. — La Compagnie reçoit les épargnes de ses employés et ouvriers et leur en sert l'intérêt à 4 %.

Il y a 106 déposants pour 206,364 fr. 38.

Société de coopération, — fondée en 1866. — Actions de 25 fr. Nul ne peut en avoir plus de 5.

Un gérant fait les opérations sous le contrôle d'un comité de 9 membres, se renouvelant chaque année par tiers. On ne vend qu'au comptant ou payable fin de la quinzaine. Tous les 6 mois, on fait l'inventaire qui est soumis à une Assemblée générale, laquelle décide la répartition des bénéfices.

Commencée avec 100 souscripteurs et avec un faible capital de 5,850 francs, dès le premier semestre, la Société réalisait un chiffre de vente de 43,316 fr. 96 et un bénéfice net de 2,158 fr. 72.

Au mois de mars 1875, époque du maximum des salaires, le compte semestriel établissait un chiffre de vente de 93,872 fr. 90 et un bénéfice net de 9,947 fr. 60 à répartir entre 332 actions appartenant à 245 sociétaires.

Le dernier bilan semestriel de 1877 donne les résultats suivants :

ACTIF. — Capital à nouveau	48fr. 50	
Inventaire	19,628	25
Comptes courants débiteurs	16,244	05
En caisse	980	71
Mobilier spécial	1,198	35
		38,099fr. 86
PASSIF.— Capital	8,400fr. »	
Comptes courants créditeurs	14.137	40
Réserve sur bénéfice antérieur	9,462	71
Profits	6,099	75
		38,099fr. 86

Le nombre des associés était de 239, possédant 336 actions.

Le chiffre des ventes s'élevait à 77,119 fr. 85 ; déduction faite de l'intérêt du capital, de la bonification au comptable et des gratifications aux garçons de magasin, il restait un bénéfice net de 5,404 fr. 15 qui fut partagé ainsi :

Dividende	4,757fr. 32	
Réserve	646	83
		5,404fr. 15

Le dividende équivalait à 6,2 % du montant des ventes [1].

(1) Notice de M. Alayrac.

PUITS.

N° 1. Fosse N° 1, de Courrières. — Ouverte en 1849. — C'est la première fosse qui ait été ouverte dans le bassin du Pas-de-Calais. — Terminée en 1851.

Diamètre : 3 m. 50.

Débuts laborieux. Couches maigres, infestées de grisou. Ce n'est que par de longues recherches au sud qu'on est arrivé à y exploiter trois couches de bonne qualité, mais peu épaisses. On y a rencontré plus tard de nombreuses couches dont la proportion de matières volatiles varie de 8 à 30 %.

2. Fosse N° 2, de Billy-Montigny. — Ouverte après l'exécution du sondage Kindt, en avril 1851. Entre en exploitation le 1er juillet 1856.

Diamètre : 3 m. 85. Terrain houiller à 150 m. Exploite des houilles contenant de 24 à 40 % de matières volatiles.

3. Fosse N° 3, de Méricourt. — Ouverte en 1858 sur le faisceau des veines du puits N° 2 et à l'ouest. Mise en exploitation en 1860. Terrain houiller à 149 m. 55. Diamètre : 4 m. Cuvelage de 20 côtés. Maximum d'eau du niveau : 100 hectolitres par minute. — Houille tenant de 34 à 40 % de matières volatiles.

4. Fosse N° 4, ou Ste-Barbe, à l'ouest du N° 3 et sur le même gisement. — Commencée en 1865 ; terminée à la fin de 1867. Diamètre : 4 m. — Houille tenant de 34 à 40 % de matières volatiles.

5. Fosse N° 5, à 1,100 m. au nord-ouest du puits N° 4. — Ouverte en 1872, après exécution d'un sondage. Rencontre d'énormes difficultés de creusement. Un premier puits dut être abandonné à 24 m. On en creusa un deuxième à 50 m. du premier, à l'aide d'une tour en tôle que l'on descendit jusqu'à 35 m. du sol. On épuisa jusqu'à 1,300 mètres cubes d'eau à l'heure au moyen de trois pompes, dont deux de 0m55 et une de 1 m. de diamètre, marchant avec une course de 3 m. — Terminée en 1877. — Diamètre : 4 m. 50. Houille tenant de 34 à 40 % de matières volatiles.

6. Fosse N° 6, à 1,000 m. au nord du puits N° 2, sur un faisceau précédemment reconnu par des galeries. — Commencée en 1875. Approfondissement arrêté à 243 m. en août 1877. Diamètre : 4 m. 50. Houille tenant de 34 à 40 % de matières volatiles.

SONDAGES.

N° 7, de Courrières. — 1849. — Rencontre le terrain houiller à 148 m. et la houille à 151 m. Poussé à 159 m. — C'est près de ce sondage qu'a été ouvert, en 1849, le premier puits de la Compagnie de Courrières.

8, d'Harnes. — 1849. — Arrêté au terrain houiller à 141 m.

212, de Courcelles-lez-Lens. — Arrêté dans le tourtia à 174 m. Est compris dans la concession de Dourges.

10, d'Hénin-Liétard (Nord). — 1849. — Terrain houiller à 145 m. Profondeur totale : 159 m. Constate la houille grasse. Est compris dans la concession de Dourges.

11, d'Hénin-Liétard (Sud). — 1850. — Terrain houiller à 151 m. Profondeur totale : 172 m. Est compris dans la concession de Dourges.

12, d'Hénin-Liétard (Sud-Est). — Terrain dévonien à 130 m. 50. Profondeur totale : 132 m. 70. Est compris dans la concession de Drocourt.

13, de Sallau. — Découvre le terrain houiller à 163 m 90 et la houille à 175 m Arrêté à 176 m. — 1850.

14, de Billy-Montigny. — Commencé en septembre 1853. Exécuté par le procédé Kindt. Terrain houiller à 159 m.

15, de Montigny-en-Gohelle. — 1869.

16, de Sallau, près la fosse N° 5.

17. N° 1, de Carvin (Sud). — Commencé en janvier 1856. Terrain houiller à 140 m. 50. Profondeur totale . 177 m. 47.

Une veine de 0ᵐ44 à 146 m. 70 est constatée officiellement le 27 avril 1856 ; inclinaison : 20°. Charbon et escaillage : 1ᵐ20 à 157 m.

Est compris dans la concession de Carvin.

18. N° 2, de Meurchin. — 1856. — Terrain houiller à 142 m. 25. Profondeur totale : 153 m. 10. Traverse une veine de 0ᵐ45 à 146 m. 45 ; une de 0ᵐ84 à 152ᵐ59 ; et une de 0ᵐ25 à 152 m. 99. Est compris dans la concession de Meurchin.

19. N° 3, de Carvin (Ouest). — 1856. — Terrain houiller à 142 m. 20. Profondeur totale : 155 m. 90. — Une veine de 0ᵐ98 à 154 m. 25 ; inclinaison : 10° ; vérifiée officiellement le 10 mars 1857 — Compris dans la concession de Carvin.

20. N° 5, de Carvin (Nord-Ouest). — 1857. — Terrain houiller à 131 m. 55. Profondeur totale : 148 m. — Veinule de 0ᵐ30 à 131 m. 55 , vérifiée officiellement le 23 mai 1857. — Est compris dans la concession de Carvin.

21, d'Avion. — 1855. — Traverse 18 m. de terrains mélangés de calcaire carbonifère et d'argiles bleuâtres, entre le tourtia et le terrain houiller, dans lequel il a pénétré à 190 m. Plusieurs petites couches de houille y ont été rencontrées. — Est compris dans la concession de Liévin.

33, d'Hantay. — 1857. — Rencontre le calcaire à 147 m. et y pénètre jusqu'à 152. — Est compris dans la concession d'Annœulin.

33 bis, du rivage d'Harnes. — 1871. — A découvert quatre veines de différentes épaisseurs.

113, au sud de Sallau. — 1871. — Résultat positif. — A donné lieu à une extension de concession.

149, d'Annay. — 1849. — Exécuté par la Compagnie de Lens. Atteint le terrain houiller à 143 m. 60. Abandonné à la suite d'accident à 151 m. 90, sans avoir découvert la houille.

189, de Méricourt (Nord). — Terrain négatif à 142 m. 60. — Compris dans la concession de Drocourt.

IV.

MINES DE LENS.

Sondages de MM. Casteleyn et consorts à Annay et à Lens. — MM. Bigo , Danel et autres avaient, sur les indications de M. Mathieu et postérieurement à la découverte de M. Mulot à Oignies et de M. Soyez à l'Escarpelle , entrepris en avril 1849, un sondage à Courrières.

MM. Casteleyn (1), Tilloy et Scrive, grands industriels de Lille , les imitèrent bientôt et ouvrirent , le 9 Juillet de la même année 1849, un sondage N° 149 à Annay, près Lens. Ce sondage ; à la suite d'un accident , fut abandonné à la profondeur de 151 mètres 90, après avoir atteint le terrain houiller à 143 mètres 60.

(1) M. Casteleyn avait été l'un des fondateurs, en 1837, de la Compagnie de l'Escaut qui obtint, en 1841. avec les Sociétés de Bruille, de Cambrai et d'Husnon, la concession de Vicoigne. Il était de plus sociétaire de la Compagnie des mines d'Aniche.

mais sans avoir rencontré le charbon, ni ramené à la surface des échantillons déterminant d'une manière précise la nature des roches traversées.

Lorsque, le 5 Juillet 1850, la Compagnie de Vicoigne eut installé son sondage de Loos N° 195, M. Casteleyn et ses associés, émus de cette concurrence, ouvrirent un second sondage N° 150 dans le bois de Lens, le 12 Juillet. Ce sondage arrivait à la houille au commencement de Décembre 1850.

Dès le mois d'Août 1849, après la convention intervenue entre MM. Bigo et consorts et la Compagnie de Douchy, M. Casteleyn et ses associés avaient conclu un arrangement par lequel ils recevaient un certain nombre d'actions de la Société de Courrières en échange de l'admission dans la Société de recherches de Lens, de MM. Bigo, Danel, Mathieu et autres.

C'est ainsi que ces derniers sont devenus actionnaires de Lens et ont pris part à la constitution de cette Société, et plus tard à son administration.

Association avec la Compagnie de Vicoigne. — Après l'exécution de plusieurs sondages heureux, MM. Casteleyn et consorts ne savaient quel parti tirer de leurs découvertes. Ils étaient, sauf M. Casteleyn, étrangers aux entreprises de mines, et ne voulaient pas engager dans leur affaire les capitaux considérables qu'exige toujours la création d'une houillère. Ils s'adressèrent alors à la Compagnie de Vicoigne dont la fosse de Nœux entrait en extraction, et formèrent avec elle une association.

La Compagnie de Vicoigne, moyennant remise de moitié des actions de Lens, avançait 500,000 francs et fournissait son matériel et son personnel pour l'exécution d'une première fosse. Le niveau, très-difficile, fut passé avec le concours de M. de Braquemont et du maître porion Dumont, chef très-expérimenté dans ces sortes de travaux, et la fosse N° 1 (37) de Lens fut mise en exploitation.

Mais lors de la publication du décret du 23 Octobre 1852, interdisant les réunions de concessions, la Compagnie de Vicoigne éprouva des appréhensions au sujet de son association avec Lens, appréhensions d'autant plus fondées qu'alors

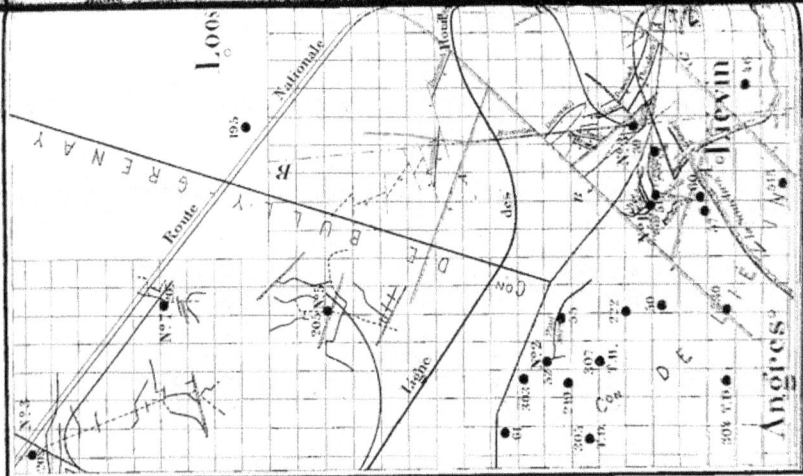

les concessions de Nœux et de Lens n'étaient pas encore instituées, et elle voulut sortir de cette position fausse.

La Compagnie de Lens, dont le succès était alors assuré, dont le premier puits allait entrer en exploitation, ne demanda pas mieux que de voir la Compagnie de Vicoigne renoncer à son association. Elle remboursa à cette dernière les 500,000 francs avancés et une somme de 50,000 francs pour intérêts de capitaux et location de son matériel et de son personnel.

Les Compagnies de Vicoigne, Lens et Dourges avaient formé le projet d'une grande association pour l'exploitation en commun d'une partie importante du nouveau Bassin découvert par elles. En 1852 elles avaient adressé au Gouvernement une demande en autorisation de réunir les trois concessions de Dourges, qui venait d'être instituée, et de Lens et de Nœux qui étaient alors à l'instruction.

Leur demande fut soumise aux enquêtes et affichée pendant quatre mois dans les communes intéressées. De nombreuses oppositions furent faites à la réunion projetée, qui fut rejetée, en définitive, par le Gouvernement.

Statuts. — La Société d'exploitation fut constituée par acte des 11 et 12 Février 1852. Des modifications furent apportées à cet acte, le 29 Décembre 1855, et les Statuts arrêtés alors sont encore en vigueur.

La Société est civile.

Elle prend le nom de **Société des Mines de Lens**.

Le fonds social est fixé à 3 millions, divisés en 3,000 actions de 1,000 francs chacune.

Les actions sont nominatives.

MM. Jules Casteleyn, Scrive-Labbe et Tilloy-Casteleyn, ayant donné tous leurs soins pour l'obtention de la concession et la fondation de l'entreprise, auront droit de prélever 129 actions, hors et avant part, et se les distribueront concurremment avec les 2,871 autres. Ces actions seront soumises aux mêmes charges et conditions, et donneront droit aux mêmes avantages que toutes les autres.

Les actions sont ainsi réparties :

MM. Casteleyn	582
Scrive-Labbe	295
Tilloy-Casteleyn	296
Désiré Scrive	261
François Destombes	261
Alfred Descamps	261
Eugène Grimonprez	261
Auguste Descamps-Crespel	261
Léon Barrois	261
Edmond Lebon	261
Total	3,000

Chaque action sera remise en échange d'un versement de 300 francs ; il sera fait compensation des sommes dues par suite de ce versement par chaque actionnaire, avec celles dont il pourrait être à ce jour créancier en principal et intérêts.

Les 700 francs complémentaires du montant de l'action pourront être appelés, à mesure des besoins, par le comité d'administration.

Les actions ne pourront être transférées que par acte sous-seing privé ou notarié, dont un double ou une expédition devra être remise au siège de la Société.

L'assemblée générale se compose de tous les actionnaires, propriétaires de 5 actions au moins.

Les autres actionnaires auront aussi le droit de s'y faire représenter, mais par un seul mandataire pour 5 actions, lequel ne pourra être choisi que parmi les Sociétaires.

Cinq actions donnent droit à une voix. — Une même personne ne pourra avoir plus de 4 voix.

L'assemblée générale se réunit chaque année, le deuxième lundi de Novembre.

La Société est administrée par un comité de huit Membres, qui ne pourront devenir Employés salariés, ni être adminis-trateurs d'une autre Société houillère en France.

Chaque administrateur doit posséder 30 actions.

Lorsque surviendra le décès, la démission ou l'incapacité

légale de l'un des administrateurs, il sera pourvu à son remplacement par les Membres restants.

Le comité ne pourra délibérer s'il ne se trouve au moins cinq administrateurs présents.

La majorité de 5 voix est nécessaire pour la nomination ou la révocation d'un agent-général, et celle de 6 voix, pour décider la vente ou l'échange de terrains, l'ouverture d'une fosse, la construction de chemin de fer, canaux et autres grands travaux extraordinaires, les appels de fonds.

L'Agent-Général est soumis à un cautionnement d'au moins 10,000 francs.

Il résidera à Lens.

Il est chargé de l'exécution des délibérations du Conseil.

Un comité de trois Membres, propriétaires chacun de 5 actions, vérifiera et arrêtera les comptes annuels de l'administration, et en fera rapport à l'assemblée générale.

Les comptes seront arrêtés le 31 Juillet de chaque année.

Il sera créé un fonds de réserve qui ne pourra excéder 500,000 francs. Il sera formé au moyen d'une retenue du quart des bénéfices annuels, après la répartition de 5 0/0 du capital versé.

Concessions. — Un décret en date du 15 Janvier 1853 accorda à la Compagnie de Lens, constituée par acte des 11 et 12 Février 1852 et représentée par MM. Casteteyn, Tilloy-Casteleyn et Scrive-Labbe, une concession s'étendant sur. . . . . 6,031 hectares.

Un décret du 27 Août 1854, rectificatif des limites communes aux concessions de Lens et de Courrières, ajouta à la première. . . . 157 hectares.

de sorte que la superficie fut portée à . . 6,188 hectares. A la suite d'explorations par sondages au Sud de sa concession du côté de Liévin, la Compagnie de Lens obtint, par décret du 15 Septembre 1862, une nouvelle extension de . 51 hectares.

Superficie totale de la concession de Lens. 6,239 hectares.

A reporter. . . . . 6,239 hectares.

Report. .   .   . 6,239 hectares.

Enfin, en 1873, la Compagnie de Lens fit l'acquisition de la concession de Douvrin, moyennant
550,000 fr. de .   .   .   . 700 hectares.
et un décret du 5 Mars 1875 l'autorisa à la
réunir à sa concession

Ensemble des concessions 6,939 hectares.

Travaux. — La première fosse (37) fut ouverte à Lens en
1852. Le creusement fut exécuté sous la conduite du maître
porion Dumont, chef-ouvrier habile, qui venait d'exécuter
très-rapidement la fosse n° 1 de Nœux, et qui était attaché
à la Compagnie de Vicoigne depuis l'origine de cette Société.
La direction générale était confiée à M. de Bracquemont.

Le passage du niveau présenta d'assez grandes difficultés,
qui furent surmontées avec l'excellent et nouvel appareil d'é-
puisement qui avait été créé pour Nœux. On épuisa jusqu'à
8,000 hectolitres à l'heure.

Le terrain houiller fut rencontré à 145 mètres. Il était
accidenté, ondulé, et les commencements de l'exploitation
furent d'abord peu encourageants. Mais, on approfondissant
le puits, les terrains se régularisèrent, on fit de nouvelles
découvertes de couches, et cette fosse devint très-productive.

On commença à y extraire, fin 1853, et en 1854 cette fosse
ne produisait que la faible quantité de 10,000 tonnes.

L'exploitation s'y développa les années suivantes, et fournit

En 1855.... 38,000 tonnes.
» 1856.... 62,000 »
puis 72,000 à 75,000 tonnes

chacune des 3 années suivantes.

Une deuxième fosse (38), dite du Grand-Condé, fut commencée
en 1857. Son percement ne présenta que des difficultés ordinaires,
et, en Juillet 1859, elle entrait en production.

Une troisième fosse (39), dite Saint-Amé, est ouverte en 1858,
et entre en exploitation en 1860.

La production des trois fosses, qui n'était que de

```
          100,000 tonnes en 1860
s'élève à 160,000    »    1861
et a 260,000         »    1865
```

En 1862, la Compagnie ouvre une quatrième fosse (41), Saint-Louis, qui entre en exploitation fin 1864.

Avec ces quatre fosses, très-grandement outillées, exploitant un gisement très-riche, le plus riche de tout le bassin, les Mines de Lens arrivent à une grande production.

```
350,000 tonnes en 1866 et 1867
400,000    »    1869 « 1870
650,000    »    1873 « 1874
715,000    •    1875
```

L'extraction par fosse atteint :

```
en 1870...... 100,000 tonnes.
 » 1872...... 145,000    »
 » 1875...... 178,000    »
```

La cinquième fosse (42) de Lens a été ouverte en 1872, à 800 mètres à l'Est du n° 4, et dans le but d'exploiter les puissantes couches reconnues par cette dernière. Son diamètre est de 4 mètres 86. Le passage du niveau par ce dernier puits a présenté des difficultés excessives. Deux puissantes machines d'épuisement, développant à une moment donné jusqu'à 1,000 chevaux de force, ont élevé au jour 25,000 hectolitres d'eau par heure, soit 600,000 hectolitres d'eau par 24 heures. A la fin de 1874, on atteint le terrain houiller et la houille.

Cette fosse est installée grandiosement :

Machine à 2 cylindres horizontaux de 1 mètre de diamètre et 1 mètre 80 de course ; cages à deux étages renfermant quatre chariots par étage ; système spécial de nettoyage des charbons ; constructions luxueuses. Du reste le chiffre de son extraction journalière répond à la magnificence de son installation. Elle fait le plus grand honneur à l'Ingénieur M. Reumaux, et lui a fait obtenir, concurremment avec ses autres mérites, la décoration de la Légion-d'Honneur, au commencement de l'année 1879.

Sondages au Sud de la Concession — La Compagnie de Nœux avait exécuté avec succès divers sondages au Sud de la Concession, qui lui avait été octroyée. La Compagnie de Lens pensa que la formation houillère devait aussi s'étendre au-delà de la limite méridionale de sa Concession, et pour s'en assurer elle installa, fin Mars 1857, un sondage n° 44 à Liévin, à 520 mètres de sa limite Sud. Dès le mois d'Octobre ce sondage rencontrait le terrain houiller, puis quatre couches de houille.

Un deuxième sondage, n° 45, à Eleu-Lauwette, à 400 mètres au Sud de la limite de la Concession, amena des découvertes semblables.

La Compagnie adressa alors au Gouvernement une demande en extension de concession, qui fut soumise à l'instruction et qu'elle appuya par l'exécution, en 1858, et 1859 de cinq autres sondages N°⁵ 46 à 50, sur les territoires de Liévin et d'Avion. Mais ces derniers sondages ne rencontrèrent que des terrains dévoniens.

Une opposition à cette demande fut faite le 21 Mai 1858, par MM. Deslinsel et consorts, qui venaient d'ouvrir un sondage n° 54, à Liévin, à 175 mètres de la limite méridionale de la Concession de Lens.

En réponse à cette opposition la Compagnie de Lens procéda, vers le milieu de l'année 1859, à l'ouverture de deux fosses : l'une (39) à Liévin, n° 3, l'autre (40) à Eleu, toutes au Nord et à proximité des deux sondages positifs qu'elle avait exécutés au Sud de sa Concession.

Le creusement de la première de ces fosses fut poussé activement et elle entrait en exploitation en 1860.

Quant à la deuxième fosse, elle fut abandonnée à 20 mètres de profondeur, à la suite de la rencontre du terrain dévonien dans un sondage exécuté à une faible distance au Sud.

MM. Deslinsel et consorts, qui s'étaient constitués en Société, sous la dénomination de *Société houillère de Liévin*, avaient, ainsi qu'il a été dit, installé, le 28 Mars 1858, un sondage n° 54 à 175 mètres de la limite méridionale de la Concession de Lens,

qui fut abandonné à 100 mètres de profondeur à la suite
d'accidents.

Le 21 Mai de la même année ils ouvraient un deuxième sondage
n° 55 à l'Ouest de l'extension de concession demandée par la
Compagnie de Lens, et là ils rencontraient le terrain houiller ;
puis le 10 Juillet un troisième sondage à Avion, qui ne donna
que des résultats douteux ; et enfin un quatrième sondage n° 58
près du village de Liévin qui recoupa trois couches de houille.

A la fin de 1858, la Société de Liévin commençait les travaux
d'une fosse No 53, près du premier sondage dans lequel la
Compagnie de Lens avait trouvé la houille. Elle y traversait
bientôt trois veines.

La fosse No 3 de Lens avait également rencontré plusieurs
couches de houille, de sorte qu'il était parfaitement établi qu'au
Sud et en dehors de la Concession de Lens, il existait une
certaine etendue de terrain houiller exploitable (¹).

Cette étendue de terrain houiller était demandée en concession
par les Compagnies de Lens et de Liévin. Le Gouvernement,
par Décret en date du 15 Septembre 1862 accorda à la Compagnie
de Lens une extention de sa concession primitive de   51 hectares.
et à la Compagnie de Liévin une concession
nouvelle de . . . .   761 hectares.

Ensemble   812 hectares.

Achat de la concession de Douvrin. -- Le 3 Octobre
1873 la Compagnie de Lens fit l'acquisition, moyennant le prix
de 550,000 francs, de la concession de Douvrin d'une étendue
de 700 hectares, instituée par décret du 18 Mars 1863, en faveur
de la Société de Douvrin. Cette Société y avait ouvert un puits
et créé une petite exploitation ; les dépenses faites et les
pertes sur cette exploitation l'obligèrent à se liquider.

Après le rachat autorisé par décret du 5 Mars 1875, la
Compagnie de Lens réorganisa la fosse de Douvrin, actuellement désignée sous le No 6 (43), et y entreprit d'importants

(1) Mémoire de la Société des Mines de Lens concernant sa demande d'extension
concession au sud . . . . . 11 avril 1861.

travaux dans la direction du Sud et s'étendant sous la propre concession de Lens.

Ces travaux ont amené la découverte de nombreuses couches de houille, mais laissant à désirer comme régularité. Toutefois, aujourd'hui la fosse N° 6 ou d'Haisnes est en pleine extraction. En 1877-78 elle produit 62,989 tonnes,

En 1874 et 1875, la Compagnie entreprend, dans le but d'explorer la partie centrale et Nord de sa concession, quatre grands sondages qu'elle pousse à des profondeurs de plus de 300 mètres. Ces sondages repris sous les N°ˢ 893, 894, 897 et 898, amènent la découverte de belles et nombreuses couches de houille.

C'est près de l'un de ces sondages N° 894, à Wingles, qui rencontra le terrain houiller à 137 mètres 35 et traversa sept couches de charbon demi-gras avant la profondeur de 365 mètres 35 à laquelle il est arrêté, que la Compagnie a commencé en Avril 1879 un nouveau siège d'exploitation, N° 7 (895), composé de deux puits de 3 mètres 75 et 4 mètres de diamètre, distants l'un de l'autre de 10 mètres, d'axe en axe.

Pour donner une idée de l'installation des travaux de Lens, voici le chiffre d'extraction de chacune de ces six fosses pendant l'exercice 1877-78 :

Fosse N° 1 . . . . . .   100,390 tonnes.
  »   »   2   108,548   »
  »   »   3   109,793   »
  »   »   4   107,705   »
  »   »   5   167,874   »
  »   »   6   62,989   »

Ensemble . . . .   657,299 tonnes.
Soit une moyenne de   109,549   »   par fosse.

Production. — La notice publiée par la Société à l'occasion de la visite du Congrès de l'Industrie minérale en 1876, contient les chiffres de la production annuelle des Mines de Lens depuis son origine jusqu'à fin 1875, reproduits ci dessous :

1853......	223	tonnes.
1854......	9,967	»
1855......	38,048	»
1856......	62,021	»
1857......	72,546	»
1858......	74,370	»
1859......	75,539	»

332,714 tonnes

1860......	99,897	tonnes.
1861......	159,429	»
1862......	198,880	»
1863......	218,774	»
1864......	235,715	»
1865......	261,867	»
1866......	348,641	»
1867......	356,435	»
1868......	381,317	»
1869......	402,457	»

2,658,412 »

1870......	408,234	tonnes
1871......	482,022	»
1872......	583,385	»
1873......	654,022	»
1874......	657,904	»
1875......	715,097	»

3,500,664 »

Pour les années suivantes ; voici les résultats donnés par les rapports des Ingénieurs des Mines :

1876......	670,089	tonnes.
1877......	627,643	»
1878......	707,003	»

2,004,735 »

Ensemble...... 8,496,525 tonnes

Ouvriers — Production par ouvrier. — D'après les relevés de l'administration des Mines, voici le nombre d'ouvriers occupés par la Compagnie de Lens, et le chiffre de leur production annuelle.

Années.	Nombre d'ouvriers.	Production d'un ouvrier
1855......	299	126 tonnes.
1856......	515	120
1857......	499	145
1858......	545	136
1859......	545	138
1860......	667	150
1861......	1,220	130
1862......	1,306	152
1863......	1,345	158
1864......	1,374	171
1865......	1,376	190
1866......	1,583	220
1867......	1,849	192
1868	2,035	187
1869......	1,798	223
Moyenne......		162 tonnes.

Dans la notice distribué aux membres du Congrès de l'Industrie minérale, en juin 1876, on relève le tableau suivant :

	Ouvriers au fond.	Ouvriers au jour.	Ensemble:
1870......	1,538	566	2,104
1871......	1,776	580	2,356
1872......	1,847	617	2,464
1873......	2,146	619	2,765
1874......	2,505	798	3,303
1875......	2,816	897	3,713

Rapportés à l'extraction, les chiffres de ce tableau donnent pour la production annuelle d'un ouvrier :

	Du fond.	Du fond et du jour.
1870......	265 tonnes.	194 tonnes.
1871......	271	204
1872......	315	236
1873......	304	236
1874......	262	199
1875......	253	192
Moyenne......	278 tonnes.	210 tonnes.

Les rapports des Ingénieurs des Mines donnent pour 1877 :

Ouvriers du fond	2,727
» jour	823
	3,550

et pendant cette année, la production a été par ouvrier :

du fond	230 tonnes.
du fond et du jour	176 » (1)

Ainsi, les Mines de Lens qui n'occupaient en 1855 que 299 ouvriers, et en 1860 que 667, en emploient en 1870, 2,104 et en 1875, 3713. — La difficulté de vente oblige à réduire l'extration en 1877, et le nombre des ouvriers y descend à 3,550.

Les ouvriers des Mines de Lens sont domiciliés dans 33 communes dont une grande partie de la population environ 14,000 personnes vivent presqu'exclusivement du travail que leur procure l'exploitation.

La production par ouvrier de toute catégorie qui n'était en moyenne que de 162 tonnes pendant les 15 années 1855 à 1870, s'élève à 210 tonnes de 1870 à 1876, présentant une augmentation sur la période précédente de 48 tonnes, ou de 30 %.

La production par ouvrier du fond est considérable, 278 tonnes, et indique un gisement très-riche et d'une exploitation facile, en même temps qu'un emploi intelligent du personnel.

Les moyennes ci-dessus ont toutefois éprouvé une notable diminution pendant les trois dernières années.

Salaires. — Dans un article « *Les Mines de Lens* » publié par la *Revue Scientifique*, No 52, du 23 Juin 1877, on trouve les renseignements suivants sur les salaires des ouvriers de ces Mines.

(1) En 1878, la Compagnie de Lens occupe :

	2,998 ouvriers au fond.
	809 » jour
Ensemble......	3,807 ouvriers.

La production est par ouvrier du fond de :

	236 tonnes.
» » des deux catégories	186 »

« La moyennes des salaires est actuellement la suivante

Mineurs travaillant à la tâche	5 fr. 30	
» . au marchandage..	5	80
» » à la journée	5	»

« La moyenne des salaires des Mineurs pendant une quinzaine de 13 jours est de 65 à 75 francs.

« Parmi les ouvriers qui viennent en aide aux Mineurs, les suivants reçoivent encore des salaires très-convenables :

Les chargeurs à la taille .... gagnent	3 fr. 25 à 3 fr. 35			
Les chargeurs à l'accrochage. »	4	»		
Les moulineurs à la tâche ... »	3	75		
Les machinistes. . . . . »	4	» à 5		25
Les chauffeurs . . . . »	3	75		
Les lampistes. . . . . »	3	»		
Les remblayeurs... ...... »	3	25		
Les hercheurs. . . . . »	3	25		
Les enfants . . . . »	1	50 à 2		»
Les trieurs de pierres. . . . . . . »	1	50 à 2		»

Ces prix de journée sont élevés ; mais il est possible de les subir quand la production journalière de l'ouvrier est grande, comme elle l'est à Lens.

Les rapports des Ingénieurs des Mines complètent les renseignements ci-dessus par le chiffre des salaires payés annuellement, savoir :

	Salaires totaux.	Salaires par ouvrier.
En 1869	1,450,573 fr.	807 fr.
» 1871	2,012,682	940
» 1872	2,634,950	1,139
» 1873	0,000,000	1,089
» 1874	0,000,000	1,050
» 1876	0,000,000	1,063
» 1877	3,303,532	930
» 1878	3,127,405	821

Le travail a été notablement réduit dans les deux dernières années et par suite de salaire annuel moyen a beaucoup diminué.

Maisons d'ouvriers. — La plaine de Lens, au sol crayeux et peu productif, ne renfermait en 1850 que de petits villages, peu peuplés et ne pouvant par conséquent fournir qu'un petit nombre de bras aux nouvelles houillères qui s'établissaient alors. Il fallut dès l'origine attirer de nombreux ouvriers des Bassins du Nord et de la Belgique, et par suite créer des maisons pour les loger.

Ainsi la Compagnie de Lens possédait déjà 480 maisons en 1866 pour une population ouvrière alors occupée de 1583.

Ce chiffre est portée en 1872 à 755 pour 2,464 ouvriers employés dans les travaux.

En 1877, la Compagnie possédait :

1,085 maisons habitées.
257 en construction.
_____
Total.... 1,342.

Les 1,085 maisons achevées étaient habitées par

1,600 ouvriers, soit environ 1,5 ouvrier par maison.
3,500 femmes et enfants » 3,2 par maison.
Total... 5,100 personnes ou   4,7 habitants par maison.

La construction de ces maisons figurait dans les comptes de la Compagnie pour la somme considérable de 3,738,426 fr. 92. correspondant à 2,800 fr. au moins par maison.

Les prix mensuels de location varient entre 4,50, 5 fr. 5,50 et 6 fr. suivent l'importance et la situation des maisons. Déduction faite des contributions et des frais d'entretien, ce loyer représente à peine 1 et 3/4 % du capital engagé. La Compagnie fait donc un sacrifice de 3 et 1/4 % d'intérêt sur 4 millions, soit d'environ 140,000 francs par an, en faveur de ses ouvriers, du fait de leur logement à bon marché.

Depuis 1877, la Compagnie a achevé les maisons commencées, et en a construit de nouvelles, et actuellement elle en a en tout 1383.

Il existe donc à Lens :

1 maison pour 2,75 ouvriers.
ou environ 1   "   "   510 tonnes de houille produite.

Et la Compagnie loge annuellement dans ses maisons 55 % de sa population ouvrière.

Caisse de secours. — Dès que l'exploitation de Lens eut pris une certaine importance, la Compagnie institua une caisse de secours en faveur de ses ouvriers. Comme la caisse des autres houillères de la région, elle était alimentée par une retenue de 3 % sur le salaire de tous ses ouvriers, et une cotisation de 1 % de la Compagnie sur le chiffre total de ces salaires.

En 1871, cette caisse possédait des fonds assez considérables. Les ouvriers demandaient le partage de ces fonds, et la suppression de l'institution. La Compagnie résista d'abord, mais elle fut obligée de céder aux ouvriers qui s'étaient mis en grève à ce propos.

Il fut alors substitué à cette institution une nouvelle caisse de secours qui fonctionne dans les conditions suivantes.

Tous les ouvriers attachés à l'établissement sont tenus de faire partie de la caisse de secours, organisée entre eux, avec le concours de la Société.

La cotisation par quinzaine est fixée comme suit :

1 fr. 50 pour les ouvriers gagnant 3 fr. " et au delà par jour.
1   25   "   "   2   50 à 3 fr. "   "
1   "   "   "   , 2   " " 2   50   "
"   75   "   "   1   50 " 2   "   "
"   50   "   "   moins de 1   50   "

Les secours journaliers alloués en cas de de maladie ou de blessures sont accordés d'après le tarif ci-dessous :

Malades.	Blessés.				
1 fr. 50	1 fr. 90	si l'ouvrier paye 1 fr. 50 par quinzaine.			
1 25	1 60	"	1 25	"	
1 "	1 25	"	1 "	"	
" 75	" 95	"	" 75	"	
" 50	" 65	"	" 50	"	

La caisse solde, outre les secours ci-dessus, les honoraires des médecins, les médicaments, etc. Ainsi en 1875, elle a payé :

Honoraires des médecins	19,084 fr.	84
Frais pharmaceutiques.	38,861	06
Secours en argent aux malades et blessés.	84,905	23
Frais funéraires.	3,507	02
Frais divers	1,741	25
Total des dépenses. . . .	148,099 fr.	40

Les recettes pendant cette même année ont été :

Cotisation de la Compagnie.	30,000 fr.	»
Contribution des ouvriers.	114,124	15
Total des recettes. . . .	144,124	15

La Compagnie occupait en 1875, 3713 ouvriers. — La dépense de la caisse de secours par ouvrier était donc de 40 francs environ. Chaque ouvrier ne contribuait dans cette dépense que pour 30 francs environs, et la Compagnie pour 8 francs. — Le déficit était d'environ 2 francs.

Autres œuvres en faveur des ouvriers. — Outre la cotisation de 30,000 francs qu'elle accordait en 1875 à la caisse de secours formée entre ses ouvriers, la Compagnie de Lens faisait et continue à faire des dépenses considérables pour l'amélioration de leur bien-être.

Ainsi, dans toutes les communes, au nombre de 33, où résident ses ouvriers, les enfants des deux sexes sont admis, aux frais de la Société, dans les salles d'asile et les écoles communales.

Au milieu du groupe de maisons établies près de la fosse N° 3, à Liévin, elle a construit une église, assez vaste pour desservir une population de 3,000 habitants, qui a coûté

en tout.	100,000 francs.
et deux écoles, tenues par les religieux et les religieuses, qui ont coûté.	118,160 »
Ensemble . . .	218,160 francs.

Plus de 3,000 enfants reçoivent ainsi l'instruction à la charge de la Compagnie.

Un prélèvement de 1 et 1/2 % des dividendes distribués est fait chaque année pour pensions à accorder aux veuves d'ouvriers tués dans les travaux, à leurs orphelins, enfin à des secours extraordinaires à des familles éprouvées par des malheurs exceptionnels.

Chaque enfant d'ouvrier reçoit 10 francs à l'époque de la première communion.

Enfin il est alloué gratuitement, à chaque famille d'ouvrier, 6 hectolitres de charbon menu par mois pour son chauffage.

Prix de revient. — Les états de redevance donnent pour prix de revient d'exploitation proprement dite, sans les travaux extraordinaires,

$$\text{En } 1873......\quad 8 \text{ fr. } 27 \text{ par tonne.}$$
$$\text{» } 1874......\quad 9 \quad 22 \qquad \text{»}$$

La main-d'œuvre entre dans le prix de revient.

$$\text{En } 1869 \text{ pour } 3 \text{ fr. } 60 \text{ par tonne.}$$
$$\text{» } 1871 \quad \text{» } 4 \quad 17 \qquad \text{»}$$
$$\text{» } 1877 \quad \text{» } 5 \quad 26 \qquad \text{»}$$

De toutes les exploitations du Bassin, c'est sans contredit celle de Lens qui a les prix de revient les plus bas. Ce résultat est la conséquence directe de la richesse, de la régularité du gisement, et de la bonne exploitation du gîte.

Prix de vente. — A l'origine des exploitations du Pas-de-Calais, la houille qu'on ne produisait qu'en faible quantité, se vendait à des prix élevés. Mais au fur et à mesure que les mines se développent, les houilles sont offertes et leurs prix s'abaissent.

C'est ce que montrent d'une manière frappante les prix de vente des Mines de Lens fournis par les états de redevance.

Ainsi ce prix est :

En 1855 de 17,84 la tonne.
» 1856 de 15,90 »

De 1857 à 1862, il oscille entre 14 fr. 56 et 13 fr. 10, et de 1863 à 1865, il tombe à 11 fr. 77 et même à 11 fr. 35.

Pendant les deux années 1866 et 1867, la houille est très-demandée, et le prix de vente monte à 12 f. 15 et 13 fr. 47.

Il redescend ensuite à 11 fr. 68 en 1869 et 1870 pour remonter en 1871 à 12 fr. 08 et en 1872 à 12 fr. 40.

On se rappellera les prix excessifs qu'atteignirent les houilles en Angleterre, en Belgique et en Allemagne, après la guerre de 1870.

Les houillères du Nord participèrent à cette augmentation générale, mais dans une proportion bien moindre qu'on ne serait disposé à se le figurer et cela par suite des marchés à longs termes contractés à des prix bas avant la hausse.

Ainsi à Lens, le prix moyen n'arrive qu'à 12 fr. 08 en 1871, et 12 fr. 40 en 1872.

Les anciens marchés à bas prix arrivent à expiration petit à petit, et sont remplacés par d'autres à prix plus élevés.

En 1873, le prix moyen atteint son maximum 17 fr. 88 ; en 1874, 1875 et 1876, il est encore de 17 fr. 14 à 17 fr. 18.

En 1877, les marchés à haut prix sont en partie remplis, et le prix moyen de vente de cette année tombe à 14 fr. 90. En 1878, il n'est plus que de 13 fr. 50.

Les mines de Lens fournissent des charbons très-appréciés pour la fabrication du gaz, et presque dès l'origine ces Mines ont eu des marchés importants avec la grande Compagnie parisienne qui absorbe annuellement plus de 600,000 tonnes de houille.

Ces marchés ont exercé une influence très-heureuse sur le développement de la Compagnie de Lens, et quoique conclus à des prix généralement bas, ils lui ont laissé des bénéfices assurés.

A la fin de décembre 1875, expirait un de ces marchés de plusieurs années conclut à 17 fr. Il fut remplacé par un nouveau à 17 fr. pour :

100,000 tonnes à livrer en 1876
110,000   »   »   1877
120,000   »   »   1878

Lieux et Modes de vente. — Les rapports des Ingénieurs des Mines fournissent des détails intéressants sur les lieux et modes de vente des Mines de Lens en 1877 et en 1878.

Il a été vendu en 1877 :

Dans le Pas-de-Calais : industries diverses.	115.000 tonnes.	
" chauffage domestique.	15,855 "	130,855 tonnes.
Dans le département du Nord		184.378 "
Hors des départements du Pas-de-Calais et du Nord		292,150 "
Total de la vente......		607,383 tonnes.
Consommation à la mine............................		42,074 "
Ensemble......		649,457 tonnes

Il a été expédié :

Par voiture....	34,120	tonnes	5,6 %
" bateaux	259,963	"	42,8 %
" chemin de fer	313,300	"	51,6 %
	607,383	tonnes 100 " %	

En 1878, il a été expédié :

Par voitures	31,793	tonnes	4,8 %
" bateaux	302,258	"	46 " %
" chemin de fer	323,328	"	49 " %
	657,379	tonnes 100 " %	

Les ventes se sont réparties ainsi :

Dans le Pas-de-Calais . industries diverses.	114,337 tonnes.	
" chauffage domestique.	17,408 "	131,745 tonnes.
Dans le département du Nord		186,921 "
Hors des départements du Nord et du Pas-de-Calais		341,713 "
Consommation de la mine		45,103 "
Ensemble......		705,482 tonnes.

Chemins de fer. — La Compagnie de Lens, comme toutes les Mines du nouveau Bassin songea, dès l'adoption du tracé de la ligne des houillères, à y relier ses fosses par un embranchement. Un décret du 9 Mai 1860 autorisa la construction de cet embranchement non seulemement jusqu'à la gare de Lens, mais encore jusqu'au canal de la Haute-Deûle.

Un deuxième décret du 10 Juillet 1862 autorisa la construction d'un deuxième embranchement destiné à relier au précédent la fosse No 3 de Liévin.

Enfin un troisième embranchement de 8 kilomètres de longueur, autorisé par décret de Janvier 1875 a été exécuté dans ces dernières années pour relier et aux embranchements déja établis et au rivage de Vendin-le-Viel, la concession et la fosse de Douvrin. Il se prolonge jusqu'à la gare de Violaines, sur la ligne de Béthune à Lille.

La Compagnie de Lens possède donc une réseau de chemins très-complet, d'un développement de 43 kilomètres, y compris les voies de service, et dont plus de la moitié est établie en rails d'acier.

L'exploitation de ce réseau se fait au moyen de 8 locomotives de 24 à 28 tonnes, et de 360 wagons à houille. Trois voitures spéciales contenant chacune 60 personnes, servent à amener les ouvriers des villages voisins à leur travail aux fosses.

Rivage. — Un vaste port d'embarquement des charbons a été établi sur le canal de la Deûle. Une voie ferrée, placée à 8 mètres au-dessus du niveau de l'eau amène les wagons directement des fosses en face des bateaux à charger. La locomotive qui amène les trains est munie d'une grue à vapeur, qui soulève les wagons, les incline, de manière à verser la houille sur un plan incliné, et à la faire glisser doucement dans le bateau.

Le chargement d'un bateau n'exige pas plus de 40 minutes, et on peut facilement embarquer 5,000 tonnes par jour.

La Compagnie de Lens est, de toutes les Compagnies houillères du Pas-de-Calais, celle qui fait les expéditions les plus importantes par la voie de la navigation. Ainsi, d'après un travail de M. Micha. elle a chargé en bateaux.

En	1860....	165,856	tonnes ou	41 %	de son extraction
»	1870....	182,632	»	44	»	»
»	1871....	186,206	»	38	»	z
»	1872....	219,107	»	37	»	»
»	1873....	237,655	»	36	»	»
»	1874....	262,700	»	40	»	»
»	1875....	285,065	»	40	»	»
»	1876..	228,913	»	34	»	»
»	1877....	259,963	»	41	»	»
»	1878....	302,258	»	43	»	»

Emprunt. — Une circulaire du 18 Janvier 1860, s'exprimait ainsi :

« On a pu se convaincre, par l'inventaire qui a été communiqué » dans l'assemblée générale, que la Société était en voie » de prospérité. »

« Néanmoins, la nécessité de relier le plus tôt possible ses » fosses au chemin de fer des houillères du Pas-de-Calais » et au canal, de développer ses puits en exploitation et de » creuser de nouvelles fosses, va entrainer la Société dans » des dépenses considérables. »

« En conséquence, le comité d'administration a voté, par » délibération du 13 Janvier courant, un emprunt de 1,500,000 fr. » destiné au paiement des dépenses. »

« Cet emprunt se réalisera à mesure de l'extension des » travaux, et sera émis en plusieurs séries. »

« Il est émis dès à présent une première série de 500,000 fr., » représentée par 500 obligations de 1,000 fr. l'une, au porteur, » donnant droit à un intérêt annuel de 50 fr. »

« Le remboursement se fera par 1/5 du nombre des obligations » émises, à dater du 1er Avril 1867, de telle sorte qu'elles » se trouveront toutes remboursées le 1er Avril 1871. »

« Les obligations de cette série sont émises à 950 fr., payable » le 1er Avril prochain. »

Une deuxième série de 500,000 fr. fut émise le 20 Novembre 1860, en obligations semblables seulement le remboursement se faisait par 1/5 à dater du 30 Juin 1862, de telle sorte qu'elles devaient se trouver toutes remboursées le 30 Juin 1866.

Enfin le solde de l'emprunt fut émis un peu plus tard.

Dépenses. — La Société de Lens n'a appelé que 300 fr. par action sur ses 3,000 actions, de sorte que le capital fourni par les actions n'a été que de . . . . 900,000 fr.

Mais on a vu que les premiers travaux avaient été effectués par la Compagnie de Vicoigne qui en avait fait et payé tous les frais. Lorsque cette Compagnie renonça à son association avec la Compagnie de Lens, elle reçut bien de cette dernière le remboursement de ses avances ; mais bientôt la fosse N° 1 produisait et donnait des bénéfices qui permirent de satisfaire aux dépenses des autres travaux. Il ne fut en effet distribué de dividende qu'à partir de 1858.

Enfin, en 1860, il fut émis un emprunt de . 1,500,000 fr. remboursable seulement à partir de 1867, et dont le montant fut employé à la création de nouveaux puits et à l'établissement de chemins de fer.

Total des sommes versées. . . 2,400,000 fr.

En 1861, la Compagnie avait deux fosses en exploitation et elle avait commencé le creusement de deux autres. Elle avait alors dépensé en travaux . . . . 3,026,723 fr. 18

Travaux de recherches	426,525 fr.	36
Immeubles, constructions.......	305,017	75
Fosses N° 1 et 2 et bâtiments ...	1,027,246	96
Machine d'épuisement..........	110,876	11
Maisons d'ouvriers............	324,539	"
Chemin de fer et divers	832,488	"

Dans ce chiffre de dépenses, ne figurait aucune somme pour le matériel, l'outillage, le fonds de roulement.

Les comptes rendus aux assemblées générales des actionnaires, établissent que le capital engagé dans l'entreprise des Mines de Lens étaient :

Au 31 juillet 1867 de...... 6,075,103 fr. 31.
 «   «   1868 de...... 6,769,254   55

déduction faite des amortissements annuels qui montaient au 31 Juillet 1868 à 996,430 fr.

Chaque année qui suit vient augmenter ce capital d'une somme importante dépensée en création de nouveaux travaux, puits, maisons, chemins de fer, matériel et outillage, etc. Ainsi le capital social est au 31 Juillet

1873 de...... 11,521,727 fr.
1876 de...... 17,306,054
1878 de...... 19,623,600
1879 de...... 21,239,005

toujours déduction faite des amortissements annuels qui s'augmentent chaque année et qui figurent au bilan de Juillet 1879 pour .   .   .   .   538,925 fr.
tandis qu'ils n'étaient au bilan de l'exercice
1871-72 que de.   .   .   .   .   177,837 »

En ajoutant au capital social, au 30 juillet 1879................. 21,239,005 fr.
Les amortissements qui fonctionnent depuis l'origine de la Société ..   4,835,233

On arrive au chiffre total...... 26,074,238 fr.

pour le montant actuel des dépenses de premier établissement pour les mines de Lens.

La production de ces mines a été pour l'exercice 1878-79 de 753,493 tonnes déduction faite de 16,000 tonnes escaillage.

Le capital qui est engagé est donc d'un peu moins de 35 francs par tonne de houille extraite.

Le capital de 21,239,005 fr. se décompose ainsi qu'il suit :

Avaleresses, maisons d'ouvriers, machines, outillage, chemins de fer
   et terrain.. 17,754,718 fr.
Approvisionnements divers et charbons.......................   1,216.319
Argent en caisse, valeurs de portefeuille, réserve   3,446,769
Débiteurs divers..   552,526

22.970,332

Dont il faut déduire les dettes passives parmi lesquelles figurent les
   dividendes des 26 septembre et 29 octobre   1,731,327

21,239,005 fr.

Dividendes. — La Compagnie de Lens eut l'heureuse chance de tomber sur un gisement très-riche, d'une exploitation facile et par suite productive. Six années après le commencement de ses recherches, elle était arrivée à avoir un puits en pleine production, puisqu'il fournissait 62,000 tonnes. Aussi, dès 1858, elle répartissait un premier dividende de 100 fr. par action.

Ce dividende était maintenu en 1859 et 1860.

En 1861, 1862 et 1863, il était porté à 150 fr. grâce à la mise en exploitation des fosses N° 2 et N° 3, qui permit de porter la production à 160, 200 et 215 mille tonnes. La production augmentant d'année en année, les bénéfices s'accroissent naturellement, et on répartit à chaque action, en 1864, 175, fr. en 1865, 250 fr. en 1866, 325 fr. et en 1867 et 1868, 350 fr.

L'extraction dépassait 400,000 tonnes en 1869 et en 1870 ; et cependant le dividende tombe à 330 fr. pendant la première de ces années et même à 300 fr. pendant la seconde.

Les hauts prix qu'atteignent les houilles après la guerre, le développement de l'extraction qui est la conséquence de ces hauts prix, et de la grande demande, procurent à la Compagnie de Lens, comme à toutes les Compagnies houillères de la région, comme aux houillères de l'Europe entière, des bénéfices considérables ; elle peut distribuer à chaque action en 1871, 500 fr. en 1872, 800 fr. et pendant chacune des années 1873, 1874 et 1875, 1,000 fr.

Avec la baisse des prix de vente et malgré une extraction de 670 à 707 mille tonnes, les dividendes se réduisent à 700 fr. en 1876 et à 500 fr. pendant chacune des années 1877 et 1878 — pour remonter à 625 fr. en 1879.

Valeur des Actions — Les actions de Lens ont été émises à 1,000 fr., mais elles n'ont versé que 300 fr. Les dépenses des premiers travaux furent payées par la Compagnie de Vicoigne et lui furent remboursées plus tard avec le produit du versement des actions. Les produits de la fosse N° 1 suffirent plus tard à créer la fosse N° 2 et à constituer l'outillage et le fonds de roulement de l'entreprise.

Un emprunt de 1,500,000 fr. en 1860 et l'emploi d'une partie des bénéfices annuels furent consacrés ensuite à l'ouverture

de nouvelles fosses, à l'établissement de chemins de fer.
du rivage, à la construction de nombreuses maisons d'ouvriers,
enfin à l'organisation de la grande exploitation actuelle qui
représente un capital de plus de 22 millions.

Le premier dividende fut distribué en 1858, il était de 100 fr.

La valeur des actions était de 2,000 fr.

En 1862, elle monta alors à 3,100 fr.

En 1867, le dividende était de 350 fr. et les actions se
vendaient 6,600 à 7,000 fr.

Elles valaient 8,400 fr. en 1868, 9,000 en 1870 et 11,000 fr.
en 1872.

Comme toutes les actions des Mines, les actions de Lens
sont très recherchées pendant la crise houillère et il en est
vendu à la Bourse de Lille.

> En janvier 1873 à 15,000 fr.
> «   juin   »   18,000
> «   novembre »   22,000

En 1874 et 1875 les actions continuent à monter, elles
atteignent le prix de :

> 32.000 fr. en août 1874.
> 35,000   »   janvier 1875.
> 44,700   »   mars 1875.

puis elles retombent à :

> 35,300 fr. en décembre 1875.
> 30,000   »   février 1876.
> 24,400   »   novembre 1876.
> 20,000   »   janvier 1877.

A partir de ce moment le prix des actions de Lens se
maintient entre 19,000 et 21,000 fr.

Il est, en Juin 1879, de 18,600 avec un dividende de 500 fr.
Mais sur l'annonce d'une augmentation de dividende, elles
remontent, en Octobre 1879, à 20,500 fr.. et en février 1880.
à 24,500 fr.

Gisement. — De toutes les concessions du Pas-de-Calais,
celle de Lens est celle dont le gisement a été le mieux et le plus

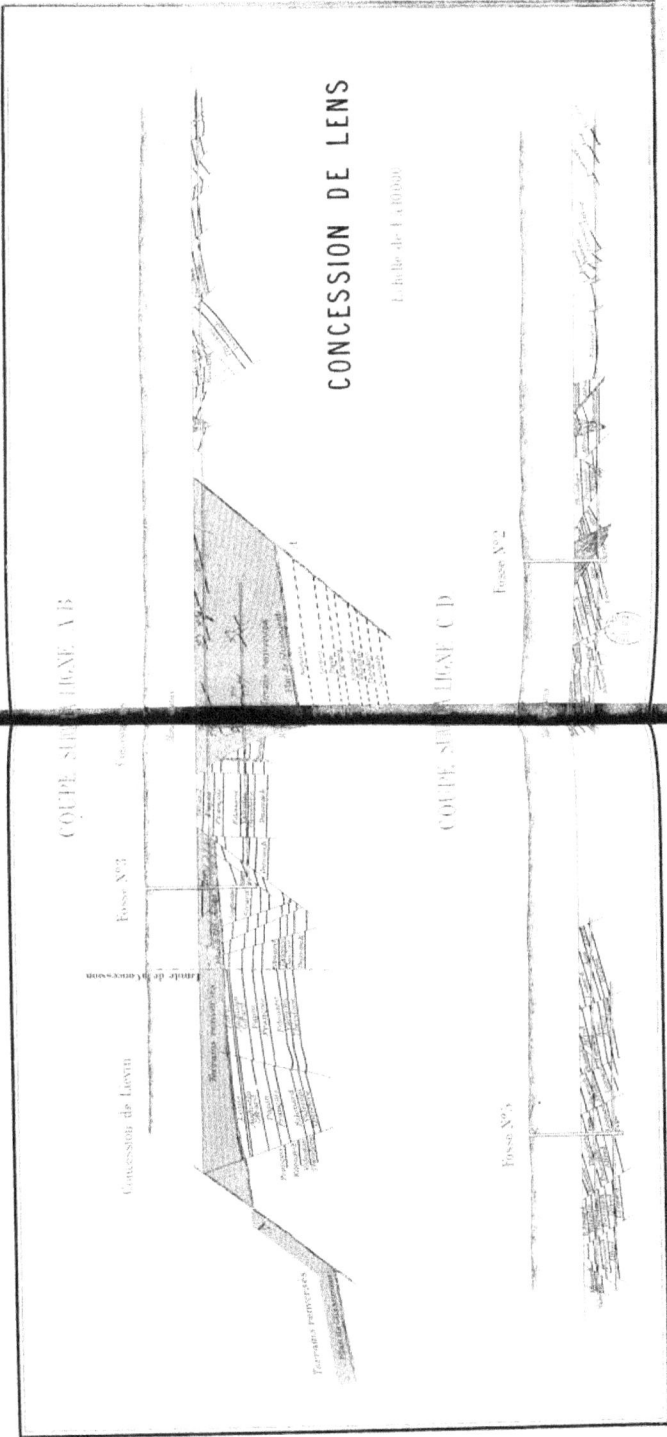

CONCESSION DE LENS

Échelle de 1 à 10000

COUPE SUIVANT LIGNE A B

COUPE SUIVANT LIGNE C D

Fosse N° 1

Fosse N° 2

Fosse N° 3

Concession de Lens

Limite de la concession

Terrains primitifs

complètement exploré. On pourra s'en convaincre par un coup d'œil jété sur les plans, coupes et tableaux ci-joints, dus à l'obligeance de M. Reumaux, savoir :

1° Un plan de la partie méridionale de la concession donnant la position des fosses et sondages, la trace des couches reconnues, et des failles qui les affectent, non seulement pour Lens, mais aussi pour Liévin ; Planche VII.

2° Trois coupes verticales pour les fosses N° 3, N° 2 et N° 5 ; Planche VIII.

3° Un plan de la concession de Douvrin et de la partie septentrionale de celle de Lens. et une coupe verticale du gisement de la fosse N° 6 ; Planche XI..

4° Deux tableaux donnant l'épaisseur et l'ordre de superposition des couches de houille reconnues tant à Lens qu'à Douvrin, pages 102 et 103.

Le gisement de Lens proprement dit, comprend 28 couches exploitables dont les épaisseurs réunies forment un massif de 28 mètres 42 de houille. Leur épaisseur moyenne dépasse donc 1 mètre. La moitié de ces couches ont une épaisseur comprise entre 0m50 et 1 mètre, et l'autre moitié une épaisseur supérieure à 1 mètre. Les veines Dusouich, Alfred et Léonard ont de 1 mètre 40 à 1 mètre 80, et la veine Arago atteint même 2 mètres 10.

Ces 28 couches sont superposées les unes aux autres à des distances très-variables, dans une épaisseur de la formation houillère, comptée normalement à la stratification, reconnue de 651 mètres 89 + 28 mètres 42 en charbon = 680 mètres 31.

La distance moyenne qui sépare les veines est donc de 24 à 25 mètres. La richesse de la formation houillère à Lens est dans le rapport de $\frac{28,42}{680,31} = 0,417$ ou de 4,17 °/₀, c'est à dire que 100 mètres de terrain houiller renfermant 4 mètres 17 de houille exploitable, ou bien encore qu'il existe une couche de houille de 1 mètre par chaque 24 à 25 mètres de terrain houiller.

C'est là une richesse exceptionnelle pour le bassin du Pas-de-Calais, et inconnue dans le bassin du Nord.

Les couches de houilles de Lens sont reconnues par les travaux

d'exploitation sur un très grand développement dont il est difficile
cependant de préciser l'étendue avec exactitude, à cause des
nombreuses failles qui les interrompent et leur font subir
des rejets et des changements de direction fréquents. La veine
Dusouich, de 1 mètre 50 d'épaisseur, et l'une des veines les
mieux explorées, est connue (Planche VII) près de la limite
Ouest de la Concession, par la bowette Nord de la fosse N° 3 ;
près de la limite Sud-Ouest par cette même fosse ; près de la limite
Sud-Est par les fosses N° 4 et 5, et enfin près de la limite Est,
par la fosse N° 2, et enfin au Nord de cette même fosse par une
bowette au Nord. Elle s'étend en forme de courbe d'un développement de 14 à 15 kilomètres, mais avec de très-nombreuses
interruptions. Quant aux autres couches du gisement de Lens,
elles sont explorées sur des étendues beaucoup plus restreintes,
mais cependant encore considérables.

La nature des houilles varie avec l'ordre de superposition
des couches. Ainsi les veines les plus au Nord de la fosse N° 1
donnent du charbon contenant de 23 à 25 % de matières volatiles,
tandis que les veines supérieures de la même fosse en renferment
26 à 28 0/0.

Aux autres fosses, la houille tient, savoir :

A la fosse N° 2.... 25 à 30 % de matières volatiles.
»   4.... 28 à 32   »   »
»   3.... 30 à 40   »   »

Le gisement de la fosse N° 6 de Douvrin, comprend 17 couches
de houille, dont l'épaisseur totale est de 10 mètres 71, et l'é-
paisseur moyenne de 0m63. Seulement, sept de ces couches
ont de 0m30 à 0m50 et sont peu exploitables ; mais les dix autres
ont de 0m60 à 0m90. Elles sont renfermées dans une épaisseur de
terrain houiller de 361 mètres 63 + 10 mètres 71 = 372 mètres 34,
de sorte qu'à la fosse N° 6, on compte une couche de houille
de 0m63 par chaque 22 mètres de la formation ; ou bien encore
1 mètre de houille par 35 mètres de terrain, tandis qu'à Lens,
il existe 1 mètre de houille par 25 mètres de terrain houiller.

Le gisement de Douvrin est donc d'une richesse ordinaire,
et même inférieure à la moyenne générale du bassin de Pas-
de-Calais, puisque 7 couches sur 17 sont à peu près inexploitables.

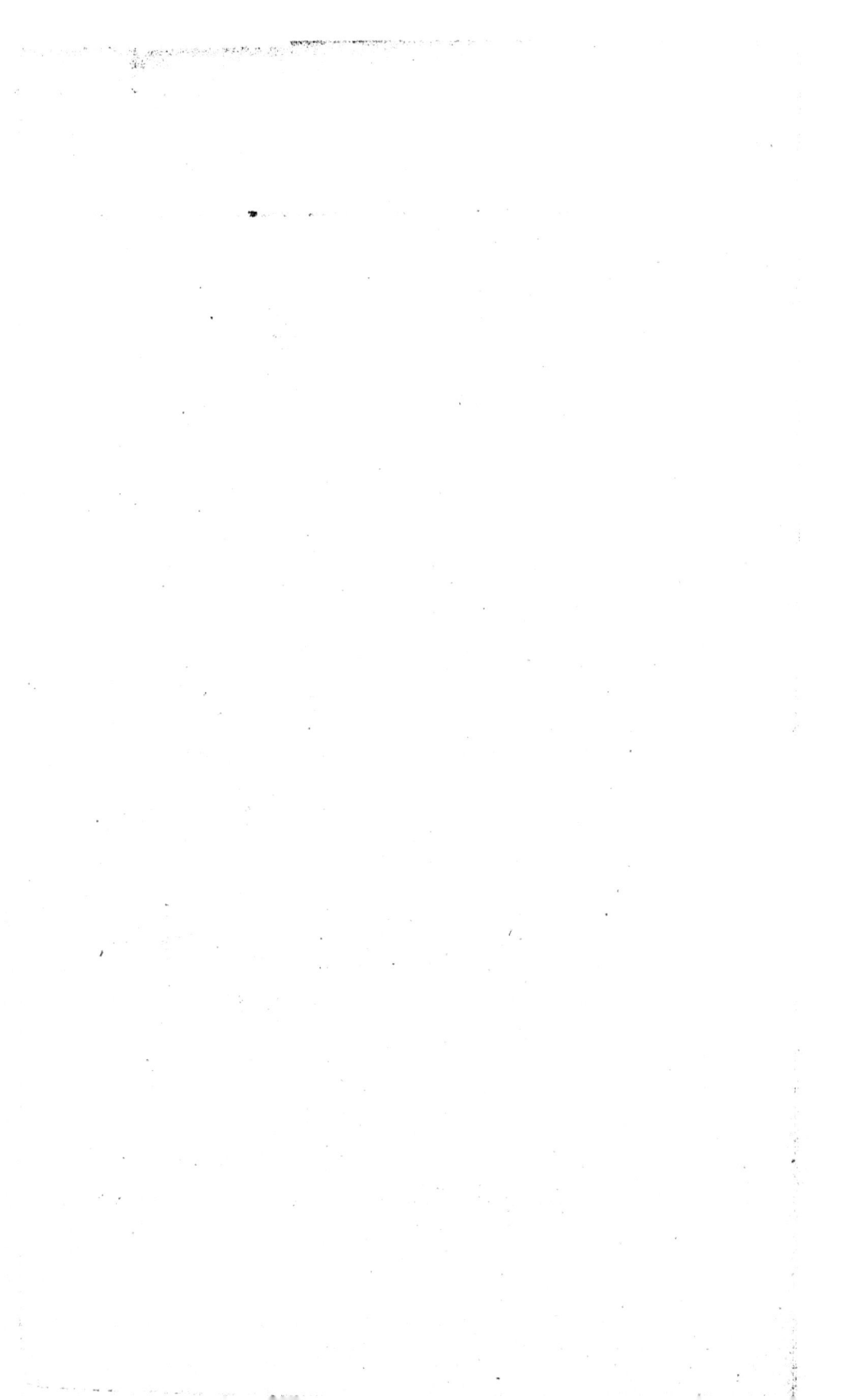

LA BASSÉE

Hantay

D E P.

a Lille

D U   N O R D

La Bassée
383

a

DÉP.T   DU   PAS DE CALAIS
334   361

Canal

Chemin   de

381

380

385

C.ON DE
DOUVRIN

Billy
Berclau

Auchy
lez la Bassée

382

Douvrin

182

C.ON   DE   BULLY-GREN

Haisnes

Société   des   Mines   de

Wingles

C.ON DE MEURCHIN

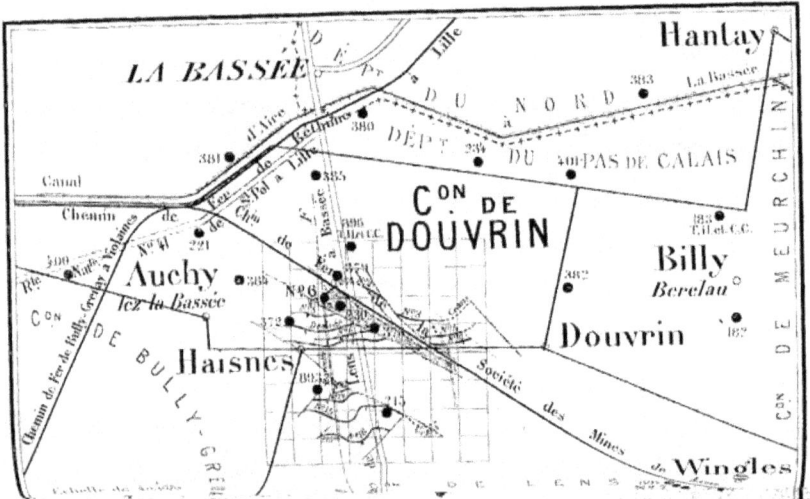

CONCESSION DE DOUVRIN

COUPE SUIVANT LA LIGNE E.F.

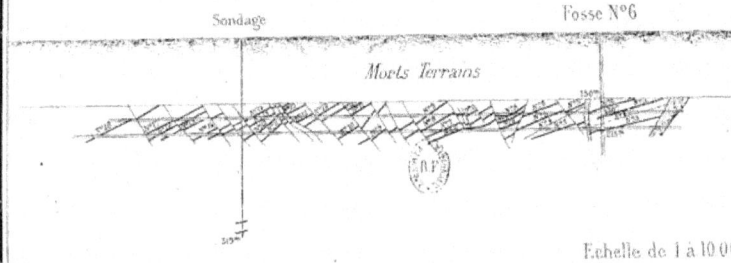

Sondage

Fosse N°6

Morts Terrains

Echelle de 1 à 10.000

Gravé par E. Rackermann   Lith. Imp. Panol

La concession de Douvrin est pauvre ; elle n'aurait pu, isolément, donner lieu à une exploitation avantageuse. Entre les mains de la Compagnie de Lens, qui étend ses travaux de la fosse N° 6 en grande partie dans son propre périmètre, la fosse de Douvrin donne des résultats.

La houille qu'elle fournit est maigre dans les couches inférieures et ne tient que 8 % de matières volatiles. Elle devient sèche dans les couches méridionales où la proportion de matières volatiles atteint 12, 14 et jusqu'à 16 %.

Les grands sondages, exécutés en 1874 et 1875 dans la partie centrale de la concession de Lens, ont amené la découverte de nombreuses couches de houille grasse à courte flamme, et sont venus accroître la richesse considérable déjà reconnue à Lens, et à Douvrin.

Aujourd'hui, cette richesse est reconnue sur 11 kilomètres dans le sens perpendiculaire à l'axe du bassin houiller, et sur 6 kilomètres dans le sens de cet axe, soit sur une superficie de 66 kilomètres carrés ou 6,600 hectares. Si l'on admet une production effective moyenne de 60,000 tonnes à l'hectare, chiffre plutôt inférieur que supérieur à la réalité, Lens peut compter fournir, pendant 400 ans environ, une extraction annuelle d'un million de tonnes.

TABLEAU

donnant l'épaisseur et l'ordre de superposition des couches reconnues par les travaux de Lens.

NOMS DES COUCHES de houille.	Epaisseur des couches de houille.	Epaisseur des terrains qui les séparent	NOMS DES COUCHES de houille.	Epaisseur des couches de houille.	Epaisseur des terrains qui les séparent.
Augustin...	1m,00		Report.	18m,42	342m,09
		10m,00	Pauline	0m,50	15m,55
					19m,90
Girard	1m,30		Juliette.....	0m,80	
		32m,30			21m,90
Papin	0m,60		Céline......	1m,00	8m,00
		19m,00	Ernestine ..	1m,30	6m,00
			Nella	0m,60	7m,25
François....	1m,30		Marie	0m,80	9m,75
			Clémence...	0m,75	
		54m,12			23m,74
			Deux-Jumelles.	0m,75	5m,00
			Léonie	0m,75	14m,00
			Omerine....	0m,90	
					16m,50
Édouard....	1m,40	12m,85	Marie-Joseph	0m,85	
Valentin ...	0m,80	22m,00			
					67m,75
Théodore. ..	1m,00	22m,00			
Dusouich...	1m,50	20m,00	Émilie	1m,00	
Alfred......	1m,80	13m,45			
Beaumont ..	0m,70	11m,00			
Léonard	1m,60	10m,00			94m,16
Amé.	1m,00	15m,85			
Louis	0m,60				
		21m,50			
Désiré	1m,10				
		15m,55			
Auguste....	0m,62		Ensemble.	28m,42	651m,89
		32m,17			
Arago......	2m,10				
A reporter.	18m,42	342m,09			

TABLEAU

donnant l'épaisseur et l'ordre de superposition des couches de houille reconnues à la fosse de Douvrin.

NOMS des couches de houille.	Epaisseur des couches de houille.	Epaisseur des terrains qui les séparent.	NOMS des couches de houille.	Epaisseur des couches de houille.	Epaisseur des terrains qui les séparent.
			Report.	9^m,11	332^m,70
N° 18	0^m,70		N° 3	0^m,80	10^m,70 14^m,15
		30^m,80	2	0^m,80	4^m,30
17	0^m,47	5^m,10			
16	0^m,40	9^m,10			
15	0^m,50			10^m,71	361^m,63
		19^m,10			
14	0^m,60	9^m,60			
13	0^m,70	10^m,70			
12	0^m,90	6^m,50			
11	0^m,60				
		68^m,60			
10	0^m,45				
		72^m,84			
9	0^m,43	12^m,58			
8	0^m,30	13^m,35			
7	0^m,85	19^m,15			
6	0^m,80	12^m,99			
5	0^m,90	41^m,57			
4	0^m,51				
A reporter.	9^m,11	332^m,48			

PUITS.

N° 37. Fosse Sainte-Élisabeth, ou N° 1. — 1852. — Terrain houiller à 145 mètres.

Rencontre des terrains ondulés et accidentés.

Commence à produire, fin 1853.

Niveau assez difficile. — A donné au maximum 8,000 hectolitres à l'heure. — Machine à traction directe et pompes louées par la Compagnie de Vicoigne à raison de 15 %, de la valeur.

Profondeur 243 mètres.

Matières volatiles du charbon : au nord de 23 à 25 %; au sud de 26 à 28 %.

N° 38. Fosse du Grand-Condé, N° 2. — 1857. — Terrain houiller à 143 m.
Niveau facile. — On rencontre une voie d'eau au tourtia.

Mise en exploitation en 1859. — Le maximum d'eau du niveau a été de 42 hecto-litres par minute. Le cuvelage règne de 11 m. 40 à 104 mètres.

Profondeur 230 mètres.

Charbon tenant de 25 à 30 % de matières volatiles.

N° 39. Fosse N° 3, Saint-Amé sur Liévin. — 1858. — Terrain houiller à 141 m. 38.

Niveau des eaux à 30 m. — Son passage exige l'emploi d'une machine d'épuisement de 200 chevaux ; le maximum d'eau est de 1,000 hectolitres à l'heure.

Entre en exploitation en 1860.

Profondeur 298 mètres.

Charbon tenant de 30 à 40 % de matières volatiles.

N° 40. Fosse d'Eleu, dit Leauvette. — 1859. — Ouverte à 100 mètres au sud de la limite de la concession. — Abandonnée à 21 mètres.

N° 41. Fosse N° 4, Saint-Louis. — 1862. — Le passage du niveau fournit jusqu'à 2,500 hectolitres d'eau à l'heure.

Terrain houiller à 153 mètres. — Entre en exploitation, fin 1864.

On a trouvé de l'eau dans les travaux, et son épuisement s'opère avec une machine Tangye placée à 250 mètres de profondeur et qui refoule, d'un seul jet, l'eau à la surface.

Profondeur 280 mètres.

N° 42. Fosse N° 5. — Ouverte en 1872. — Diamètre 4 m. 81. — Niveau très-difficile à passer. On y emploie jusqu'à 1,000 chevaux de force pour épuiser 600,000 hectolitres par 24 heures, ou 25.000 hectolitres par heure, maximum.

Le terrain houiller est atteint à 155 mètres à la fin de 1874.

Profondeur actuelle 253 mètres.

N° 43. Fosse N° 6, ou d'Haisnes. — Creusée en 1859 par la Compagnie de Douvrin, et rachetée avec la concession de Douvrin en 1873.

Réorganisée par la Compagnie de Lens — commence à produire assez fortement en 1877-78, 62,789 tonnes.

A rencontré beaucoup de couches de houille, mais laissant à désirer comme régularité.

Profondeur 240 mètres.

Matières volatiles de la houille au nord, 8 %; au sud, 15 à 16 %.

N° 895. Fosse N° 7, à Wingles. — Commencée en 1879, près d'un nouveau sondage poussé à 365 m. 35 sur les charbons demi-gras.

Deux puits de 4 mètres et de 3 m. 75 de diamètre, distants l'un de l'autre de 10 mètres d'axe en axe.

SONDAGES.

N° 44. N° 1 au sud de la fosse N° 3, sur Liévin. — 1857. — Terrain houiller à 132 m. 07. Profondeur 163 m. 99. — Rencontre 4 couches de charbon, dont les trois principales ont été constatées par les ingénieurs des mines.

45. N° 2 au sud de la fosse N° 4, sur Eleu. — 1857. — Terrain houiller à 137 m. Profondeur 180 m. — Rencontre deux veines qui ont été vérifiées par les ingénieurs des mines.

46. N° 3 à l'angle du bois de Liévin. — Négatif. — 1858. — Calcaire à 146 m. Profondeur 201 m.

47. N° 4 à Avion au sud du sondage N° 2 et près la rivière du Souchiez. — Négatif. — 1858. — Terrain dévonien à 122 m. Profondeur 144 m.

48. N° 5 à Avion au sud du sondage N° 4 et près la rivière. — Négatif. — 1859. — Dévonien à 134 m. Profondeur 160 m.

49. N° 6 à l'est du sondage N° 4 sur Avion. — Négatif. — 1859. — Dévonien à 112 m. 72. Profondeur 123 m. 42. Schistes rouges, grès bleuâtres et verdâtres.

50. N° 7 à Liévin au sud-ouest de la première fosse de Liévin. — Douteux. — 1860. — Rocher à 135 m. Profondeur totale 263 m.

210. Sondage de Liévin (Nord). — Épaisseur des morts-terrains 138 m. 80. Schistes et calcaire dévonien. Profondeur 147 m. 70.

182. N° 1 à Billy-Berclau. — 1857. — Terrain houiller à 136 m   Veine de 1 m. 10 à 142 m. 23, 2° veine à 151 m. 45. Profondeur totale 151 m. 86.
Est compris dans la concession de Meurchin.

183. N° 2 à Billy-Berclau. — A 1,800 m. au nord de la concession. — 1857. — Base des morts-terrains à 134 m. 65. Profondeur totale 259 m. 56. Terrain houiller bien caractérisé, puis calcaire carbonifère noir. — Est compris dans la concession de Meurchin.

209. Sondage de Vermelles. — Terrain houiller à 149 m. 42. Profondeur 176 m. 77. Est compris dans la concession de Grenay.

893. Sondage d'Haisnes. — 1874. — Profondeur 319 m.

894. Sondage de Wingles. — 1875. — Terrain houiller à 137 m. 35. A constaté la présence de sept belles couches de houille demi-grasse. Profondeur totale 365 m. 35.
C'est près de ce sondage que la Compagnie a ouvert en 1879 les deux puits formant le siège N° 7.

61. N° 1 sur le chemin d'Aix-Noulette à Lens. — 1851. — Négatif. Calcaire à 139 m. Profondeur 147 m.

149. Sondage d'Annay. — 1849. — Atteint le terrain houiller à 143 m. 60. Abandonné, à la suite d'accident, à 151 m. 90, sans avoir découvert la houille. Compris dans la concession de Courrières.

150. Sondage du bois de Lens. — 1850. — Rencontre la houille grasse. Terrain houiller à 143 m. Profondeur totale 187 m. 78.

214. Sondage de Lens. — Terrain houiller à 140 m. 74. Profondeur totale 161 m. 76.

195. Sondage de Loos. — Exécuté par la Compagnie de Vicoigne. — 1850. — Terrain houiller à 133 m. 12. A 139 m. 63, veine de houille grasse de 0 m. 50, inclinée à 23° 1/2, et contenant 32 % de matières volatiles. Profondeur 145 m. 93.

215. Sondage de Haisnes ou Douvrin. — Terrain houiller à 149 m. 52. Profondeur 175 m. 92.

896. Sur la route de La Bassée et dans la concession de Douvrin. Terrain houiller, puis calcaire carbonifère.

897. Sondage près du rivage de Pont-à-Vendin. — 1874.

898. Sondage entre Annay et Vendin-le-Vieil. — 1872.

V

MINES DE BULLY-GRENAY.

Formation de la Société de recherches.— Le 1er octobre
1850, MM. Boitelle, Quentin, Petit—Courtin et autres avaient
formé, sous le nom de Compagnie de Béthune, une société de
recherches au capital de 30,000 francs, divisé en six parts
payantes de 5,000 francs et deux parts libérées, qui étaient
attribuées à MM. Boitelle et Quentin.

Cette Société exécuta, en 1850 et 1851, divers sondages à
l'ouest de Béthune, à Annezin, Hesdigneul, Haillicourt,
Fouquières et Bruay, qui découvrirent la houille.

Elle vint ensuite établir des recherches à Bully-Grenay et
environs, dans l'intervalle compris entre Lens et Nœux, déjà
exploré par la Compagnie Casteleyn et la Compagnie de Vicoigne,
intervalle considérable et qu'on présumait ne pas devoir être
réparti entre deux concessions seulement.

Ces nouvelles recherches consistèrent en quatre sondages, dont plusieurs aboutirent à des découvertes, et dès le 31 mars 1851, une demande en concession était formée.

Société d'exploitation. — La société de recherches se transforma en Société d'exploitation par acte reçu par M⁰ Bruley de la Brunière, Notaire à Cambrai, le 25 septembre 1851, et dont les statuts sont analysés ci-dessous.

La Société est civile.

Elle prend la dénomination de Compagnie de Béthune.

La Société de recherches fait apport des travaux de sondages exécutés aux environs de Béthune, d'un matériel, des droits d'invention et de priorité qui peuvent résulter de ses découvertes, des déclarations faites à la Préfecture du Pas-de-Calais, des certificats qui lui ont été délivrés par les autorités d'Annezin, de Bruay, d'Hesdigneul, d'Haillicourt et de Fouquières, ainsi que d'une demande en concession enregistrée à la Préfecture, le 31 mars 1851.

Cet apport est fait moyennant une somme de 480,000 francs en paiement desquels il est attribué à M. Quentin et consorts 480 actions libérées.

Le capital est fixé à 3 millions. Il est représenté par 3,000 actions de 1,000 francs.

Les actions de 1 à 1,000 sont émises et souscrites dès à présent.

Les actions N° 1,001 à 1,050 sont mises à la disposition du Conseil d'administration qui en disposera souverainement pour, s'il y a lieu, rémunérer des services rendus ou à rendre à la Société.

Les N⁰ˢ 1,051 à 3,000 sont conservés à la souche pour être émis lorsque le Conseil d'administration le jugera convenable.

Les actions sont au porteur.

La cession ou transfert des actions s'opère par la simple transmission du titre.

Aucune solidarité n'existe entre les actionnaires, qui ne peuvent, à quelque titre que ce soit, être tenus au-delà du montant des actions qu'ils auront souscrites.

Néanmoins tout actionnaire sera libre de se retirer après avoir versé 500 francs par action, en abandonnant le montant de ses mises et tous ses droits dans la Société.

La Société sera gérée par un Conseil d'administration composé de cinq membres qui sont nommés à vie.

En cas de vacance d'une place d'administrateur, il y est pourvu par les administrateurs restants.

Chaque administrateur devra posséder 5 actions au moins.

Les pouvoirs du Conseil d'administration sont très-étendus. Il pourra, entre autres choses, acheter des actions jusqu'à concurrence de la moitié du fonds de réserve, alors existant, émettre de nouveau les actions achetées, emprunter sur dépôt de ces actions. Il proposera seul toutes les modifications aux présents statuts.

L'assemblée générale se compose de tous propriétaires d'au moins 5 actions.

Les assemblées générales auront lieu chaque fois que le Conseil d'administration jugera convenable de les convoquer.

Le 30 juin de chaque année, les écritures seront arrêtées et l'inventaire dressé par les soins de l'administration.

Celle-ci fixe le chiffre des dividendes.

Il sera formé un fonds de réserve, qui ne pourra jamais dépasser 300,000 francs, au moyen d'une retenue du quart des bénéfices, après la répartition de 5 % du capital versé.

L'assemblée générale du 10 août 1857, apporta quelques modifications aux statuts précédents.

Ainsi les actions au porteur furent remplacées par des actions nominatives, dont les transferts ne pouvaient être opérés que sur la remise à l'administration d'un acte sous seing privé ou notarié.

Une autre délibération de l'assemblée générale du 19 octobre 1863, subdivisa les actions primitives en *sixièmes*, de sorte qu'à partir de cette date le capital de la Société est représenté par 18,000 parts.

Enfin une délibération de la même assemblée reconvertit les actions nominatives en actions au porteur.

Achat de la Société de Recherches de Bruay. — Les fondateurs de la Société de Béthune, tout en transportant leurs nouvelles recherches du côté de Bully-Grenay, n'avaient cependant pas complètement abandonné celles au-delà de Béthune. Dès le 1ᵉʳ mars 1851, un projet d'acte fut signé par quelques intéressés, et resta ouvert pour les autres qui hésitaient à s'associer à la continuation de ces recherches — 3 sondages furent exécutés à Lozinghem, Lillers et Burbure, sous les noms de MM. Leconte et Lalou.

Ces sondages n'aboutirent pas, et le 1er septembre 1851, une nouvelle association fut formée entre MM. Desbrosses, Lalou, Leconte et autres pour de nouvelles recherches du côté de Bruay.

Les fondateurs de la Compagnie de Béthune ne paraissaient pas en nom dans la Société nouvelle : leurs parts étaient aux noms de MM. Lalou et Leconte.

Après la découverte du charbon sur plusieurs points, la Société de recherches Leconte céda le 8 mai 1852, à la Compagnie de Béthune tous les droits résultants de ses recherches, moyennant 400 actions libérées de cette dernière Compagnie, valant au jour du traité :

1,000 fr. » + 100 fr. » de prime = 1,100 fr. ». . 440,000 fr. »
et la faculté pour les intéressés de la Société
Leconte de souscrire au pair 150 des mêmes
actions., soit une prime de . . . . 15,000 fr. »

Total. . . . . 455,000 fr. »

Comme conséquence de la cession ci-dessus, la Compagnie de Béthune, par acte notarié des 14, 17 et 21 mai 1852, constitua en Société d'exploitation la Compagnie de Recherches Leconte (charbonnage de Bruay), au capital de 3 millions, représenté par 3,000 actions de 1,000 francs, lesquelles suivant les intentions exprimées par la Compagnie de Béthune dans sa délibération du 17 avril 1852, seraient souscrites à la souche par tous les fondateurs de la Société de Recherches, et entreraient dans la caisse de la Compagnie de Béthune comme représentation de la chose cédée et des dépenses importantes que lui occasionnait la marche des travaux, pour en tirer ultérieurement le parti le plus avantageux dans l'intérêt des actionnaires.

L'administration des mines de Bruay était ostensiblement entre les mains de M. Leconte, mais tout se faisait réellement sous l'inspiration et par les ordres de la Compagnie de Béthune.

Il en fut ainsi jusqu'à l'apparition du décret du 23 octobre 1852, qui interdisait aux sociétés houillières, sous peine de retrait de leur concession, de se fusionner entre elles ou de vendre leurs concessions sans l'autorisation du gouvernement.

Les concessions de Grenay et de Bruay n'étaient pas encore instituées. Il y avait à craindre qu'elles ne fussent pas accordées, si l'on connaissait que la Compagnie de Béthune était seule propriétaire des actions de Bruay comme de celles de Béthune. Il était de toute nécessité de sortir de cette situation critique.

Rétrocession des actions de Bruay à M. Leconte. — Le 27 mai 1853, la Compagnie de Béthune dispose des 3,000 actions souscrites pour elle par les fondateurs de la Compagnie de recherches de Bruay et libérées d'après ses intentions à 400 francs, et les vend à M. Leconte agissant en sa qualité de banquier, et non autrement, aux conditions suivantes :

1° 1,400,000 fr. à verser dans la caisse de Bully, pour primes sur 3,000 actions.

2° 1,040,000 fr., capital de Bruay, soit 400 fr. sur 2,600 actions payantes.

Ainsi, au 8 mai 1852, moment du premier traité les 400 actions de Béthune cédées pour Bruay; valaient 1,100 fr. l'une, soit. . . . . 440,000 fr. »
Prime de 100 fr., soit 150 actions souscrites . 15,000 »

Prix total de l'achat de Bruay. . . . 455,000 »
Par le traité de rétrocession du 27 mars 1853, la Compagnie de Béthune recevait . . . . . 1,400,000 »

Différence en faveur de la caisse de la Compagnie de Béthune sur l'opération de Bruay . . . 945,000 fr. »

Remboursement des premières actions de Bully. — C'est avec le bénéfice ainsi réalisé sur les actions de Bruay, que la Compagnie de Béthune remboursa en 1854 et 1855 les versements sur ses premières actions, de sorte que les fondateurs et les premiers souscripteurs de cette Compagnie, eurent leurs actions, les premiers avec un bénéfice de 1,000 francs, et les seconds pour rien (1).

(1) Pièces fournies dans le procès de 1858-59.

M. Leconte remboursa en même temps à la Compagnie de
Béthune, 148,000 francs, qu'elle avait dépensé en travaux à
Bruay.

Quand l'administration proposa de distribuer à ses actionnaires
le prix de la vente de Bruay, elle jugea prudent dans l'assemblée
générale du 13 décembre 1853, convoquée à l'effet de se faire
autoriser à accomplir cette mesure, de ne point faire connaître
l'origine réelle des ressources qui permettaient d'opérer le
remboursement ; on leur dit qu'elles étaient le produit d'une
opération faite dans l'intérêt de la Société, au moyen du placement de 400 actions de Béthune.

Procès de 1858. — Le 18 novembre 1857 six actionnaires de
la Compagnie de Bruay avaient assigné les administrateurs de
cette Compagnie devant le tribunal d'Arras pour entendre
déclarer nulle et non avenue la délibération du 1ᵉʳ décembre 1852,
qui libérait les actions à 400 francs, comme contraire aux stipulations des statuts de la Compagnie, dolosive, compromettante
pour les intérêts de l'entreprise, et s'entendre condamner à
réparer le préjudice causé.

Les administrateurs de Bruay firent connaître au tribunal que,
dès 1852, ils avaient vendu à la Compagnie de Béthune tous leurs
droits et intérêts dans les recherches de Bruay ; que depuis cette
époque les administrateurs de la Compagnie de Béthune avaient
été en réalité les auteurs de tous les actes qui étaient reprochés
aux assignés, et notamment de la libération des actions à 400 fr.,
de la formule de l'estampille et de l'émission de toutes les
actions. ([1])

Le 6 juillet 1858, le tribunal d'Arras, par jugement d'avant
faire droit, ordonna la mise en cause de la Compagnie de
Béthune, et les administrateurs de Bruay assignèrent les administrateurs de Béthune à comparaître devant le tribunal d'Arras
pour se voir condamner à intervenir dans la cause pendante et à
les garantir et indemniser de toutes condamnations qui pourraient
intervenir.

Un jugement du 31 juillet 1858, prononça sur le fond du procès
et accueillit les demandes des actionnaires de Bruay.

[1] Mémoires et pièces produits dans le procès de 1858-59

Ce jugement condamnait en même temps la Compagnie de Béthune à pleinement garantir et indemniser les administrateurs de Bruay de toutes les condamnations prononcées contre eux.

Dans l'appel fait de ce jugement, la cour de Douai, par un arrêt du 4 août 1859, longuement motivé, mit à néant le dit jugement du tribunal d'Arras, déclara les actionnaires de Bruay mal fondés en leurs demandes, fins et conclusions, les en débouta, et les condamna aux frais de première instance et d'appel (¹).

Ce procès jeta dans l'administration de la Compagnie de Béthune l'inquiétude, et par suite la division. De plus, sous l'influence de la décision des premiers juges, la révocation de la concession fut provoquée (²), mais il ne fut pas donné suite à cette provocation.

Les actionnaires de Bruay se pourvurent en cassation contre l'arrêt de la cour de Douai, et leur pourvoi fut rejeté par arrêt du 25 juin 1860.

Concession. — Dès le 15 mars 1851, la Compagnie de Béthune, qui ne fut toutefois constituée que par acte du 25 septembre 1851, représentée par MM. Quentin, Petit-Courtin et Lobez, demandait une concession. Elle lui fut accordée par décret du 15 janvier 1853 sous le nom de concession de *Grenay*, sur une superficie de . . . . 5,761 hectares.

A la suite d'exploration au sud par la fosse N° 1, et de l'exécution à *Aix-Noulette* d'un grand sondage (N° 229), qui atteignit le terrain houiller, en dessous du terrain dévonien, à 407 mètres, un décret du 21 juin 1877, attribua à la Compagnie de Béthune une extension de sa concession de . . . . 591 hectares.

Superficie totale. . . . . 6,352 hectares.

On a vu que sous l'influence du jugement du tribunal d'Arras

(1) Arrêt de la cour d'appel de Douai, du 4 août 1859.

(2) Rapport du Conseil d'administration aux actionnaires 1860.

du 31 juillet 1858, dans le procès de Bruay, la révocation de la concession de Grenay fut provoquée.

Cette demande fut repoussée à la suite de l'arrêt de la cour d'appel de Douai du 4 août 1859.

Travaux. — Le premier puits de la Compagnie de Béthune fut ouvert à Bully, en mars 1852. L'année suivante il était en exploitation et fournissait 7,000 tonnes de houille, puis successivement 21,000 tonnes en 1854, 28,000 tonnes en 1855, etc.

Un deuxième puits fut commencé à Mazingarbe, en 1855. Son creusement s'opéra avec facilité sans le secours d'une machine d'épuisement jusqu'au tourtia. Mais en-dessous de ce terrain on rencontra des argiles et des sables aquifères correspondant au *torrent*, et dont la traversée exigea le montage d'un système d'épuisement. Cette fosse entra en exploitation en 1859, et permit de porter l'extraction à 52,000 tonnes, et l'année suivante à 70,000 tonnes.

Une troisième fosse avait été ouverte à Vermelles, en 1857 ; elle entre en exploitation en 1860.

La production des trois fosses est de 100.000 tonnes, en 1861, et s'accroît d'année en année.

Mais les moyens de transport et par suite les débouchés manquant, la Compagnie relie ses fosses au canal de La Bassée à Violaines par un chemin de fer qui est livré à la circulation en 1862.

En 1865, ouverture d'une quatrième fosse, qui entre en exploitation en 1867. Elle tombe sur des terrains irréguliers, et ne fournit que de faibles quantités de houille ([1]). Mais l'extraction des autres fosses se développe ; elle atteint 200,000 tonnes en 1868, et 250,000 tonnes en 1874.

Le haut prix qu'atteignent les charbons détermine la Compagnie de Béthune à entreprendre des travaux considérables pour mettre sa production en rapport avec l'étendue et la richesse de sa concession. Elle ouvre successivement trois nouveaux puits,

---

([1]) La fosse N° 4, a été abandonnée et comblée en 1876, son gisement étant considéré comme inexploitable.

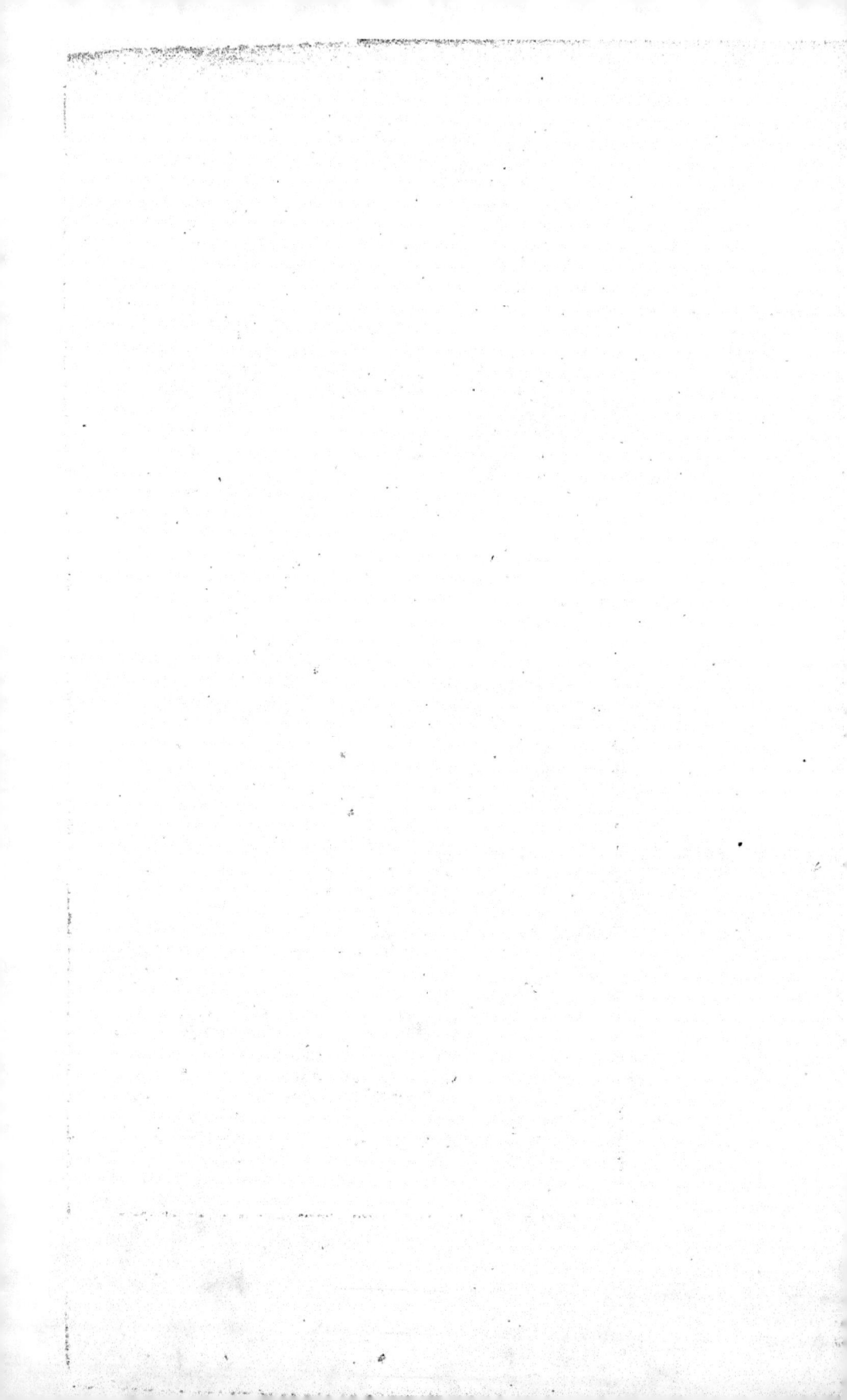

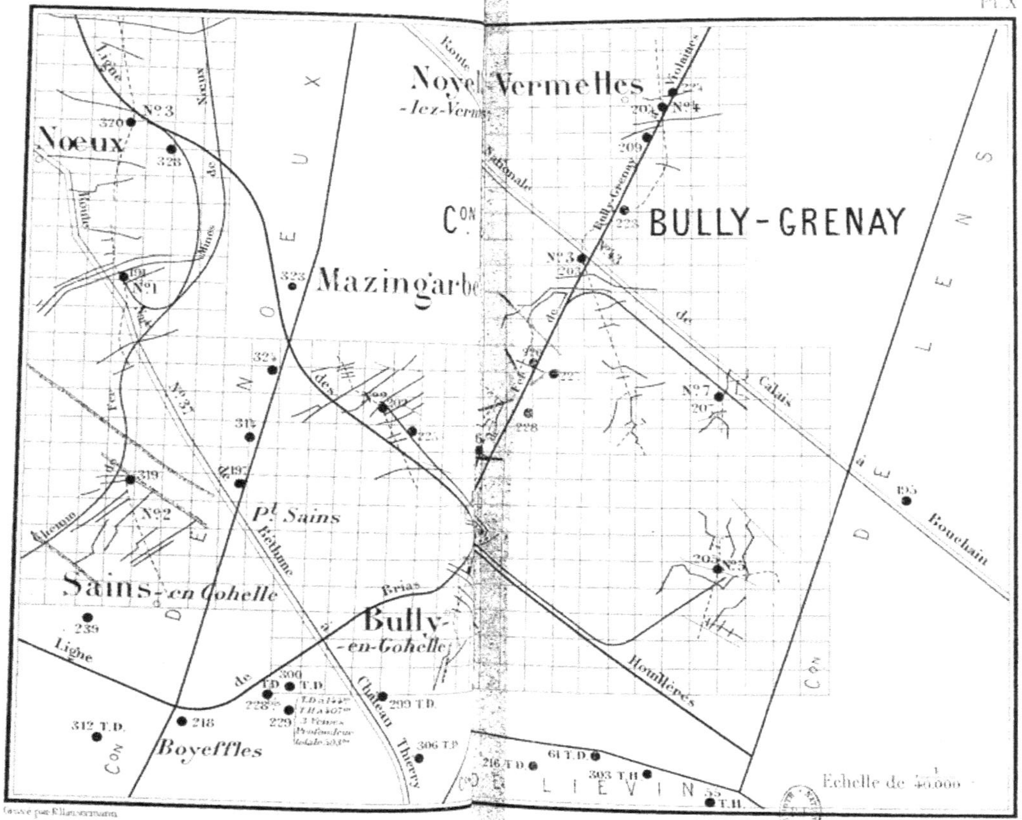

Gravé par Ellamermann

en 1873, en 1874 et 1875, et les munit des appareils les plus puissants et les plus perfectionnés. Elle consacre à ces travaux, à la construction de maisons d'ouvriers, des sommes considérables.

La mise en exploitation de ces nouveaux puits porte l'extraction à 415,000 tonnes en 1876, et 457,000 tonnes en 1878.

Chemin de fer. — Les travaux de Bully étaient éloignés du canal, et le chemin de fer des houillères, concédé en 1857, ne fut livré à la circulation qu'à la fin de 1861. Toute l'extraction s'écoulait donc par voitures, et elle ne pouvait se développer.

Aussi la Compagnie de Béthune songea-t-elle dès 1856 à relier ses fosses par un embranchement ferré et aux voies navigables et aux chemins de fer projetés.

Un décret du 28 décembre 1859 lui concéda un embranchement de Bully à Violaisnes. Les travaux marchèrent rapidement, et dès le 10 septembre 1861, le chemin de fer était inauguré et béni par Monseigneur l'évêque d'Arras. et aussitôt livré à la circulation.

Le transport des charbons au canal s'effectuait par les berlines du fond qu'on plaçait sur un truc et qui se versaient directement dans le bateau, sans transbordement des chantiers d'abattage au bateau.

Plus tard, la Compagnie de Béthune demanda à prolonger son chemin jusqu'à Béthune, d'une part, et jusqu'à Lille d'autre part. Deux décrets du 29 août 1863 et 8 mars 1865, lui accordèrent la concession de ces lignes dont le développement est de 26 kilomètres.

Une société anonyme se forma sous le nom de Compagnie du chemin de fer de Lille à Béthune et à Bully-Grenay, le 11 mai 1865, pour la construction des chemins de La Bassée à Lille et à Béthune, et l'exploitation desdits chemins, y compris celui de Bully-Grenay, dont la Société de Béthune faisait apport à la nouvelle Compagnie.

Pour cet apport, la Compagnie de Béthune reçut 4,345 actions de 500 francs, soit 2,172,500 francs.

En 1872, la société de Lille à Béthune cède ses lignes à la Compagnie des chemins de fer de Lille à Valenciennes.

En 1876, la Compagnie de Béthune redevint propriétaire du chemin de fer de Bully a Violaines et de ses embranchements houilliers qu'elle avait cédés à la Compagnie du chemin de fer de Lille à Béthune.

Ce rachat eut lieu par la remise de 1,600 actions de ladite Compagnie du chemin de fer, et par l'obligation d'une rente annuelle de 87,000 francs pendant toute la durée de la concession du chemin de fer de Bully à Violaines.

En même temps, la Compagnie de Béthune acquit un matériel roulant important.

Le chemin de fer de Bully a 18 kilomètres de développement et avec les voies de garage 28 kilomètres.

Le matériel roulant se compose :

> De 5 locomotives,
> De 11 wagons voyageurs,
> De 150 wagons à charbon, etc.

On a vu que la Compagnie possède à Violaines, sur le canal d'Aire à La Bassée, un rivage pour l'embarquement de ses charbons, et qu'à l'origine les berlines, montées dans les puits, y étaient transportées sur des trucs et versées directement dans les bateaux. Ce système ne tarda pas à être abandonné, parce qu'il exigeait un matériel spécial considérable, et le transport d'un poids mort énorme. On se borna à transporter les wagons de 10 tonnes, et à les décharger à l'aide de brouettes dans les bateaux.

En ce moment on étudie un projet de versage direct des wagons dans les bateaux, au moyen d'un tablier mobile automateur, équilibré par un système particulier, décrit dans la notice de M. Dumont.

Matériel et outillage. — On aura une idée du matériel considérable nécessaire à l'entreprise de Bully, par les indications suivantes (¹).

---

(1) Notice de M. Dumont. Exposition de 1878.

Les quatre premiers puits de 4 mètres de diamètre atteignent des profondeurs de 450 à 500 mètres ; les trois derniers dont le diamètre est de 4 m. 50 n'ont encore que 200 mètres.

Ils sont tous cuvelés sur 70 à 90 mètres, et guidés en bois.

Les machines d'extraction sont toutes à deux cylindres ; il y en a 5 de 150 chevaux de force. Aux fosses N° 1 et 6, les cylindres des machines ont 0^m,90 de diamètre et 2 mètres de course. Ces machines sont susceptibles de produire 450 chevaux de force.

Au 1er janvier 1878, il existait dans les travaux souterrains plus de 34 kilomètres de voies de chemin de fer, en rails Vignolle de 6 kil. 50 le mètre. 7 ventilateurs Guibal de 7 à 9 mètres sont employés à l'aérage.

L'épuisement se fait partout avec des caisses de 20 à 40 hecto-litres. Il vient très peu d'eau dans les travaux.

L'air comprimé est employé depuis 1874 pour la perforation mécanique et le fonctionnement des treuils d'extraction aux fosses N° 5 et 3.

Des ateliers de réparation importants sont établis à Bully.

Fabriques de coke et d'agglomérés. — Pendant les premières années de son existence, la Compagnie de Béthune éprouvait ainsi qu'il a été dit les plus grandes difficultés pour l'écoulement de ses produits. Aussi accueillit-elle avec faveur la fondation, en 1856, d'une Société, dont le but était d'établir une fabrique de coke à Violaines, sur le canal. Un traité intervint avec cette Société qui s'obligeait à prêter 400,0000 francs à la Compagnie de Béthune pour l'exécution d'une troisième fosse.

La Société des cokes ne réussit pas ; elle avait voulu appliquer un procédé de fabrication qui avait donné de bons résultats dans les expériences du laboratoire, mais qu'il fut impossible d'exploiter industriellement. Cette Société entra en liquidation en 1860, et céda à la Compagnie de Béthune son établissement de Violaines pour 81,793 fr. 68. Cette somme, ainsi que celle de 200,000 fr., réellement prêtée, lui fut remboursée par la remise d'obligations de 500 francs, rapportant 25 francs d'intérêt annuel, amortissables en 15 ans.

La Compagnie de Béthune établit en 1863, à la fosse N° 3 un groupe de cinq fours à coke et un lavoir Meynier pour un nouvel essai de fabrication de coke. Mais cet essai fut bientôt abandonné; on ne sait pour quel motif.

En 1864, elle monta à Violaines une fabrique d'agglomérés, qui, par suite de circonstances particulières, ne fonctionna que plus tard, et qui ne paraît pas avoir donné de grands résultats.

L'année suivante, elle adopta un procédé de fabrication d'agglomérés pour chauffage domestique, au moyen d'un mélange de farine de pommes de terre et de seigle. L'industriel qui avait monté cette fabrication ne réussit pas, et la Compagnie reprit son matériel qu'elle modifia, et qu'elle ne remit en marche qu'en 1874.

Recherches dans le Boulonnais. — En 1862, deux Sociétés de recherches se formèrent dans les environs de Boulogne pour découvrir la suite du bassin houiller du Pas-de-Calais.

La Compagnie de Béthune leur loua des appareils de sondage, et prit un intérêt de 8 parts de 2,000 francs, soit 16,000 francs dans chacune de ces Sociétés.

L'une d'elles établit un sondage à Boursin, l'autre à Wimereux.

Mais la nature des terrains traversés fit voir qu'il ne serait possible de creuser des fosses sur ces points qu'en surmontant les plus grandes difficultés, et au prix de dépenses excessives que le prix des houilles à extraire serait incapable de rémunérer.

Ces entreprises se liquidèrent ([1]).

Achat de la concession d'Annœullin.— Le 19 novembre 1866 le charbonnage d'Annœullin, avec ses immeubles, ses constructions, ses machines, etc., fut mis judiciairement en vente.

Une première adjudication eut lieu à un prix fort bas. La Compagnie de Béthune, ayant fait faire par un ingénieur l'estimation des valeurs promptement réalisables et de celles pouvant trouver emploi dans son établissement, se décida à mettre une surenchère.

(1) Le Conseil d'administration de la Compagnie de Béthune aux actionnaires de la Compagnie. 1873

Elle resta adjudicataire pour 120,000 francs, mais en participation pour 1/2 seulement, avec les créanciers d'Annœullin qui avaient voulu prendre un intérêt dans cet achat ([1]).

En 1874, d'accord avec ses co-propriétaires, la Compagnie revendit la concession d'Annœullin pour le prix qu'elle lui avait coûté. Les ustensiles qu'elle en avait retirés compensaient et au-delà les intérêts du capital d'acquisition ([2]).

Projet d'association avec la Compagnie de Bruay. — En 1863, des pourparlers s'entamèrent entre les Conseils d'administration des Compagnies de Bruay et de Béthune pour une association des deux entreprises, basée tant sur le cours des actions que sur le revenu actuel et probable.

M. Gruner, inspecteur général des mines, fut consulté sur l'équité et la convenance des conditions projetées pour cette association. Dans un rapport adressé aux présidents des Conseils d'administration des Compagnies de Bruay et de Béthune, M. Gruner établissait d'après l'étendue des concessions, leur nombre de fosses, leur production, le nombre et la richesse des veines connues, le prix de revient, les frais généraux, la qualité des produits, que la *valeur intrinsèque* de Bully étant représentée par 100, celle de Bruay devait l'être par 50. Le même rapport était fourni par la comparaison des dividendes distribués dans le cours des cinq derniers exercices.

Savoir : 995,000 fr., ou 370 fr. par action pour Bully.
et 564,000 » 186 » » Bruay.

L'actif immobilisé des deux Sociétés était alors :

4,209,000 fr. pour Bully, ou 100. . . . . .
1,926,700 » Bruay, ou 46. . . . . .

D'un autre côté le cours des actions était dans le rapport de 3 à 1.

En résumé, disait M. Gruner :

« La *valeur relative réelle* des deux entreprises doit être

([1]) Rapport à l'assemblée générale de 1867.

([2])   Id.   id.   du 7 septembre 1874.

comprise entre les deux rapports 100 à 50 et 100 à 33 qui correspondent, l'un à la *force productive* et l'autre au *cours des actions*. La moyenne entre ces deux rapports serait de 100 à 41,5. Or, c'est là précisément le rapport que réalise le projet d'association.

« En accordant :

9,000 actions de 1,000 fr. à Bully, soit 9,000,000 fr.
et 3,000   »   »   à Bruay, soit 3,000,000 fr.

plus 250 francs en argent ou obligation, à chaque action de Bruay le rapport des deux entreprises serait comme 3,000 francs à 1,250 francs, ou 100 à 41,7.

« Je crois donc pouvoir donner mon entière adhésion au projet en question ; je crois les intérêts respectifs convenablement sauvegardés » ([1]).

Ce projet de fusion n'aboutit pas ; les détails manquent, mais il paraît que le refus de l'accepter vint de la Compagnie de Bruay ; c'est du moins ce qui semble résulter du rapport à l'assemblée générale de la Compagnie de Béthune, du 19 octobre 1863.

Accident par incendie à la fosse N° 1. — En 1869, il avait été établi au fond de la fosse N° 1, à 300 mètres du puits, une machine à vapeur avec sa chaudière, pour une exploitation par vallée.

Les fumées, les produits de la combustion et la vapeur se rendaient par un conduit établi au milieu des remblais dans le goyau de la fosse pour remonter au jour.

Dans la nuit du 18 novembre 1869, les gaz chauds mirent le feu à des bois de soutènement et aux parties charbonneuses des remblais du conduit.

M. Deladerrière, directeur des travaux, prévenu aussitôt, eut la mauvaise inspiration de faire fermer l'orifice du puits, en vue d'éteindre l'incendie. Les fumées se répandirent dans les travaux où étaient occupés un assez grand nombre d'ouvriers. En même

(1) Rapport de M. Gruner, du 9 avril 1863.

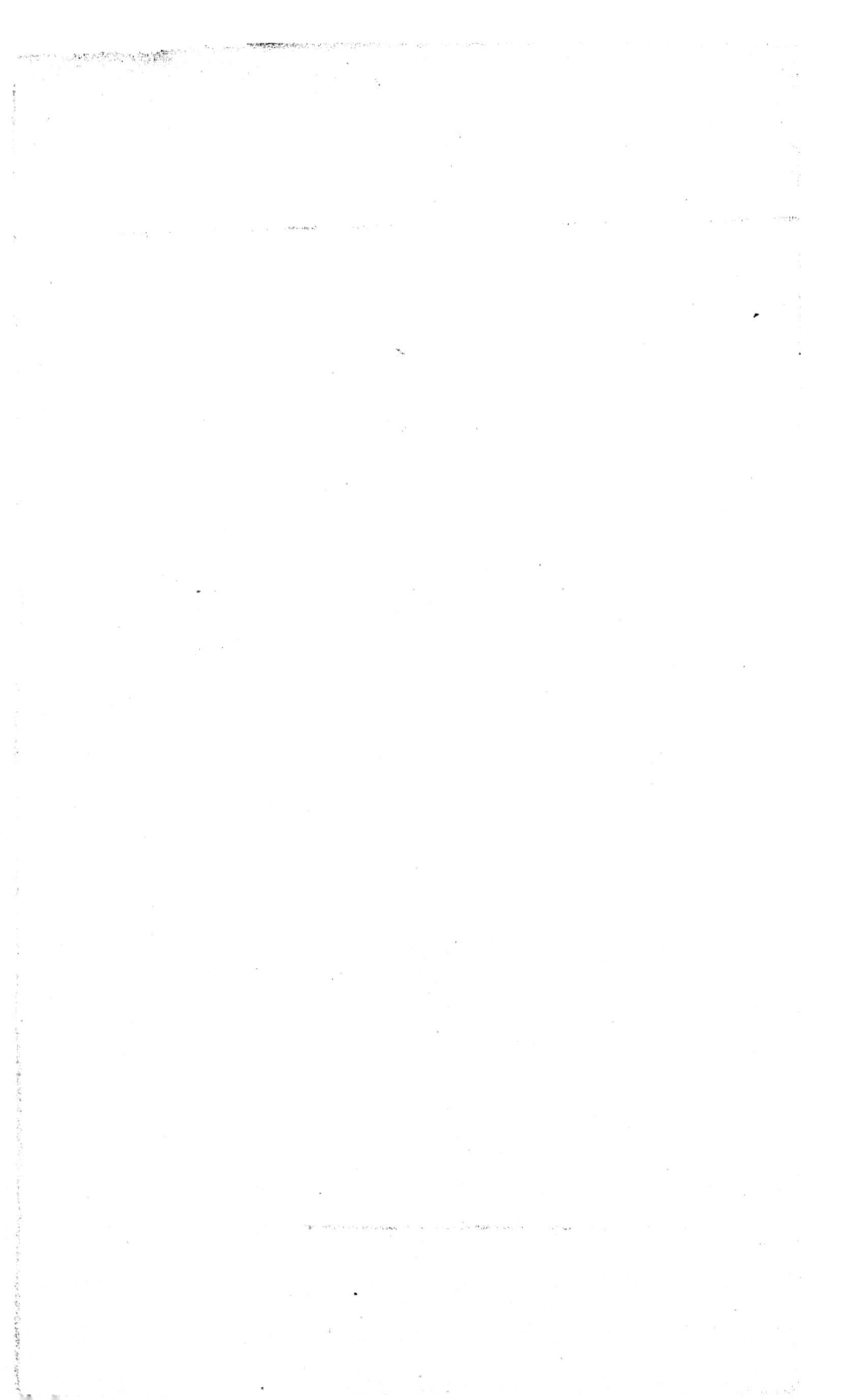

COUPE VERTICALE NORD-SUD PASSANT PAR LE SONDAGE BUHETTE N° 2, LES PUITS N°s 1,6,3 ET LES DIVERS SONDAGES.

Sondage et la Nadette N°2

Puits N°1

Puits N° 6

Sondage N°6

Puits N°3

COUPE VERTICALE ... PASSANT PAR LE PUITS N°5

CONCESSION DE BULLY-GRENAY

Echelle : La longue

Extrait de la notice de M. Buisseret
Exposition de 1878

temps M. Deladerrière descendait dans les travaux, pour faire remonter le personnel, et diriger le sauvetage. Mais lui-même fut surpris par les émanations des fumées et trouva la mort par asphyxie en même temps que 18 ouvriers.

Cet accident causa donc la mort de 19 personnes.

Gisement. — La concession de Bully-Grenay a été explorée d'abord par un grand nombre de sondages, puis par les sept puits qui y sont ouverts ; enfin les travaux voisins des concessions de Nœux et de Lens fournissent des indications assez complètes sur son gisement.

La fosse N° 1, la plus au Sud, a d'abord rencontré des couches renversées, avec inclinaison au Sud d'environ 40°; mais à l'étage de 443 mètres on retrouve en *plat*, c'est-à-dire, dans sa position normale, une couche bien connue et exploitée dans les étages supérieurs en *droit*, la veine *Saint-Constant*.

Ce renversement des couches méridionales a conduit à penser que le terrain houiller devait se trouver au Sud, en-dessous du terrain dévonien, à l'exemple de ce qui avait été constaté à Liévin. Un sondage N° 229, entrepris en 1874, à Aix-Noulette, à 2,500 mètres au Sud-Ouest de la fosse N° 1, après avoir atteint le terrain dévonien à 145 mètres, et être resté dans ce terrain jusqu'à 407 mètres, a pénétré dans le terrain houiller et a traversé jusqu'à 502 mètres, 3 couches de houille exploitables, et de faible inclinaison.

A l'exposition universelle de 1878, figurait une coupe verticale des terrains traversés par le sondage d'Aix, les fosses N° 1, 6, 3 et 4, s'étendant sur un développement de 7 kilomètres, et représentant une coupe transversale de la plus grande partie du bassin houiller. Cette coupe est reproduite ici en grande partie, Planche XI.

Avec la carte, Planche X, qui l'accompagne, et les tableaux ci-après extraits de la notice publiée à l'occasion de l'exposition par M. Dumont, ingénieur en chef de la Compagnie de Béthune, on possède des renseignements assez complets sur le gisement de Bully-Grenay.

1er TABLEAU

donnant l'épaisseur et l'ordre de superposition des couches de houille
reconnues à **Bully-Grenay.**

FOSSES N° 1 ET N° 6.

NOMS DES COUCHES de houille.	Épaisseur des couches de houille.	Épaisseur des terrains qui les séparent.
St-André...	1m,00	
		13m,00
Saint-Jean..	1m,40	10m,00
Petit-St-Jean	0m,70	
		15m,00
Saint-Pierre.	0m,78	
		17m,00
St-Luc....	0m,75	
St-Roch....	0m,50	......
		20m,00
St-Hubert..	0m,52	
		23m,50
Constance..	0m,79	
		34m,25
N° 3	0m,52	
		20m,50
Saint-Alexis.	0m,60	
		22m,50
St-Constant.	1m,65	
		25m,00
St-Amédée..	0m,80	2m,50
N° 4......	0m,40	
		23m,25
St-Charles..	0m,60	7m,25
N° 5......	0m,75	14m,00
N° 6......	1m,25	......
Ensemble.	13m,01	256m,24
	269m,25	

FOSSE N° 2.

NOMS DES COUCHES de houille.	Épaisseur des couches de houille.	Épaisseur des terrains qui les séparent.
St-Auguste.	1m,35	
		19m,50
Marie-Talabot.	1m,70	
		20m,00
St-Jean-Bapt	1m,20	12m,00
St-Vincent..	0m,62	10m,40
N° 12......	0m,60	3m,00
N° 11......	0m,60	9m,00
N° 10.... .	0m,25	
		25m,00
N° 9	0m,55	15m,00
N° 1.......	0m,55	16m,00
N° 2......	0m,87	13m,00
N° 3......	0m,60	7m,00
N° 4......	0m,43	4m,50
N° 5.... .	0m,80	18m,00
N° 6	1m,06	12m,00
Petit N° 6..	0m,60	7m,50
N° 8......	1m,00	7m,00
N° 7......	0m,55	
		21m,00
N° 14......	0m,50	18m,00
N° 13......	0m,60	8m,00
N° 15......	0m,78	21m,00
N° 16......	0m,80	8m,00
N° 17......	0m,70	
		24m,85
N° 18......	0m,83	17m,40
N° 19......	0m,58	......
Ensemble.	18m,12	309m,03
	327m,15	

2ᵐᵉ **TABLEAU**

donnant l'épaisseur et l'ordre de superposition des couches de houille reconnues à Bully-Grenay.

FOSSES Nº 3 ET Nº 7.					
NOMS DES COUCHES de houille.	Épaisseur des couches de houille.	Épaisseur des terrains qui les séparent.	NOMS DES COUCHES de houille.	Épaisseur des couches de houille.	Épaisseur des terrains qui les séparent.
St-Firmin ..	0ᵐ,80		*Report*..	14ᵐ,72	325ᵐ,45
		19ᵐ,80	Rosalie.....	0ᵐ,52	
Marguerite .	0ᵐ,84	13ᵐ,00			....
Casimir	0ᵐ,90		Ensemble.	15ᵐ,24	384ᵐ,81
		17ᵐ,50			
Saint-Henri.	0ᵐ,58	2ᵐ,50		400ᵐ,05	
Saint-Ernest	0ᵐ,52				
		33ᵐ,80			
Madeleine ..	0ᵐ,75				
		20ᵐ,00			
Ste-Alice...	0ᵐ,90	12ᵐ,05			
Chistian....	1ᵐ,25				
		15ᵐ,65			
Thérèse	0ᵐ,65				
Ste-Hélène..	0ᵐ,55	....			
Long·Terne	0ᵐ,76	10ᵐ,00			
		18ᵐ,00			
Cyrille.....	0ᵐ,47				
		12ᵐ,50			
Saint-Marc .	0ᵐ,65	2ᵐ,75			
Pᵉ veine du Sud	0ᵐ,40				
		14ᵐ,50			
Désirée ...	0ᵐ,75	6ᵐ,50			
Marie......	0ᵐ,42				
		23ᵐ,20			
St-Ignace...	1ᵐ,25				
		34ᵐ,00			
Nº 3.......	0ᵐ,94				
		12ᵐ,75			
Caroline. ...	0ᵐ,71				
		18ᵐ,45			
Zoé........	0ᵐ,63				
		28ᵐ,50			
A reporter	14ᵐ,72	325ᵐ,45			

donnant l'épaisseur et l'ordre de superposition des couches de houille
reconnues à **Bully-Grenay.**

FOSSE N° 4.			FOSSE N° 5.		
NOMS DES COUCHES de houille.	Epaisseur des couches de houille.	Epaisseur des terrains qui les séparent.	NOMS DES COUCHES de houille.	Epaisseur des couches de houille.	Epaisseur des terrains qui les séparent.
N° 1........	$0^m,70$		St Alexis. . .	$1^m,30$	
					$28^m,40$
		$63^m,50$	Ste Barbe...	$2^m,50$	$16^m,40$
			St Joseph...	$0^m,68$	
					$23^m,45$
St Louis....	$0^m,65$	$10^m,00$	Symphorien	$0^m,71$	
St Nicolas ..	$0^m,72$	$9^m,00$			
Ste Adeline.	$0^m,76$				
		$20^m,00$			$39^m,58$
Maria......	$0^m,55$		St Éloi.....	$0^m,95$	
					$13^m,90$
St Édouard .	$0^m,60$	......	Ste Eugénie.	$0^m,50$	$13^m,25$
St Émile....	$0^m,55$	......	St Léon	$0^m,50$	......
St Paul.....	$0^m,45$	$16^m,00$	Ensemble.	$7^m,14$	$142^m,31$
St François .	$0^m,45$	......		$149^m,45$	
St Victor. ..	$0^m,70$	$11^m,00$			
		......			
Ensemble.	$6^m,13$	$180^m,77$			
	$186^m,90$				

On trouvera résumées dans le cadre ci-dessous les indications sur le nombre des couches de houille connues, leur puissance et l'épaisseur de la formation houillère explorée par les travaux.

COUPES DES TERRAINS.	COUCHES DE HOUILLE.			Épaisseur de terrain houiller. exploré.	Distance moyenne des couches	Houille dans 100 m de terrain houiller.	MATIÈRES VOLATILES de la houille.
	Nombre	Épaisseur totale.	Épaisseur moyenne				
Fosse N° 1 et N° 6.	16	13.01	0.81	269.25	17^m	4.83	37.50 à 31.35 %
Fosse N° 2	24	18.12	0.75	327.15	14	5.54	35.30 à 26.50 %
Fosse N° 3 et N° 7.	21	15.24	0.72	400.05	19	3.81	31.60 à 28. » %
Fosse N° 4........	10	6.13	0.61	186.90	19	3.27	19. » à 15. » %
Fosse N° 5.......	7	7.14	1.02	149.45	'21	4.76	33.75 à 30.38 %
Ensemble....	78	59.64	0.76	1.332.80	17	4.47	37.50 à 15. » %

En rapprochant les chiffres ci-dessus de ceux précédemment donnés pour le gisement de Lens et de Douvrin, on obtient la comparaison suivante :

	BULLY-GRENAY.		LENS & DOUVRIN.
Épaisseur de la formation houillère explorée......	1,332.80	—	1,052.65
Épaisseur de charbon constatée	59.64	—	39.13
Nombre de couches de houille	78	—	45
Épaisseur moyenne des couches..............	0.76	—	0.87
Distance moyenne des couches..............	17.00	—	24.00
Houille contenue dans 100 m. de terrain houiller..	4,47	—	3.71
Matières volatiles de la houille...............	37.50 à 15 %	—	40 à 8 %

La richesse reconnue par les travaux serait donc encore plus grande à Bully-Grenay qu'à Lens, et comme celle-ci est déjà beaucoup plus considérable que celle constatée dans le reste du bassin, la richesse du gisement de Bully-Grenay serait tout-à-fait extraordinaire.

Sans contester l'étendue de cette richesse, il y a lieu de croire qu'un certain nombre de couches, connues sous des noms diffé-rents, figurent en même temps dans deux ou trois coupes ; ainsi

les veines de la fosse N° 2 paraissent être les mêmes que partie
de celles des fosses N° 6, N° 3 et N° 7.

En outre, les coupes Planche XI, et le plan, Planche X, ci-joints
montrent qu'un grand nombre des couches reconnues à Bully-
Grenay sont très-accidentées, et peu exploitées et exploitables.
Déjà en 1876 on a abandonné et sermenté la fosse N° 4, comme
ne donnant pas de résultats.

Les nouveaux puits rencontrent toutefois des couches plus
régulières, et, en réalité, on doit considérer la concession de
Grenay comme une des riches concessions du bassin.

Production. — L'exploitation de la fosse N° 1 débuta en
1853. Cette fosse produisit peu, à cause de l'irrégularité des
terrains, et de l'absence des moyens d'écoulement.

Ainsi elle fournit :

En 1853	7,193 tonnes.	
» 1854	20,802 »	
» 1855	27,704 »	
» 1856	33,736 »	
» 1857	33,982 »	
» 1858	35,379 »	158,796 tonnes.

La fosse N° 2 entre en exploitation en 1859 et
la fosse N° 3 en 1860 ; et le chemin de fer de Bully
au canal, à Violaines, est livré à la circulation en
1862. L'extraction augmente d'année en année,
sans cependant atteindre un chiffre bien élevé.

Elle est :

En 1859 de	52,531 tonnes.	
» 1860	69,234 »	
» 1861	100,364 »	
» 1862	163,127 »	
» 1863	139,622 »	
» 1864	156,460 »	
» 1865	185,962 »	
» 1866	173,459 »	
» 1867	164,700 »	1,205,459 tonnes.

A reporter...... 1,364,255 tonnes

Report...... 1,364,255 tonnes

En 1867, la fosse N° 4 entre en extraction et vient apporter son contingent dans la production, qui ne s'élève cependant que lentement, à cause de l'irrégularité des gisements, et peut-être aussi à cause des difficultés de l'écoulement.

Elle est :

En 1868 de......	194,052	tonnes.	
» 1869...	199,370	»	
» 1870........	227,951	»	
» 1871...	220,520	»	
» 1872........	206,807	»	
» 1873........	235,795	»	
» 1874........	249,046	»	1,533,541 tonnes.

L'ouverture de l'exploitation de la fosse N° 5 en 1875, de la fosse N° 6 en 1876, et de la fosse N° 7 en 1877, fosses riches et bien outillées, apporte un très-grand accroissement dans la production. qui s'élève :

En 1875 à.......	288,676	tonnes.	
» 1876........	415,969	»	
» 1877...	424.411	»	
» 1878........	457,000	»	1,586,056 tonnes.
Production totale depuis l'origine......			4,483,852 tonnes.

Émissions des actions. — On a vu que par l'acte de constitution de la Société du 25 septembre 1851, il avait été émis au pair. . . . . . 1,000 actions dont 480 libérées avaient été attribuées aux fondateurs et 520 avaient payé 1,000 fr. soit 520,000 fr.

L'achat de Bruay, le 8 mai 1852, s'opère par la remise d'actions libérées au nombre de. . . . 400 »
et la faculté de souscrire au pair . . . . . . 150 »

Il avait donc été émis à la date de mai 1852. . 1,550 actions.

qui n'avaient produit que . . .   670,000 fr.
la rétrocession de Bruay, en 1853,
à la Société Leconte, eut lieu pour 1,400,000

de sorte que les sommes encaissées
par la Compagnie de Béthune en
1853, étaient de . . . . . . 2,070,000 f. pour 1.550 actions

Mais les 1.550 actions primitives furent remboursées en 1854 et 1855 à 1.000 francs, soit en espèces, soit par la remise d'actions de Bruay évaluées à 1,000 francs, quoiqu'elles n'eussent payé que 400 francs. Du fait de ce remboursement, il sortit de la caisse de la Compagnie de Béthune. . . . . 1,400,000 fr.

et il ne resta que. . . . . .   670,000 fr.
pour faire face à la dépense des travaux.

En 1857, il fut émis, avec prime de 1,500 francs ou à 2,500 francs et avec garantie de 125 francs d'intérêt annuel jusqu'au moment ou le dividende réparti atteindrait 125 francs, ce qui eut lieu en 1859 . . . .   400 »
qui produisirent . . . . . 1.000,000 fr.

En 1860, il fut émis de nouveau et avec prime de 1,500 francs, soit à 2,500 francs . . . . . .   500 »
qui produisirent. . . . . . 1,250,000 »
et un peu plus tard, en 1861 . .   250 »
avec prime de 2,250 fr. ou à 3,250 fr. 812,500 »

Total des actions émises   2,700 actions.

ayant fourni à la caisse de la Société 3,732,500 fr.

Une délibération du 19 octobre 1863 subdivisa les actions en *sixièmes*, de sorte que les 2,700 actions, alors émises, furent représentées par . . . . 16,200 parts.

Il restait alors à la souche 300 actions primitives, ou 1,800 *sixièmes*, sur lesquels il en fut émis en 1874 à 2,100 francs l'un . . . . .   800 »
pour . . . . 1,680,000 fr.

17,000 parts.

Ainsi sur les 3,000 actions primitives ou 18,000 *sixièmes*, il a été émis 2,833 actions et 1/3 17,000 parts qui ont produit 5,412,500 francs, réellement entrés dans la caisse de la Compagnie, sans tenir compte des actions libérées, attribuées aux fondateurs, et de celles employées à l'achat de Bruay ; mais aussi sans tenir compte du bénéfice provenant de la rétrocession de Bruay, qui a servi au remboursement des actions primitives.

Ce versement effectif de 5,650,000 fr. correspond à 332 fr. 25 par part ou sixième.

Emprunts. — La Compagnie de Béthune, malgré des émissions successives d'actions avec primes qui ont fourni une somme nette de 5,412,500 francs, a eu recours à une série d'emprunts pour l'exécution de ses grands travaux, et pour le développement auquel est arrivée aujourd'hui son entreprise.

Antérieurement à 1859, il avait été emprunté .   700,000 fr.
pour le creusement des fosses N° 2 et N° 3.

L'un de ces emprunts, de 400,000 francs, avait été réalisé dans des conditions toutes particulières : remboursement en 10 ans ; 5 % d'intérêt annuel, plus une prime de 10 centimes par hectolitre de charbon extrait à la fosse N° 2, pendant le temps que durerait l'emprunt, et jusqu'à concurrence d'un maximum de 1,500 hectolitres par jour. Ce contrat fut résilié au bout de quelque temps, moyennant une indemnité, payée au prêteur, de 33,000 francs.

En 1861, il fut distribué aux 1,400 actions alors émises, un dividende de 120 francs, représenté par une obligation de pareille somme, rapportant 6 % d'intérêt annuel, et remboursable en 10 ans au moyen d'un tirage de 140 obligations par année. C'était un véritable emprunt de 1,400 × 120 = ...   168,000 »

A *reporter*. . . .   868,000 »

9

Report. . . .	868,000 »

Vers la même époque, la Compagnie racheta l'établissement de la Compagnie des cokes à Violaines, et le prix de ce rachat, ainsi que la somme de 200,000 francs prêtée par cette dernière, fut réglé par la remise d'obligations de 500 francs remboursables en 15 années, pour une somme de . . . . 255,500 »

Le gouvernement avait en 1860, après la conclusion des traités de commerce, mis à la disposition de l'industrie, fortement éprouvée par ce changement de régime douanier, une somme importante, à titre de prêt. La Compagnie de Béthune emprunta ainsi à l'État . . . . . . 400,000 » remboursables en 10 années, à partir de 1864.

En octobre 1868, la Compagnie émit 7,770 obligations de 300 francs, produisant un intérêt annuel de 18 francs, et remboursables en 40 ans par tirages au sort, à partir du 1er août 1869 . . 2,310,000 »

Le prix d'émission était de 290 francs. Mais le placement des obligations eut lieu par une agence de publicité, à laquelle on dut accorder une commission de 32 fr. 50 par obligation.

Cet emprunt exige une annuité de 154,900 fr. correspondant à 7,576 % d'intérêt et d'amortissement.

Les grands travaux de développement que l'on exécute en 1876, tant en creusement de puits qu'en constructions de maisons, obligent à contracter un nouvel emprunt, par l'émission de 6,500 obligations de 500 francs, produisant un intérêt annuel de 30 francs, et remboursables au pair en 40 ans, à partir du 1er mars 1877.

Le succès de cette émission fut tel, que, profi-

A reporter. . . .	3,833,500 »

Report. . . .	3,833,500	»

tant de la faveur du public, et voulant porter de
300 à 600 le nombre des maisons à construire, la
Compagnie émit 2,500 nouvelles obligations dans
les mêmes conditions ; de sorte que le chiffre
total de cet emprunt est de 9,000 obligations pour   4,500,000 »

En 1877, pour la continuation des grands
travaux entrepris, nouvel emprunt, par l'émission
de 10,000 obligations de 260 fr. remboursables
à 500 francs en.... années. . . . .   2,600,000 »

Total des emprunts, fr.   10,933,500 »

Plusieurs de ces emprunts sont aujourd'hui remboursés ;
toutefois le bilan du 30 juin 1877 comprend encore au passif :

7 obligations de 120 francs				840 fr.	»
7,278	»	300	»	 1,915,327	60
8,971	»	500	»	(1876). . . . 4,215,158	84
10,000	»	500	»	(1877). . . . 2,568,255	20

Total des emprunts à rembourser fr.   8,699,581 64

Ce chiffre des emprunts aujouté aux fr. 5,650,000 obtenus de
l'émission des actions, et auquel vient se joindre une part
importante des bénéfices réalisés, montre qu'il a fallu à la
Compagnie de Béthune engager un capital très considérable
dans son entreprise pour l'amener au point où elle se trouve
actuellement.

Dépenses de premier établissement. — Les bilans
présentés dans les divers rapports du Conseil d'administration
aux assemblées générales des actionnaires permettent d'établir
les dépenses successivement effectuées pour la création des
mines de Bully-Grenay. Aussi a-t-il paru utile de reproduire
dans le tableau ci-dessous les principaux articles de ces bilans
pour un certain nombre d'années :

BILANS de la Compagnie des mines de Béthune, au 30 juin de chacune des années 1866, 1873, 1875 et 1877, avant l'application de l'amortissement.

ACTIF.	1866.	1873.	1875.	1877.
Concession....................	480.420 26	379.532 01	369.923 61	360.315 21
Sondages de Boyelles et d'Aix-Noulettes, divers..............	122.890 34	22.138 30	76.813 77	137.289 88
Fosses	2.948.070 96	4.230.897 54	6.198.057 67	9.588.095 »
Bureaux, ateliers, magasins et établissement à Violaines........	329.771 88	331.511 35	414.298 95	521.736 99
Terrains, cités ouvrières, maisons d'écoles et immeubles.........	1.036.828 03	1.561.077 26	2.883.195 04	5.033.880 26
Mobiliers et matériels divers.....	159.909 55	121.233 51	232.410 88	296.806 90
Chemin de fer de Bully à Violaines et ses embranchements houillers.	» »	» »	» »	1.951.695 83
Caisse et Portefeuille...........	134.754 46	215.579 17	114.753 64	294.611 55
Débiteurs divers par comptes.....	447.807 48	346.378 65	339.507 05	1.481.786 63
Charbon et marchandises en magasin	509.166 06	356.414 15	1.288.640 06	1.033.948 62
Parts à la souche....	300.000 »	720.000 »	400.000 »	1.096.250 »
Restant à recevoir sur emprunt etc.	» »	» »	45.747 21	1.475.286 38
Droits sur parts et obligations, etc.				
Actions du chemin de fer de Lille à Béthune et obligations du Kokhelberg.................	2.172.500 »	1.882.980 »	1.877.460 »	» »
Total de l'actif....	8.642.119 02	10.167.741 94	14.240.805 88	23.271.703 25
PASSIF.				
Emprunts en obligations........	677.040 »	2.042.820 15	1.975.807 50	8.699.581 64
Dividendes et intérêts restant à payer.......................	17.611 50	76.440 »	83.521 75	270.808 75
Créditeurs divers..............	1.954.166 70	610.669 55	1.192.080 64	3.501.154 97
Total des dettes....	2.648.828 20	2.729.929 70	3.251.409 89	12.471.545 36
Capital......................	3.000.000 »	3.000.000 »	3.000.000 »	3.000.000 »
COMPTES DE PROFITS & PERTES.				
Réserve statutaire	800.000 »	300.000 »	300.000 »	300.000 »
Bénéfices réalisés et à réaliser sur émission d'actions....	1.677.100 »	2.097.100 »	3.457.100 »	4.153.350 »
Bénéfices nets des exercices précédents non distribués	1.016.200 82	2.040.712 24	1.849.664 37	1.927.090 89
Bénéfice de l'exercice	» »	» »	2.382.631 62	1.419.717 »
Total du passif....	8.642.119 02	10.167.741 94	14.240.805 88	23.271.703 25

Depuis sa fondation en 1851, jusqu'en 1866, en 15 ans la Compagnie de Béthune avait engagé dans son entreprise 8,642,000 francs. Elle avait mis en exploitation 3 fosses, et était en train d'en creuser une quatrième. Sa production était alors de 173,000 tonnes. Le capital engagé correspondait à 5,000,000 fr. par cent mille tonnes ou 50 fr. par tonne d'extraction annuelle, chiffre très-considérable, et qui montre bien l'énorme dépense que nécessite la création d'une houillère.

De 1866 à 1873, en 7 ans, les dépenses en travaux neufs ne sont que de 1,525,000 francs. Mais par contre, elles s'élèvent à plus de 4,000,000 en 1874 et 1875, et à 9,000,000 en 1876 et 1877. ·

La Compagnie de Béthune a consacré des sommes énormes, 13 millions pendant les quatre dernières années, à développer dans une très large mesure ses moyens de production. Elle a ouvert trois nouveaux puits, les a munis des appareils les plus perfectionnés ; a construit un très grand nombre de maisons d'ouvriers, et a augmenté son outillage, son fonds de roulement de manière à satisfaire aux exigences d'une grande production.

Cette production qui n'était en 1873 que de 236,000 tonnes, a atteint 457,000 tonnes en 1878, et peut, paraît-il, être porté à 600,000 tonnes dès que la vente le permettra.

Avec ces chiffres de production, le capital engagé par 100,000 tonnes correspond en 1878 à plus de 5,000,000 ou 50 francs par tonne, et à environ 4,000,000 ou 40 francs par tonne, avec l'extraction possible de 600,000 tonnes.

Le capital engagé dans les mines de Bully-Grenay, peut être récapitulé ainsi, en nombre ronds :

Sondages et fosses	10,000,000 fr.
Terrains, immeubles, maisons.	5,600,000 »
Chemin de fer	2,000,000 »
Mobilier, matériel, etc	400,000 »
Charbon et marchandises en magasin	1,000,000 »
Fonds de roulement	
	———————
.A reporter. . .	19,000,000 »

Report.		19,000,000 »
Caisse et portefeuille.	300,000 fr.	
Débiteurs par comptes	1,500,000 »	
A recevoir sur dernier emprunt .	1,500,000 »	
Parts à la souche	1,000,000 »	
		4,300,000 »
Total.		23,300,000 fr.

Ce capital a été constitué :

1° Par le placement des actions	7,000,000 fr.
(y compris les parts restant à la souche).	
2° Par divers emprunts à terme	8,700,000 »
3° Par d'autres emprunts exigibles	3,800,000 »
4° Enfin par des prélèvements sur les bénéfices	
de. . . . . , . . .	3,800,000 »
Total égal.	23,300,000 »

Ce capital de 23 millions trois cent mille fr. est considérable, même pour une production annuelle de 600,000 tonnes. Le service de l'intérêt, à un taux quelque peu rénumérateur, demande un bénéfice important, surtout avec le remboursement, même à long terme, des emprunts.

Par l'exemple des mines de Bully-Grenay, on peut juger de l'exagération que le public apporte dans l'appréciation des bénéfices des houillères. Ces bénéfices, quelqu'importants qu'ils soient, ne sont que la juste rémunération, et même souvent assez faible, des risques courus et des immenses capitaux qu'il faut engager dans ces sortes d'entreprises pour arriver au succès.

Libelle de 1873. — En mai 1873, parut un libelle diffamatoire contre le Conseil d'administration de la Compagnie qui fut adressé à tous les actionnaires. Ce libelle était l'œuvre d'un employé de la Compagnie que celle-ci avait dû révoquer par suite d'opérations de spéculations sur les actions de Béthune, commises de concert avec d'autres employés de la Compagnie [1],

La publication de ce libelle donna lieu à une réunion d'actionnaires à Douai, le 19 juin 1873, pour décider des mesures à prendre en vue, disait la convocation, de sauvegarder leurs intérêts et d'exercer des revendications contre le Conseil d'administration.

Celui-ci, naturellement ému de ces accusations, répondit au libelle par un mémoire explicatif qui les détruisait complètement, [2] ; il réunit une assemblée générale, le 12 septembre 1873, à laquelle il soumit des explications qui furent très favorablement accueillies, et qui, par un vote unanime, déclara non fondées et calomnieuses toutes les accusations formulées dans le libelle de l'employé révoqué [3].

Valeur des actions. — Dès 1852, avant même l'ouverture de la première fosse, les actions de 1,000 valaient 1,100 à 1,200 fr. et faisait de 100 à 200 fr. de prime.

En 1853, le public, sachant que les entreprises de Bully et de Bruay ne formaient qu'une seule et même affaire, recherche les actions de Béthune, qui montent à 2,500 francs, faisant ainsi une prime de 1,500 francs. Elles atteignent même 2,800 francs en 1854.

En 1857, les actions valaient encore 2,500 francs, mais il s'en vendait peu.

C'est en 1857 que la Compagnie émit 600 actions à 2,500 fr., mais avec intérêt de 5 % ou de 125 francs garanti.

En 1859, les actions ordinaires tombent à 2,000 francs ; elles remontent à 2,500 en 1860.

En 1861, 250 actions à 125 francs d'intérêts garantis, furent émises à 3,250 francs.

Une délibération de l'assemblée générale du 19 octobre 1863, autorisa la division des actions en *sixièmes*.

---

(1) Mémoire pour les actionnaires de la Compagnie de Béthune contre le Conseil d'administration de ladite Compagnie. — 1873.

(2) Le Conseil d'administration de la Compagnie houillère de Béthune aux actionnaires de la Compagnie. — 1873.

(3) Rapport à l'assemblée générale de septembre 1873.

A cette époque l'action primitive valait 3,000 francs, et le sixième par conséquent 500 francs.

Mais ce prix s'abaisse successivement, et descend en 1868 à 382 francs.

On retrouve le prix du sixième :

> En mars 1870.... à 425 fr.
> » octobre 1872 .. à 470 »
> » décembre 1872 à 574 »

Il s'élève ensuite successivement pendant la période de cherté des houilles et atteint :

> En janvier 1874 ..   990 fr.
> » juillet 1874 ... 1,590 »
> » décembre 1874 2,300 »
> » avril 1875.... 4,400 »

prix maximum qu'il ait atteint.

Le prix de vente du sixième va en diminuant ensuite et descend :

> En janvier 1876 à 3,300 fr.
> » juillet 1876. à 2,000 »
> » janvier 1877 à 1,700 »
> » juillet 1877. à 1,200 »
> » janvier 1878 à 1,180 »
> » juillet 1878. à   730 »

C'est à ce prix de 730 francs qu'il est encore au commencement de 1879. Mais en octobre de cette année les sixièmes de parts se négocient à la bourse de Lille, de 900 à 925 francs, et en décembre à 1,200 et même 1.400 francs.

Dividendes. — Le premier dividende distribué, s'appliquant à l'exercice 1859-60, fut réparti en 1860.

Il était de 60 francs par chacune des 1,400 actions anciennes, et de 125 francs par action à intérêt garanti.

En 1861, il fut distribué aux actions Nos 1 à 1,400, 120 francs en une obligation de pareille somme rapportant 6 francs d'intérêt annuel. et remboursable en 10 ans au moyen d'un tirage de 140 obligations par année.

Quant aux actions N°s 1,401 à 2,700, elles reçurent selon la garantie, 125 francs en argent.

En 1862 et 1863, le dividende fut de 130 francs pour chacune des deux sortes d'actions.

On a vu qu'en 1863, les actions furent subdivisées en sixièmes.

Chaque sixième reçoit 21 fr. 70 en 1863 et en 1864, et 25 fr. en 1865, 1866, 1867, 1868, 1869 et 1870.

Le dividende est porté à :

```
32 fr. 50 en 1871 et 1872
75       » en 1873
100      » en 1874
```

Il redescend à :

```
75 fr. en 1875
45   » en 1876
```

En 1877, il n'est pas distribué de dividende, et les bénéfices réalisés sont réservés pour l'achèvement des grands travaux en cours d'exécution.

Mais, en 1879, il est réparti 25 francs par action, à prélever sur les bénéfices de l'exercice 1878-79.

Prix de revient. — D'après le rapport de M. Gruner, de 1863, le prix de revient brut d'exploitation des mines de Bully-Grenay, abstraction faite des frais généraux, a varié pendant les huit années de 1854 à 1862, dans les limites de 0 fr. 72 à 1 fr. 03 l'hectolitre, soit de 8 fr. à 10 fr. 30.

Dans la période de 1860 à 1872, il a varié également entre 8 fr. et 8 fr. 30, ainsi qu'il ressort d'un rapport du Conseil d'administration à l'assemblée générale de 1873.

Les états de redevances, établis par les ingénieurs des mines, donnent, pour l'année 1873 :

Extraction . . . . 235,795 tonnes.

```
Dépenses ordinaires. . . . . . . . . . .   2,963,609 fr. 10   par tonne   12 fr. 57
      Id.   de premier établissement.       928,526    19    id.          3    91
```

et pour l'année 1874 :

Extraction . . . . 249,046 tonnes.

Dépenses ordinaires. . . . .   3,383,430 fr. 34   par tonne   13 fr. 58
    Id.   de premier établissement.   1,753,219   17   id.   7   04

Ces derniers prix correspondent aux années pendant lesquelles
les prix de vente étaient très-élevés, la main-d'œuvre très-
recherchée, et par suite payée très-cher.

Avec le développement de la production et l'exploitation plus
facile du gisement des nouvelles fosses, enfin avec le changement
des conditions du travail, ces prix de revient élevés se sont
nécessairement abaissés.

Prix de vente. — On ne possède sur les prix de vente que
les chiffres recueillis par les ingénieurs des mines, et reproduits
dans leurs rapports.

Ces prix moyens nets auraient été pour les mines de Bully-
Grenay ;

En 1869 . . . . . .   11 fr. 14 la tonne.
  « 1871   12   37   »
  » 1872   14   40   »
  « 1873   18   50   »
  « 1874   20   »   »
  « 1876   17   42   »
  « 1877   13   29   »
  « 1878   12   64   »

Renseignements divers. — Les rapports des ingénieurs
des mines au Conseil général du Pas-de-Calais fournissent les
renseignements divers suivants, relatifs à l'année 1877.

Extraction :

Gros . . . .   4,701 tonnes.
Tout-venant   419,710   »
Escaillage . . . .   »   »
                                  _____
        Total . . . . . .   424,411 tonnes.

Consommation :

A la mine et aux foyers des machines	21,661 tonnes.
Chauffage des ouvriers, etc	16,022 »
Soit près de 9 %/₀ de l'extraction....	37,683 tonnes.

Vente :

Aux industries diverses...... 26,692 tonnes.	
A la consommation domestique 17,901 »	
Ou dans le Pas-de-Calais	44,593 tonnes.
» le Nord	134,552 »
» les autres départements	219,175 »
Vente....	398,320 tonnes.
Vente et consommation....	436,003 tonnes.

Modes d'expéditions :

Par voitures............................	17,901 tonnes.
» bateaux	138,308 »
» chemin de fer.....................	242,111 »
Total de la vente....	398,320 tonnes.

Pour l'année 1878, ces renseignements sont les suivants

Extraction :

Gros	4,020 tonnes
Tout-venant	453,219 »
Escaillage...........	» »
Total......	457,139 tonnes.

Consommation :

A la mine.	15,767 tonnes
Chauffage des ouvriers, etc .	12,629 »
Total......	28,396 tonnes.

Vente :

Aux industries diverses	36,688 tonnes.	
A la consommation domestique	15,636	
Ou dans le Pas-de-Calais.	52,324 tonnes.	
» le Nord	150,069	»
» les autres départements.	233,640	»
Total de la vente	436,033 tonnes.	
Vente et consommation	464,429 tonnes.	

Modes d'expéditions :

Par voitures.	15,636 tonnes.	
» bateaux.	149,013	»
» chemin de fer.	271,384	»
Total.	435,033 tonnes.	

En résumé, la Compagnie de Béthune a expédié par bateaux :

En 1877 et 1878. 32 %/₀ de son extraction.

et par chemin de fer :

En 1877 . . . . . .   57 %/₀
» 1878 . . . . . .   59 %/ₐ

Ouvriers. — La Compagnie de Béthune occupait, en 1859, 605 ouvriers, et en 1860, 684, dont :

525 au fond
et 159 au jour

D'après la notice de M. Dumont, distribuée aux membres du congrès de l'Industrie minérale tenu à Douai en 1876, le nombre d'ouvriers occupés était :

	Au fond.	Au our.	Ensemble.
En 1865.	877	213	1,091
» 1870.	991	245	1,236
» 1873.	1,289	322	1,611
» 1875.	1,682	479	2,161

Une autre notice également de M. Dumont, publiée par la Compagnie à l'occasion de l'Exposition de 1878, donne le détail suivant sur le personnel occupé en 1877 :

Ouvriers du fond.	Porions.	33		
	Mineurs	1,003		
	Chargeurs, hercheurs, manœuvres.	557	1.977	
	Boiseurs	179		
	Remblayeurs	205		
Au jour, pour la mine.	Machinistes	32		
	Receveurs.	45	338	
	Manœuvres.	261		2,315
Au jour. Divers.	Ouvriers des ateliers	110		
	Id. au rivage	85		
	Constructions et entretiens	70	341	
	Aux chemins de fer	76		
Employés.			60	
				401
		Total		2,716

Les rapports des ingénieurs des mines fournissent les renseignements suivants sur le personnel de Bully-Grenay :

	Ouvriers du fond.	Ouvriers du jour.	Ensemble.
1869.	1,070	196	1,266
1871.	1,072	293	1.365
1872.	1,096	203	1,299
1877.	2,106	739	2.845
1878.	1,987	623	2,610

On voit que de 1872 à 1877, en 5 ans, le nombre des ouvriers employés par ces mines a plus que doublé. Il est vrai que pendant cette même période la production s'est accrue de 206,000 à 457,000 tonnes.

Production par ouvrier. — D'après les données

qui précèdent, on obtient pour la production annuelle de
l'ouvrier :

	du fond.	du fond et du jour.
1859	» tonnes	87 tonnes
1860	132 »	101 »
1865	213 »	170 »
1869	186 »	157 »
1870	230 »	184 »
1871	205 »	161 »
1872	188 »	159 »
1873	183 »	146 »
1875	172 »	133 »
1877	201 »	149 »
1878	230 »	175 »

Salaires. — D'après la notice de M. Dumont, précédemment
citée, le salaire journalier moyen de l'ouvrier mineur, proprement
dit, a été successivement :

En 1853 de	2 fr. 95
» 1855	3 05
» 1860	3 71
» 1865	3 73
» 1870	4 42
» 1873	5 18
» 1875	5 54
» 1876	5 12

L'augmentation en 23 ans a donc été de 2 fr. 47 ou de 83,7 %.
Pendant la même période, le salaire moyen annuel des
ouvriers de toute espèce, fond et jour, a passé par les phases
suivantes :

1853	725 fr.
1855	758 »
1860	792 »
1865	828 »
1870	937 »
1873	1,180 »
1875	1,226 »

L'augmentation a été de 501 francs ou de 69,1 %.
Comme dans toutes les autres houillères, c'est surtout le

salaire du mineur, proprement dit, qui a éprouvé la plus grande
augmentation.

Suivant les états des redevances, la Compagnie de Bully-
Grenay a payé pour salaires :

En 1869........	1 102,790 fr , soit par ouvrier	871 fr.
» 1871..	1,323,711 » »	969 »
» 1872........	1,482,407 » »	1,170 »
» 1874........	» » »	1,074 »
» 1875........	» » »	909 »
» 1877	2,028,436 » »	927 »
» 1878........	2,910,650 » »	1,111 »

De 1873 à 1876, le salaire annuel s'est élevé à près de 1,200 fr.
mais, en 1877, il a diminué dans une forte proportion, comme
dans les autres houillères. Les prix de base de la tâche n'ont
cependant pas été modifiés, mais le travail de l'ouvrier a été limité
par le défaut d'écoulement des houilles.

En 1878, le salaire s'est relevé notablement ; l'exploitation a
été plus active, le nombre d'ouvriers a diminué et la production
annuelle de chacun d'eux a été plus forte.

Maisons d'ouvriers. — Lorsque la Compagnie de Béthune
commença en 1852 ses premiers travaux dans la plaine de Lens,
cette contrée, dont le sol est pauvre, était très peu peuplée et ne
renfermait que de pauvres villages n'offrant aucune ressource
pour fournir des ouvriers et même pour loger ceux venus du
dehors.

Il fallut de toute nécessité créer des logements et s'imposer
des dépenses considérables en construction de maisons.

En 1860, la Compagnie possédait déjà 166 maisons.

Elle en avait en :

1863.....................	228
1866.....................	339
1868.....................	396
1869.....................	415
1873.....................	451
1874.....................	661
1875.............	867

Elle en a aujourd'hui 1,354, qui avec les jardins, rues, routes, places, églises, écoles, magasins et les dépendances représentent une dépense de plus de 4 millions.

Il existe entre autres, une agglomération principale, dite cité ouvrière des Brebis, qui comprend 729 maisons de divers types, avec église et écoles et dont le modèle figurait à l'exposition de 1878. Les maisons sont louées aux ouvriers moyennant 3 à 7 fr. par mois, suivant la grandeur (¹).

La Compagnie de Béthune possède donc une maison par 330 tonnes de houille produite annuellement et par 2,1 ouvriers occupés.

La proportion d'ouvriers, logés par la Compagnie, est donc très-considérable. En effet, d'après une enquête faite en 1872, par les membres de la Société de l'Industrie minérale du district du Nord, sur les habitations des houillères (²), il résulte que chaque maison est occupée par une famille, comprenant en moyenne 4,81 membres, et fournissant 1,70 ouvriers. Ces chiffres, appliqués aux 1,354 maisons de la Compagnie de Béthune, donnent une population de plus de 6,500 habitants, dont 2,300 sont occupés dans les travaux. Elle logerait donc 80 °/₀ des ouvriers qu'elle emploie.

Orphelinat. — En 1866, la demande des houilles était très-active. On manquait d'ouvriers. La Compagnie pensa qu'un moyen de s'en procurer était d'ouvrir ses chantiers aux enfants tombés à la charge de l'assistance publique. Elle décida donc en 1866 la construction d'un orphelinat, susceptible de recevoir 80 à 100 jeunes garçons âgés de 12 ans.

« Chaque enfant aura un livret où s'inscriront son salaire » journalier et ses dépenses. Arrivé à sa majorité, le jeune » ouvrier recevra le solde créditeur de ce compte ; il y trouvera » une dot et souvent même le moyen de s'exonérer du service » militaire. »

« Le salaire moyen des ouvriers compris entre 12 et 20 ans, » n'est pas inférieur à 1 fr. 75 ; et les dépenses pour le nourrir,

(1) Notice publiée à l'occasion de l'Exposition de 1878.

(2) Enquête sur les habitations, les écoles et le degré d'instruction de la population ouvrière des mines de houille des bassins du Nord et du Pas-de-Calais. Rapporteur: E. Vuillemin.

» le loger, l'habiller, l'entretenir, ne sauraient dépasser 1 fr. 25
» par jour (¹). »

L'essai des premiers venus ne répondit pas aux espérances, il
donna même parfois d'amers déboirs.

Dès 1868 la Compagnie entama des négociations avec des
corporations religieuses pour la tenue de son orphelinat. M. l'abbé
Halluin, qui dirigeait avec succès une entreprise semblable à
Arras, consentit à prendre la direction de l'orphelinat de la
Compagnie de Béthune. Son premier soin fut de se débarrasser
de 25 enfants assez indisciplinés qui s'y trouvaient, et de les
placer dans, des familles d'ouvriers ; puis il en admit d'autres
successivement, et en 1873 ils étaient au nombre de 30 (²).

Mais deux années après, en 1875, l'abbé Halluin reconnut
l'impossibilité de peupler cet établissement d'un nombre d'enfants
suffisant pour indemniser la Compagnie des dépenses qu'il lui
coûtait.

Il fut donc supprimé, et les bâtiments furent appropriés pour
recevoir les bureaux de la Direction (³).

Caisse d'épargne. — Sous l'inspiration de l'un des administrateurs, M. Boutry, homme très dévoué aux véritables intérêts
des ouvriers, la Compagnie institua une caisse d'épargne privée,
dont l'établissement fut autorisé par le Préfet du Pas-de-Calais à
la date du 1ᵉʳ décembre 1873.

L'intérêt attribué aus sommes déposées est de 3,65 % ou
1 centime par jour.

Les comptes sont arrêtés et réglés en principal et intérêt le
30 juin et le 31 décembre de chaque année.

Lorsque, aux dites époques, le compte d'un déposant dépasse
la somme de 100 francs, il lui est délivré un ou plusieurs bons
de 100 francs, nominatifs, produisant intérêt à 3,65 % et remboursables à volonté.

Aux mêmes époques, il est dressé un état de tous les bons
non remboursés et il est donné à chacun de ces bons un N° spécial,
lequel concourra au tirage qui sera effectué 6 mois après.

(1) Rapport à l'assemblée générale de 1867.
(2) Rapport du Conseil d'administration aux actionnaires. — 1873.
(3) Rapport à l'assemblée générale du 20 septembre 1875

Le 1er janvier et le 1er juillet, la Compagnie donne 2 % de tous les bons délivrés alors et non remboursés. Les 2 % sont versés dans la caisse sociale au compte de la caisse d'épargne, et ils servent à former des lots de 50 francs qui sont tirés comme il va être dit.

Pendant les mois de janvier et de juillet il est procédé au tirage au sort des Nos afférents aux bons délivrés 6 mois auparavant.

Le premier N° sortant gagne un lot de 1,000 francs, donné par la Compagnie, en outre des 2 % ci-dessus, et les Nos qui sortent ensuite gagnent chacun un des lots de 50 francs indiqués plus haut.

Tout déposant qui quitte le service de la Compagnie reçoit aussitôt le paiement de ce qui lui est dû en principal et intérêts.

La caisse d'épargne, établie sur les bases ci-dessus, offre aux ouvriers des avantages considérables et très attrayants. Aussi sa création fut-elle accueillie avec faveur, et 6 mois après son ouverture, au 30 juin 1874, le chiffre des dépôts s'élevait déjà

à.		59,503 f.	13
Il est au 30 juin 1875 de		80,595	70
» » 1876 de		137,643	30
» » 1877 de		173,390	49

A cette dernière date, le nombre des déposants était de 207, et la moyenne de leurs livrets de 804 fr. 93.

D'après la notice publiée par la Compagnie de Béthune à l'occasion de l'Exposition de 1878, tout ouvrier ayant 10 ans de service à la Compagnie recevrait gratuitement un billet de la loterie de la caisse d'épargne.

Autres institutions de bienfaisance. — La Compagnie a institué une caisse de secours, alimentée par une retenue de 3 % et une cotisation de l'établissement de 1 % des salaires. Cette caisse pourvoit aux services de santé, aux secours temporaires pour les ouvriers malades ou blessés, et aux pensions de retraites.

La Compagnie a créé à ses frais :

1° Une très-belle église à la cité des Brebis, et deux chapelles dans d'autres centres ouvriers, qui sont desservies par un curé et deux aumôniers ;

2° Trois écoles de filles, trois écoles de garçons, et cinq salles d'asile.

Elle a installé des fourneaux économiques et une boulangerie, qui livrent les aliments et le pain au prix de revient.

FOSSES.

N° 201. N° 1, à Bully. — 1852. — Terrain houiller à 136 m. — Profondeur 443 m. — Diamètre 4 m.

Machine d'extraction à 2 cylindres oscillants remplacée par une machine horizontale en 1865, à 2 cylindres horizontaux.

Entre en exploitation en 1853.

Complète réparation en 1876.

Installation d'une nouvelle machine d'extraction de 450 chevaux.

Cette fosse a actuellement fourni 1,280,000 tonnes.

202. N° 2. — 1855.—A Mazingarbe.—Terrain houiller à 135 m. 57.— Traverse sous le tourtia des argiles et sables aquifères du *torrent* sur une épaisseur de 6 m.

Profondeur 450 m. — Terrains accidentés.

Entre en exploitation en 1859.

Gisement très-accidenté.

Le niveau fut passé sans machine d'épuisement ; mais on fut obligé d'en monter une pour passer le *torrent*.

Ventilateur Davaine ; devient insuffisant et est remplacé en 1868.

A produit environ 720,000 tonnes.

203. N° 3, de Vermelles. — 1857 — Terrain houiller à 147 m. — Profondeur 408 m. Est placée sur une grande faille.

Gisement accidenté. — Cependant a fourni beaucoup.

Entre en exploitation en 1860.

On y a installé des compresseurs d'air en 1877.

Terrains très-peu inclinés.

C'est la fosse qui a produit le plus : 1,525,000 tonnes.

204. N° 4. — 1865. — Terrain houiller à 149 m.

Niveau passé sans le secours de machine d'épuisement.

Diamètre 4 m. 25. — Entre en exploitation en 1867. — Profondeur 389 m. — Terrain très-irrégulier.

Abandonnée en 1876 après serrement. — N'a extrait que 233,000 tonnes.

Exploitation improductive. — Grisou.

Houille renfermant de 15 à 18 °/₀ de matières volatiles.

205. N° 5. — Ouverte en 1873 — Terrain houiller à 150 m. — Très faiblement incliné. — Diamètre 4 m. 30.

Traverse une veine de 1 m. 55 à 152 m
      Id.   id.   0   80 à 167 »
      Id.   id.   0   85.

Mise en exploitation en 1875.

On y a établi des appareils à air comprimé pour la perforation et la traction mécanique

Charbon à gaz.

Fosse très riche et très productive. — A déjà fourni environ 385,000 tonnes.

206. N° 6. — Ouverte en 1874.

Terrain houiller à 144 m.

Le creusement a marché très-vite.

Machine d'extraction de 450 chevaux

Entre en exploitation en 1876.

Mise en communication avec le N° 1 en 1877.

Terrains peu réguliers.

207. N° 7. — Ouverte en 1875.

Terrain houiller à 137 m.

Première veine de 0,80 à 137 m. Deuxième veine de 1 m. à 150 m., puis 1 de 1 m. 10 et une de 0,65.

On y a monté l'ancienne machine d'extraction du N° 1.

Est en exploitation en 1877.

Allure des veines peu régulière.

SONDAGES.

N° 208, d'Annezin. — 1850. — Rencontre le terrain houiller à 184 m. 21. Après l'avoir traversé sur une épaisseur de 45 m., et avoir constaté une petite veine de houille maigre, il atteint le calcaire inférieur et des gaz sulfureux qui s'échappaient abondamment à l'orifice du trou de sonde.

Ce sondage est compris dans le périmètre de la concession de Vendin. Profondeur 229 m. 56.

209, de Vermelles. — Exécuté par la Compagnie de Lens.

Terrain houiller à 149 m. 42. Profondeur 176 m. 77.

210, de Bully. — Terrain houiller à 144 m. 32. Profondeur 150 m.

193, de Hailticourt. — 1851. — Terrain houiller à 134 m. 67. Profondeur totale 175 m. 52. Rencontre deux veines, l'une à 159 m. 68, l'autre à 175 m. 52.

Compris dans la concession de Nœux.

194, de Feuquières. — 1851. — Terrain houiller à 183 m. 41. Profondeur totale 206 m. 70.

Compris dans la concession de Nœux.

211, d'Hesdigneul. — 1850 — Épaisseur des morts-terrains 182 m. 64. Calcaire carbonifère. Profondeur 190 m. 77.

Compris dans la concession de Bruay.

217. Sondage d'Aix-Noulettes, N° 1. — Quartzo-schisteux, psammites dévoniens à 145 m. 75. Profondeur 149 m 75.

218, de Boyeffles.

219, de Liévin, N° 11. — 1859. — Terrain houiller. Profondeur 135 m. 50.
Compris dans la concession de Liévin.

220, de Cuinchy. — 1859. — Schistes houillers et calcaires. Épaisseur des morts-terrains 159 m. 50. Profondeur 167 m. 50.

221, d'Auchy-La-Bassée. — 1859. — Schistes houillers et calcaires. Épaisseur des morts-terrains 153 m. Profondeur 170 m.

222, de Liévin, N° 10. — 1858. — Terrain houiller à 140 m. 60. Profondeur 180 m. 50.

223. N° 1, près de la fosse N° 3. — 1858. — Terrain houiller à 147 m.

224. N° 2, près de la fosse N° 4. — 1864.

225. N° 3 à 780 m. au sud-est de la fosse N° 2. — 1865. — Traverse trois couches de houille de 0 m. 40, 0 m. 50 et 0 m. 80 de puissance utile.

226. Sondage N° 4 à 1050 m. au sud de la fosse N° 3. — 1866. — Traverse une veine de 0 m. 80 Charbon à 29 3/4 $^0/_0$ de matières volatiles.

227. N° 5, à l'est de la fosse N° 2. — Arrêtée au terrain houiller.

228. Au sud des sondages N°s 226 et 227.

228 bis. — 1859. — Schistes rouges.

229, d'Aix-Noulettes. — 1872. — Terrain dévonien à 148 m. 60, puis terrain houiller à 407 m. 48. Profondeur 501 m 84. — A traversé trois couches de charbon
Une à 420 m.
Une à 442 m.
Une à 486 m.
qui ont été constatées par l'ingénieur des mines.

Ce magnifique sondage a coûté 137,289 fr. 88.

299. Sondage de la société La Française, à Bully. — 1859. — Schistes rouges et verts dévoniens.

300. Sondage de la société La Française, à Aix. — 1859. — Schistes rouges et verts dévoniens

306. Sondage de la Compagnie d'Aix, à Bully. — Schistes rouges dévoniens

VI.

MINES DE NŒUX.

Première idée de recherches en 1845 au delà de Douai. — La Compagnie des Mines de Vicoigne possédait la concession des Mines de Vicoigne, près Valenciennes, qui lui avait été accordée par ordonnance royale du 12 Septembre 1841. Cette concession ne renfermait que des houilles maigres, anthraciteuses, dont l'exploitation, quoique conduite avec beaucoup d'intelligence, ne pouvait prendre un développement de quelqu'importance et ne donner que des résultats assez médiocres.

M. de Bracquemont était directeur de la Compagnie de Vicoigne depuis un an à peine, lorsque dans un rapport adressé au Conseil d'administration de cette Compagnie en 1845, il expliquait les considérations rappelées ci-dessus, et émettait l'opinion que le bassin houiller du Nord ne s'arrêtait point à Douai, comme on paraissait le croire à cette époque. Il proposait en conséquence au dit Conseil, d'exécuter des recherches pour déterminer ce prolongement de bassin houiller.

Cette proposition n'eut pas de suite d'abord, mais dans sa séance du 6 Avril 1846, le Conseil d'administration de Vicoigne se posa de nouveau la question de savoir si ce n'était pas le cas de procéder aux recherches conseillées par son Ingénieur. La solution de cette question fut alors ajournée. Elle ne fut reprise que plus tard, sur un nouveau rapport de M. de Bracquemont, du 9 Août 1850, à la suite duquel la Compagnie de Vicoigne entreprit une série de sondages qui ont donné lieu à l'institution de la concession Nœux (1).

État des recherches en 1850. — Voici quel était, d'après ce dernier rapport, la situation en Août 1850, des recherches entreprises au-delà de Douai, et les conséquences qu'en déduisait M. de Bracquemont :

« De Douai à Lens, tout le terrain est exploré et sera partagé
« en trois concessions entre les Compagnies de la Scarpe, Douchy,
« Mulot. Une 4ème Compagnie ayant à sa tête MM. Casteleyn,
« Scrive et Tilloy, de Lille, a exécuté à Annay, près de Lens,
« un forage abandonné après un accident, sans avoir atteint
« le charbon, et se propose d'entreprendre d'autres travaux,
« après plus d'un an d'inactivité. »

« Au mois de Juillet, la coupe la plus occidentale perpen
« diculaire à la direction du terrain houiller avait été faite
« du Nord au Midi à la hauteur d'Hénin-Liétard. »

« Deux forages exécutés sur la route de Douai à Lens, l'un
« par la Compagnie de Douchy, l'autre par la Compagnie Mulot,
« avaient constaté de la houille tout à fait grasse. »

« A Dourges, 2,000 mètres plus au Nord, charbon 3/4 gras
« constaté par un forage de la Compagnie Mulot. »

« A Courrières, 1,000 mètres environ au Nord de Dourges,
« la Compagnie de Douchy a rencontré de la houille sèche
» comme celle d'Aniche. »

(1) Attestation du Conseil d'administration de la Compagnie des mines de Vicoigne-Nœux, du 4 février 1861, extraite du procès-verbal de la séance du 27 juin 1873 de la Société des ingénieurs civils.

« A Harponlieu, 1,000 mètres encore plus au Nord, sondage
« Mulot, houille maigre, mais moins cependant que celle
« de Vicoigne. »

« A Oignies, dans le parc de Mme Declercq, charbon tout
« à fait maigre. »

« La Compagnie de Douchy exécute encore deux forages
« au midi d'Hénin-Liétard qui ne sont pas encore arrivés
« au terrain houiller, et qui ont pour objet de reconnaître
« exactement la limite du bassin. L'un est situé à Beaumont, l'autre
« en un point intermédiaire entre Beaumont et Hénin-Liétard. »

« De sorte que la coupe de Beaumont à Oignies qui comprend
« toutes les qualités de houille donne approximativement pour la
« largeur du bassin 8,500 mètres. »

« Des qualités de charbon identiques ont été constatées à l'Est
« d'Hénin Liétard par la Compagnie de la Scarpe. »

« Le sondage de Dorignies près de Douai a constaté du
« charbon complètement gras. »

« Le charbon de la fosse l'Escarpelle est semblable à celui
« de Courrières, ainsi que celui du Sondage d'Évin. »

« La direction des veines de charbon sec est donnée appro-
« ximativement par les deux fosses Escarpelle, Courrières,
« et le forage d'Évin. »

« C'est donc de Lens à Béthune et au-delà que vous devez porter
« vos travaux d'exploration. Tout porte à croire que des travaux
« de recherches pratiqués du Nord au Midi constateront succes-
« sivement les différentes qualités de houille. »

La Compagnie de Vicoigne se décida alors à entreprendre
des recherches dans le Pas-de-Calais, et à établir un premier
sondage à Loos, à l'Ouest de Lens.

Mais avant de rendre compte de ces recherches, il y a lieu de
rappeler ce qu'était alors la Compagnie de Vicoigne.

Origine de la Compagnie de Vicoigne. — Lors de
la fièvre de recherches de houille en 1837, deux Sociétés
dites de l'Escaut et de Cambrai s'étaient formées à Cambrai
pour explorer diverses localités du Nord et du Pas-de-Calais. —
Dès le commencement de 1838, elles installaient plusieurs sondages
à Vicoigne, hameau de Raismes, près de la limite septentrionale

de la concession d'Anzin, et y découvraient la houille. Elles ouvraient immédiatement des fosses et demandaient une concession.

A côté d'elles, et en concurrence, vinrent s'établir deux Compagnies, celles d'Hasnon et de Bruille, qui avaient déjà exécuté de nombreuses recherches sur d'autres points, et dont la dernière, possédait déjà deux concessions, Bruille et Château-l'Abbaye, octroyées en 1832 et 1836, et où elle avait dépensé des sommes importantes sans résultats.

Une cinquième Société, dite de Vervins, vint aussi s'établir à Vicoigne.

Toutes ces Sociétés se disputaient le terrain peu étendu a concéder, et l'administration était fort embarrassée pour démêler les titres de chacune d'elles et y donner satisfaction. Elle invita les quatre Sociétés de l'Escaut, Cambrai, Hasnon et Bruille à se mettre d'accord pour constituer entre elles une Compagnie d'exploitation, à laquelle fut accordée, par ordonnance royale du 12 Septembre 1841, une concession de 1,320 hectares. A cette date il existait déjà à Vicoigne, quatre fosses en activité. — Leur production qui n'était en 1841, que de 11,826 tonnes, s'éleva à 42,754 en 1842. Cette faible quantité suffit cependant pour faire baisser le prix de la houille maigre, à 0,75 l'hectolitre comble, c'est-à-dire 6 fr. 25 la tonne. La Compagnie d'Anzin qui fournissait seule cette sorte de houille avait adopté ce dernier prix pensant que l'exploitation de Vicoigne ne pourrait résister longtemps à vendre de la houille à ce taux. Mais le contraire eut lieu : Anzin perdait de l'argent, tandis que Vicoigne en gagnait, peu à la vérité. Cette situation ne pouvait pas durer, et il y fut mis fin par l'achat, fait en 1843, par la Compagnie d'Anzin, des propriétés de la Compagnie d'Hasnon, concession de ce nom et des intérêts qu'elle avait dans Vicoigne.

Une convention intervint entre la Compagnie d'Anzin et la Compagnie de Vicoigne, par laquelle la première de ces Compagnies restait seule chargée, pendant 99 ans, de la vente des houilles maigres produites par les exploitations de Fresnes, Vieux-Condé et Vicoigne, et fixait la part pour laquelle chacune d'elles entrerait dans le chiffre de la vente savoir :

Vicoigne pour un tiers,

Fresnes et Vieux-Condé pour deux tiers.

On dit que la convention ci-dessus vient d'être résiliée d'un commun accord, et qu'a partir du 1ᵉʳ Janvier 1880, chacune des Compagnies d'Anzin et de Vicoigne, restera chargée de la vente des produits de ses exploitations, aux prix et conditions qu'elle jugera le plus convenable à ses intérêts.

A la suite de la conclusion de ce traité, les prix des charbons maigres se relèvent, et leur prix n'est plus que de 10 0/0 au-dessous du prix des charbons gras.

La Compagnie de Vicoigne, qui exploitait un gisement riche, régulier, dont les travaux étaient neufs, exempts de charges, produisait de la houille à bas prix, et réalisa des bénéfices relativement importants, avec une extraction annuelle qui ne dépassa cependant pas 60 à 70 mille tonnes jusqu'en 1852.

Ce sont ces bénéfices qui servirent à faire face aux dépenses des premiers travaux de la Compagnie dans le Pas-de-Calais.

Après le rachat de la Compagnie d'Anzin des intérêts de la Compagnie d'Hasnon, après l'entente pour la vente des charbons en 1843, les quatre Sociétés propriétaires de la concession de Vicoigne arrêtent les statuts de la Compagnie d'exploitation, dont voici l'analyse :

Statuts. — Le 30 Novembre 1843, par devant Mᵉ Dubois, notaire à Valenciennes, sont comparus :

MM. Ewbanck, Dubois et Dubois, agissant aux termes des pouvoirs qui leur ont été conférés par les actionnaires de la Société dite de Bruille ;

MM. Béry, Boitelle et Soyer, agissant aux termes des pouvoirs qui leur ont été conférés par les actionnaires de la Société dite de Cambrai ;

MM. Farez, Lobry et Casteleyn, agissant aux termes des pouvoirs qui leur ont été conférés par les actionnaires de la Société dite de l'Escaut.

MM. Lebret et Dupont, agissant en leur qualité de représentants des administrateurs de la Compagnie d'Hasnon ;

Lesquels ont dit :

Aux termes d'une ordonnance royale, en date du 12 Septembre 1841, une concession de Mines de houille a été accordée sous le nom de *concession de Vicoigne*, aux représentants des quatre Compagnies réunies, dites *de Bruille*, *de Cambrai*, *de l'Escaut et d'Hasnon*.

Voulant remplir la mission qui leur a été conférée, les comparants ont arrêté les clauses et conditions suivantes, qui devront régir la Société déjà existante de fait entre les quatre Compagnies, par suite de l'ordonnance précitée.

La Société prend la dénomination de *Compagnie des Mines de Vicoigne*.

Elle est constituée à compter du 1er Octobre 1841.

Elle durera jusqu'à l'épuisement des terrains à exploiter.

L'apport social est fixé à 2,400,000 fr. Il pourra être porté à 4 millions. Il sera représenté par 4,000 actions.

Le capital de 2,400,000 fr. sera fourni dans le délai de 3 mois par les quatre Compagnies, par portions égales.

Les 4,000 actions seront attribuées par quart à chacune des quatre Compagnies, dites de Bruille, de Cambrai, de l'Escaut et d'Hasnon.

Chacune de ces actions restera soumise à un versement de 400 fr.

Les actions seront nominatives.

Elles seront soumises au droit de retrait.

Elles ne pourront être transportées que par acte sous seing privé ou notarié, dont un double devra être remis au Conseil d'administration.

L'Assemblée générale se réunit chaque année à Valenciennes, le dernier Lundi d'Octobre.

Pour y être admis il faut être propriétaire de cinq actions donnant droit à une voix.

L'Assemblée générale entend les comptes annuels du Conseil d'administration et les rapports du comité de surveillance.

La Société sera gérée par un Conseil d'administration composé de huit membres. Ils sont nommés en nombre égal par chacune des quatre Sociétés de Bruille, Cambrai, l'Escaut et Hasnon, dans la forme propre à chaque Société et conformément à ses statuts ou à sa constitution particulière.

Les Compagnies de Bruille, de Cambrai et de l'Escaut, arrêtent ainsi le mode de nomination des membres du Conseil qu'elles ont à désigner.

Pour la première fois, cette nomination sera faite par l'assemblée générale de chacune des dites trois Sociétés. Par la même délibération, chacune des Sociétés susdites nommera dans son sein, un comité électoral composé de huit actionnaires élus à vie, lesquels conjointement avec l'administrateur restant de la même Société, seront chargés de choisir un administrateur toutes les fois qu'il y aura lieu.

En cas de décès, etc. d'un électeur, il sera procédé immédiatement à son remplacement par les électeurs restants.

Nul ne pourra être administrateur s'il n'a la pleine propriété d'au moins dix actions.

Les membres du Conseil d'administration seront renouvelés par huitième chaque année.

Tout membre sortant pourra toujours être réélu.

Les pouvoirs du Conseil sont très-étendus.

Les fonctions d'administrateurs seront gratuites.

Ils recevront seulement un jeton de présence de 20 fr et une indemnité de 20 fr. lorsqu'ils demeureront à plus de 12 kilomètres de Vicoigne.

Un comité de surveillance de quatre membres, nommé, remplacé et renouvelé de la même manière que le Conseil d'administration vérifiera et arrêtera les comptes et en fera rapport à l'assemblée générale.

Les écritures seront arrêtées et l'inventaire dressé par les soins de l'administration le 31 Juillet de chaque année.

L'administration fixera le chiffre des dividendes.

Il sera créé un fonds de réserve de 400,000 fr.

Chacune des quatre Sociétés de Bruille, de l'Escaut, de Cambrai et d'Hasnon, cette dernière remplacée par la Compagnie d'Anzin, reçut 1,000 actions. L'appel de 600 fr. fait sur chaque action fut acquitté soit en espèces, soit en travaux exécutés, matériel, outillage, etc. Ainsi Hasnon, qui n'avait exécuté que des travaux de sondages dut apporter un capital espèces important, tandis que la Compagnie de l'Escaut qui apportait dans la Société nouvelle deux fosses en exploitation et un outillage complet d'une valeur supérieure à 600,000 fr., reçut au contraire un appoint en espèces. Quant aux Compagnies de Bruille et de Cambrai, leur apport consista en une fosse et en un complément argent.

Exécution de sept Sondages d'exploration. — La première recherche de la Compagnie de Vicoigne, eut lieu à Loos, à l'Ouest de Lens, où elle ouvrit un sondage le 5 Juillet 1850. Poussé avec vigueur, il atteignit le terrain houiller à 133 mètres 18 dans les premiers jours de Septembre, et le 23 du même mois à 139 mètres 63, une couche de houille grasse de 0m50 d'épaisseur, inclinée à 23° 1/2, contenant 32 % de matières volatiles, et qui fut officiellement constatée par M. Dusouich.

La Compagnie porta ensuite ses explorations à 7 kilomètres à l'Ouest de Loos, le long de la route d'Arras à Béthune et ouvrit en Octobre 1850 trois sondages. Le 1er à Nœux, No 196, atteignit le terrain houiller à 144 mètres 17 et traversa deux couches de houille : une de 0m27 à 145 mètres 92, l'autre de 0m61 à 149 mètres 62, contenant 19 % de matières volatiles.

Le deuxième à Sains-en-Gohelle No 197 rencontre le terrain houiller à 145 mètres 96, une première couche de houille de 0m44 à 164 mètres 44, et une seconde de 0m53 à 169 mètres 69, renfermant 33 % de matières volatiles.

Le troisième au Faubourg de Béthune atteint le terrain houiller à 178 mètres 45, traverse une première couche de 0m35 à 178 mètres 50, une deuxième de 0m84 à 224 mètres 25, avec inclinaison de 35°, charbon maigre à 9 % de matières volatiles.

Un quatrième sondage fut commencé les premiers jours de Janvier 1851 à Hersin, No 199, à 1,000 mètres environ plus au Sud que celui de Sains. Il rencontra le terrain houiller à 139 mètres 50 et une couche de houille de 0m42 à 154 mètres 50. L'inclinaison était de 21° et le charbon contenait 36 % de matières volatiles.

Enfin deux autres sondages, demandés par M. Dusouich, pour déterminer la limite au Nord du bassin houiller, furent exécutés en 1851. L'un à Annequin, rencontra le terrain houiller à 154 mètres 45 et une veinule de houille de 0ᵐ35 à 168 mètres 40,

13 % de matières volatiles ; l'autre à Douvrin, dans le voisinage d'Hesdigneul, atteignit le terrain houiller à 177 mètres 01, puis une veinule irrégulière de 0ᵐ45 de charbon de même nature que celui traversé à Annequin.

Ces sept sondages avaient exploré de la manière la plus complète la tranche du bassin houiller que la Compagnie de Vicoigne demandait en concession. Ils avaient été poussés avec une grande activité, avaient tous fourni des résultats positifs, et témoignaient d'une direction aussi sagace qu'intelligente, imprimée par M. de Bracquemont.

Première Fosse de Nœux. — Il s'agissait maintenant d'arriver à une prompte mise en valeur des richesses découvertes. Une première fosse fut ouverte à Nœux, Nᵒ 191, le 1ᵉʳ Avril 1851. Le niveau y fut passé sans difficultés, et le 15 Février 1852, elle atteignait le terrain houiller à 158 mètres 88, et deux mois après, le charbon. Une année avait suffi pour créer un siège d'exploitation qui entrait immédiatement en production.

M. de Bracquemont applique le premier à la fosse de Nœux les grandes installations qui furent ensuite imitées dans toutes les fosses ouvertes à partir de ce moment dans le Nord et le Pas-de-Calais. Diamètre de puits, 4 mètres au lieu de 3 mètres employé jusqu'alors ; machine de fonçage de 15 à 20 chevaux ; machine d'épuisement à traction directe pour passer les niveaux ; machine d'extraction à 2 cylindres, sans engrenages ; ventilateurs, cages, etc ; moyens nouveaux alors, et qui ont conduit aux puissantes extractions réalisées depuis.

La fosse de Nœux produisit pendant l'exercice

$$
\begin{array}{lll}
1852\text{-}53 & \ldots & 346{,}661 \text{ hectolitres.} \\
1853\text{-}54 & \ldots & 537{,}050 \quad «
\end{array}
$$

Ce fut, après la fosse de Courrières dont l'exploitation de charbon maigre resta toujours très-limitée, la première fosse du nouveau bassin qui donne des houilles grasses et en quantités importantes.

Suite des Travaux. — La première fosse de Nœux avait obtenu un succès complet. Aussi le 1ᵉʳ Juin 1854, la Compagnie ouvrait-elle une deuxième fosse à Hersin (319), au Sud de la première et sur des couches plus grasses. Son creusement fut facile et elle produisait déjà 37,269 hectolitres dans l'exercice 1855-56.

Les deux fosses produisent

En 1856,57......   835,819 hectolitres.
    1857-58......   1.160.135   »

L'écoulement de ces quantités déjà importantes se faisait en très-grande partie dans la localité, et le reste était conduit par voitures au canal à Béthune. Aussi la Compagnie se met-elle en mesure de construire un embranchement reliant ses deux fosses à la gare de Nœux de la ligne des houillères qui entre en exploitation en Octobre 1861. En même temps ses charbons sont expédiés par cette ligne à la gare de Béthune, où ils sont repris sur tombereaux pour être embarqués.

L'année suivante, en Novembre 1862, l'embranchement se prolongeait jusqu'à Beuvry, à l'extrémité d'un bout de canal de 3 kilomètres, creusé par la Compagnie.

Ces nouvelles voies procurent de nouveaux débouchés, et l'extraction de l'exercice 1862-1863 monte à près de 1,600,000 hectolitres.

Aussi décide-t-on l'ouverture d'une troisième fosse près de la gare de Nœux (320). Elle est commencée en 1863, et entre en exploitation en 1866.

On lui donne un diamètre de 4 mètre 60, afin de pouvoir y monter au besoin des pompes d'épuisement.

Elle est placée sur les houilles sèches à 13 à 14 % de matières volatiles.

Une quatrième fosse (321) est ouverte en 1866, au Sud, sur le faisceau des houilles gazeuses, tenant 40 % de matières volatiles.

Elle entre en exploitation en 1868, et contribue à augmenter le chiffre de la production qui atteint :

Dans l'exercice

1868-69......	2,394,595 hectolitres.
1869-70......	2,918,774 »

Avec ses quatre fosses, Nœux fournit :

En 1871......	280,000	tonnes.
» 1872 ...	380,000	»
» 1873......	437,000	»

Dans le courant de cette dernière année on installe un nouveau siège d'exploitation (322) à Barlin. Il se compose de deux puits de grande section, munis des appareils les plus complets, qui ont commencé à produire en 1875. Aujourd'hui, Nœux possède cinq sièges d'extraction, tous productifs, qui ont fourni en 1878 486,000 tonnes de houille, et peuvent présumablement donner 600,000 tonnes.

Concession. — A la suite des explorations si bien conçues, si bien conduites par M. de Bracquemont et des découvertes remarquables qu'elles avaient réalisées, la Compagnie de Vicoigne obtint par décret du 15 Janvier 1853 une concession de . . . . 6,528 hectares.

Après l'apparition de ce décret, et dès 1854, la Compagnie de Vicoigne présumant que le terrain houiller s'étendait au Sud de son périmètre, exécuta trois nouveaux sondages Nos 325, 326 et 327, en vue d'obtenir une extension de concession.

Cette extension lui fut accordée par décret du 30 Décembre 1857, elle comprenait . . 1,451 hectares.

Superficie totale . . 7,979 hectares.

La Compagnie de Vicoigne possède en outre dans le bassin du Nord :

1° La concession de Vicoigne, instituée par ordonnance du roi du 12 septembre 1841, en faveur des quatre Sociétés réunies, de l'Escaut, de Cambrai, de Bruille et d'Hasnon, d'une superficie de . . . .   1,320 hectares

2° La concession de Bruille accordée le 6 Octobre 1832, de   403   »

3° La concession de Château-l'Abbaye instituée le 17 Août 1836, de   916   »

Ces deux dernières acquises de la Compagnie de Bruille.

                                                    2,639 hectares.

Ensemble des concessions de la Compagnie de Vicoigne . . . .   10,618 hectares.

Les Compagnies de Vicoigne, de Lens et Dourges, eurent le projet d'une association ayant pour objet la réunion des trois concessions qu'elles sollicitaient, et la création d'une vaste entreprise s'étendant sur une superficie de 18,000 hectares. Elles adressèrent à cet effet en 1852 une demande au Gouvernement, qui la soumit aux enquêtes et à l'affichage pendant quatre mois dans les nombreuses communes intéressées.

Il se produisit beaucoup d'oppositions à ce projet de réunion des concessions, et comme le gouvernement avait à s'occuper en ce moment même de réclamations analogues qui s'étaient produites à l'occasion de la fusion des houillères de la Loire, la demande des Compagnies de Vicoigne, de Lens et de Dourges fut rejetée.

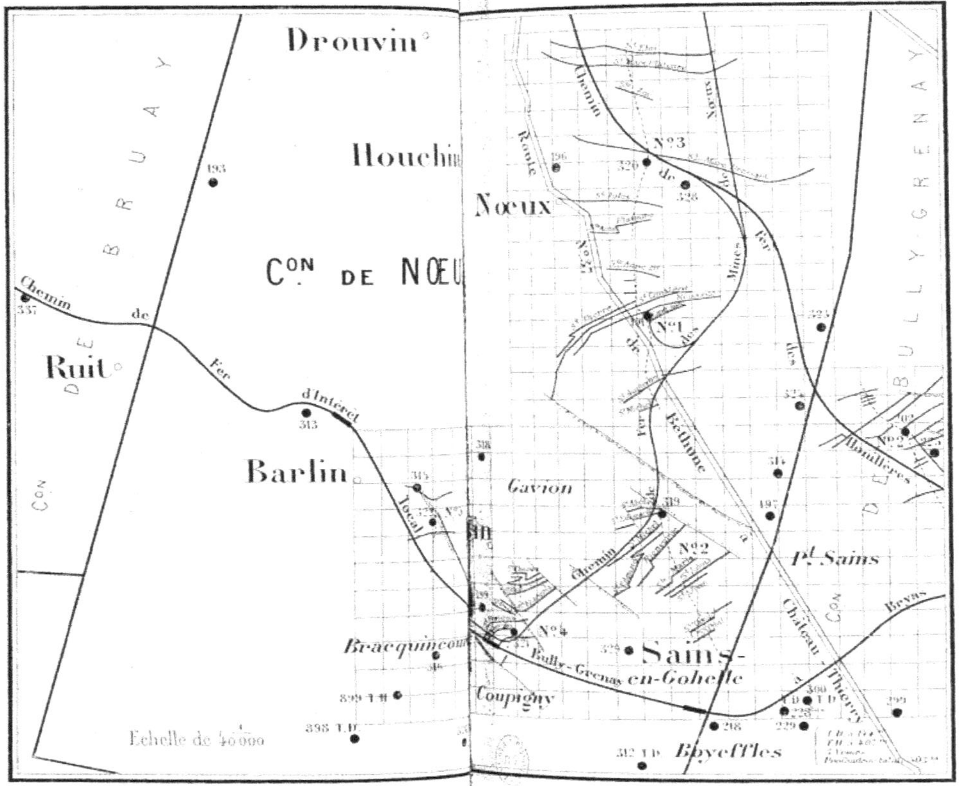

Gravé par Hausermann

Lille Imp. Danel

Production. — Le tableau suivant est extrait de la notice de M. Agniel, publiée à l'occasion de l'exposition de 1878.

ANNEES.	PRODUCTION			ANNÉES.	PRODUCTION		
	de Vicoigne.	de Nœux.	Ensemble.		de Vicoigne.	de Nœux.	Ensemble.
	Ton.	Ton.	Ton.		Ton.	Ton.	Ton.
1841	11.826	"	11.826	Report..	1.489.237	572.329	2.061.566
1842	42.754	"	42.754	1861	105.661	86.246	191.907
1843	46.265	"	46.265	1862	101.764	116.078	217.842
1844	68.110	"	68.110	1863	100.970	149.673	250.643
1845	63.265	"	63.265	1864	97.326	155.542	252.868
1846	40.900	"	40.900	1865	108.797	167.043	275.840
1847	71.978	"	71.978	1866	112.285	192.888	305.173
1848	62.077	"	62.077	1867	107.074	179.703	286.777
1849	61.645	"	61.645	1868	108.433	205.555	313.988
1850	63.377	"	63.377	1869	110.345	248.528	358.898
1851	63.130	"	63.130	1870	112.090	236.955	349.045
1852	65.673	9.128	74.801	1871	114.072	280.920	394.992
1853	79.148	31.148	110.296	1872	138.611	383.221	521.832
1854	93.966	44.393	138.359	1873	139.971	437.125	577.096
1855	116.676	55.723	172.399	1874	138.634	418.409	557.043
1856	115.248	65.276	180.524	1875	134.862	427.924	562.786
1857	110.796	93.348	204.144	1876	124.389	444.880	569.269
1858	112.510	102.327	214.837	1877	121.216	439.250	560.466
1859	95.426	85.641	181.067	1878	116.353	486.312	602.665
1860	104.467	85.345	189.812	"	"	"	"
A reporter	1.489.237	572.329	2.061.566	TOTAUX..	3.582.290	5.628.581	9.210.871

La première fosse de Nœux, entre en exploitation en 1852, et produit cette année 9,128 tonnes.

Son extraction s'élève graduellement et atteint 55,733 tonnes en 1855.

En 1856, on met en exploitation la fosse Nº 2, et la production s'élève à 65,276 tonnes.

Elle reste comprise entre 85,000 et 167,000 tonnes, jusqu'en 1865, année dans laquelle entre en exploitation la fosse Nº 3. Elle est de 205,555 tonnes en 1868.

Une quatrième fosse est mise en extraction en 1868.

La production monte à	248,353 tonnes	
Puis successivement à	280,920 »	en 1871
»	383,221 »	en 1872
Et de 418,000 à	444,000 »	pendant les années 1873 à 1877.

Une cinquième fosse est venu apporter son contingent à la production, qui atteint en 1878 le chiffre considérable de 486,312 tonnes.

En résumé les Mines de Nœux seules ont produit :

De 1852 à 1864......	572,329 tonnes.
» 1861 à 1870......	1,738,036 »
» 1870 à 1878......	3,318,041 »
Ensemble......	5,628,406 tonnes.

Gisement. — Les quatre premières fosses de Nœux ont été placées sur une ligne sensiblement perpendiculaire à la direction des couches. Elles ont exploré horizontalement une largeur de 5,500 mètres de terrain houiller, dans laquelle 37 couches exploitables ont été découvertes. Ces couches représentent des qualités de houille très-diverses ; elles tiennent depuis 18 jusqu'à 40 $^0/_0$ de matières volatiles. Leur épaisseur varie de 0^m40 à 1 mètre ; elle est en totalité de 23 mètres 70 soit en moyenne de 0^m64 [1].

_____

[1] Compte-rendu de M. de Bracquemont, en 1872.

CONCESSION DE
NOEUX

COUPE PASSANT PAR LA FOSSE DITE DE BRACQUEMONT

COUPE PASSANT PAR LA N°2 DITE DUPONT

Échelle : 1 à 5000

M. Agniel, dans la notice qu'il a publiée à l'occasion de l'exposition de 1878, porte à 39 le nombre des couches actuellement connues à Nœux, et leur épaisseur totale à 25 mètres 06, savoir :

Houille demi-grasse.........	5 couc.	—Épaiss.	3^m, »	—Mat. volatiles	15,80 %
» grasse à courte flamme.	15 »	— »	9^m, »	— »	24,20 »
» grasse maréchale.....	13 »	— »	$8^m,26$	— »	28,66 »
» sèche à longue flamme.	6 »	— »	$4^m,80$	— »	35,92 »

39 couc.—Épaiss. $25^m,06$.

Le gisement de Nœux est assez accidenté, ainsi qu'on pourra s'en rendre compte par les deux planches ci-jointes, savoir :

1° Le plan de la concession donnant la position des fosses et la trace des couches exploitées. Planche XII.

2° Les coupes verticales passant par les fosses N° 1 et 2. Planche XIII.

Pour compléter les indications précédentes, voici un tableau semblable à ceux qui ont été donnés pour Lens et Bully-Grenay, de l'épaisseur de la formation houillère explorée par les travaux de Nœux.

TABLEAU

donnant l'épaisseur et l'ordre de superposition des couches de houille
reconnues par les travaux de Nœux.

NOMS DES COUCHES de houille.	Épaisseur des couches de houille.	Épaisseur des terrains qui les séparent.	NOMS DES COUCHES de houille.	Épaisseur des couches de houille.	Épaisseur des terrains qui les séparent.
St-Georges ..	1m,40	15m,80	*Report*	14m,25	343m,45
St-Félix	1m,00		Veine Hayer	0m,50	6m,50
		33m,39	Veine Leduc	0m,65	12m,13
			Bien-venue..	0m,75	4m,30
St-François.	1m,83		Petite veine.	0m,50	6m,37
					24m,53
		54m,38	St-Benoît ..	0m,45	8m,42
			St-Édouard .	0m,70	17m,35
St-Paul.....	1m,40		St-Michel ..	0m,60	8m,63
		31m,78	St-Amédée..	0m,55	
					61m,37
Ste-Cécile ..	1m,05	8m,05			
St-Thomas..	0m,85	11m,30	St-Casimir..	0m,70	9m,05
2e Nelle veine	0m,55	11m,45	St-Augustin	1m,20	11m,15
St-Léon....	0m,55	10m,51	St-Roch....	0m,50	12m,25
Nouv. veine.	0m,42		Ste Hortense	1m,00	
		41m,42		22m,35	525m,80
St-Jean ...	0m,75	17m,32	Interruption	.....	.....
St-Louis ..	0m,60	25m,40	Espérance ..	0m,70	18m,35
Ste-Marie..	0m,50	7m,48	Réussite ...	0m,60	7m,20
St-Arthur ..	0m,55	14m,40	St-Constant.	1m,00	11m,25
St-Ernest ..	0m,65	11m,10	St Eugène..	0m,50	11m,35
St-Victor...	1m,15	5m,17	St-Pierre. ..	0m,80	
St-André ..	0m,50				41m,35
		44m,50	St-Alexandre	0m,50	13m,40
St-Laurent .	0m,50		St-Théodore	0m,70	
A reporter..	14m,25	343m,45	*A reporter..*	27m,15	628m,70

SUITE DU TABLEAU

donnant l'épaisseur et l'ordre de superposition des couches de houille
reconnues par les travaux de Nœux.

NOMS DES COUCHES de houille.		Épaisseur des couches de houille.	Épaisseur des terrains qui les séparent.	NOMS DES COUCHES de houille.	Épaisseur des couches de houille	Épaisseur des terrains qui les séparent.
Report ..		27^m,15	628^m,70			
			27^m,15			
St-Antoine..		1^m,00	12^m,23			
St-Henri ...		0^m,55	12^m,42			
St-Philippe .		0^m,60	10^m,40			
St-Charles..		0^m,60				
			32^m,40			
Ste-Anne...		0^m,60				
			44^m,35			
Ste-Clotilde.		0^m,70				
			25^m,35			
Veine N° 7..		0^m,60				
			22^m,10			
St-Jules....		1^m,20				
		33^m,00	815^m,10			
Interruption.	......	......				
St-Marc....		0^m,55				
			30^m,42			
St-Éloi.....		0^m,60				
			60^m,15			
Ste-Barbe ..		1^m,10				
Ste-Désirée .		1^m,00	9^m,95			
Ensemble..		36^m,25	915^m 62			
		951^m,87				

Ainsi, à Nœux, on a reconnu la formation houillère sur une épaisseur, normale aux strates, de 951 mètres 87. On y a découvert 48 couches de houille de 0m42 à 1 mètre 83, formant ensemble un massif de charbon de 36 mètres 25. — L'épaisseur moyenne des couches est donc de 0m75. — Ces chiffres diffèrent de ceux donnés par M. Agniel dans sa notice de l'exposition, soit qu'il ait été fait de nouvelles découvertes ou un nouveau classement des couches depuis la publication de cette notice, soit que M. Agniel n'ait compté que les couches réellement exploitables fructueusement.

Quoiqu'il en soit, il résulte des tableaux ci-dessus qu'à Nœux, il existe :

1° Une couche de houille de 0m75 de puissance par chaque 20 mètres d'épaisseur de terrain houiller ;

2° Un massif de houille de 3 mètres 80 d'épaisseur par 100 mètres d'épaisseur de formation houillère.

Chemin de fer — Canal. — Jusqu'à l'ouverture du chemin de fer des houillères, qui eut lieu en Octobre 1861, la Compagnie de Nœux ne pouvait écouler ses produits que dans la localité, par voitures ; une faible partie était conduite par tombereaux à Béthune pour être embarquée sur le canal.

Elle s'occupa bientôt de relier ses fosses et à la nouvelle ligne des houillères et au canal. Un décret du 26 Mai 1860 autorisa l'établissement d'un premier embranchement de 3,600 mètres aboutissant à la gare de Nœux. Il fut construit par la Compagnie du Nord, moyennant le remboursement des dépenses en 10 annuités de 26,496 fr. 76 chaque. Il fonctionna à l'ouverture de la ligne des houillères en Octobre 1861.

Il permit d'envoyer, par wagons, directement à la station de Béthune une partie de charbons qui étaient ensuite repris par tombereaux pour être embarqués.

Un décret du 17 Avril 1861 avait aussi autorisé la Compagnie de Nœux à construire un canal entre Nœux et le canal d'Aire à la Bassée. Mais il ne fut donné suite qu'en partie à ce projet reconnu d'une exécution difficile. Le canal fut arrêté à Beuvry, à 3 kilomètres du point de départ, où l'on établit un rivage et le chemin de fer de la Compagnie fut continué, sur 4,800 mètres, jusqu'à ce rivage conformément à une autorisation donnée par un décret du 18 Juin 1862.

L'établissement de ces voies de communication et l'achat du matériel nécessaire à leur service, occasionnèrent une dépense importante savoir :

1° Embranchement jusqu'à la gare de Nœux, construit par la Compagnie du Nord, payable partie par annuités. .	297,595 fr.	64
2° Embranchement jusqu'à Beuvry....................	427,938	20
3° Canal de Beuvry..............................	258,590	15
4° Locomotives, wagons, etc.	222,196	41
Total des dépenses au 31 octobre 1862......	1,206,320 fr.	40

M. de Bracquemont appliqua tout d'abord un chargement des bateaux très-simple et qui a donné de bons résultats. Les charbons sont chargés directement aux fosses dans des caisses posées sur un truc qui arrive devant le bateau à charger. Ces caisses pivotantes sont soulevées par une grue à vapeur et versent par une trémie sans choc leur contenu dans le bateau. Cette disposition excellente, employée pour la première fois à Nœux, a été appliquée partout avec le plus grand succès, avec quelques modifications.

En 1867, la Compagnie relia la fosse N° 4 aux embranchements précédemment construits. Cette nouvelle voie, d'une longueur de 2 kilomètres, coûta . . . . 135,222 fr. 82.

Cette voie a été depuis lors prolongée jusqu'au puits N° 5, et soudée au nouveau chemin de fer de Bully à Bryas.

Tous les embranchements des Mines de Nœux présentent ensemble un développement de plus de 24 kilomètres [1].

Ils sont desservis par 7 locomotives de 30 tonnes en charge, et 179 wagons.

On a vu qu'au 31 Octobre 1862, la Compagnie avait dépensé pour l'établissement de ses chemins de fer et de son canal fr. 1,206,320,40

que l'embranchement de la fosse N° 4 en 1867 avait coûté fr.. 135,222,82

à cette somme de fr. 1,341,543,22

[1] Notice de M. Aguiel. — 1878.

il faut ajouter les voies de la fosse du N° 5, celles joignant le chemin de Bully à Bryas, et enfin l'augmentation du matériel nécessitée par l'accroissement de l'extraction et par suite des expéditions, et on arrive à ce résultat final que la Compagnie de Nœux a consacré de 1,600,000 à 1,700,000 fr., pour relier ses fosses aux grandes voies de transport.

Matériel — Outillage. — Comme complément de ce qui a été dit des installations des Mines de Nœux, voici quelques indications sur l'importance du matériel et de l'outillage que comporte l'exploitation de ces Mines.

Machines 5 pour l'extraction d'une force totale de 750 chevaux.
"   8 pour ventilation   "   285   "
"   7 pour alimentation   "   46   "
1 pour compression d'air   "   150   "
"   3 pour fonçage de puits   "   240   "
"   1   "   "   0   "

25 machines représentant une force de 1,471 chevaux.

Ces machines reçoivent la vapeur de 27 générateurs présentant ensemble une surface de chauffe de 1,835 mètres carrés.

Ventilateurs Guibal :

3 de 7 m. 50 de diamètre et 1 m. 70 de largeur.
4 de 9 m.   "   "   2 m. 50   "

Ventilateur Fabry, 1.

L'épuisement des eaux se fait uniquement par des caisses en tôle que l'on introduit dans les cages d'extraction. Les travaux donnent très-peu d'eau, 9,600 hectolitres par 24 heures pour l'ensemble des puits.

Un puissant compresseur d'air, établi près de la fosse N° 1, envoie par des tuyaux de conduite l'air comprimé sur plusieurs puits pour faire fonctionner les perforateurs qui creusent les galeries à travers bancs.

L'entretien, la réparation de toutes ces machines, du matériel de chemins de fer, et de tout l'outillage nécessaire à une grande exploitation, s'exécute dans un atelier central, muni de bons outils, que fait mouvoir une machine Corliss de 30 chevaux. Près de l'atelier central se trouvent la maison d'administration et les habitations des chefs de service.

Prix de Revient. — Au début de l'exploitation de Nœux, le prix de revient était très-bas. — Le prix de vente était très-élevé, puisqu'il n'existait dans les environs aucune exploitation concurrente, et que les charbons de Nœux de très bonne qualité remplaçaient des charbons ayant eu à supporter des frais de transport élevés. Aussi la Compagnie réalisa-t-elle dès l'origine des bénéfices importants et qui lui permirent de faire face aux dépenses considérables de ses nouvelles installations. Bien plus, les produits de Nœux, auxquels s'ajoutaient ceux de Vicoigne, permirent à la Compagnie de prendre un intérêt, ainsi qu'il a été dit précédemment, dans les Mines de Dourges et de Lens, puis de Ferfay et de consacrer des capitaux à la création des travaux de ces Mines. Il est vrai qu'après le décret de 1852, ces capitaux furent remboursés à la Compagnie de Vicoigne-Nœux ; mais elle conserva néanmoins 200 actions de 1,000 fr. de Ferfay qu'elle avais souscrites à l'origine.

Lorsqu'en 1874 ces actions montèrent à 5,000 fr., la Compagnie de Vicoigne les vendit, et réalisa par cette vente un bénéfice important qui vint s'ajouter aux bénéfices de ses exploitations.

Les états de redevances donnent les prix de revient des Mines de Nœux pour 1873 et 1874, savoir :

>   1873......   10 fr. 41 par tonne.
>   1874......   10   62   »

Ces prix comprennent seulement les dépenses d'exploitation, et non les dépenses de travaux d'établissement qui pour les deux années ci-dessus ont été respectivement de 2 fr. 02 et 3 fr. 44 par tonne.

Prix de Vente. — La fosse de Nœux entra en exploitation dès 1852, avant toutes les autres houillères du nouveau bassin.

Ses charbons étaient gras, et de très bonne qualité. Ils furent de suite très-recherchés, et purent être livrés à des prix élevés, en concurrence avec les charbons du Nord et de la Belgique grevés de frais de transport assez considérables.

Le prix moyen de vente des charbons de Nœux fut de 1852 à 1854 de 15,60 à 16 fr. 30 la tonne.

Il s'éleva en 1855 et 1856 années de grande demande de charbons à   19 fr. la tonne.
Il varie de 1857 à 1862 de . . . . 16 fr. 50 à   15

Cependant les autres houillères jettent sur le marché des quantités importantes, et les prix de vente moyens descendent de 1863 à 1865, à 14 fr. et même à 13 fr. la tonne.

En 1866 et 1867 survient une nouvelle période de grande demande de houilles.

Au mois d'Avril 1866, les prix courants étaient :

> Gros . . . .   2 fr. 25 l'hectolitre.
> Moyen   1   60   »

Au mois de Novembre de la même année ils sont :

> Gros . . . .   2 fr. 40 l'hectolitre.
> Moyen   1   90   »

Sur ces prix, il est accordé, dans certains cas et pour des marchés importants une remise ou prime de 5 à 10 centimes.

> Les prix moyens remontent à . .   14 fr. 50 la tonne.
> Et atteignent même.   17   25 en 1867
> Ils redescendent à   14   25 en 1868
> Et à.   12   80 en 1869

prix le plus bas auquel Nœux ait jamais vendu ses charbons.

> En 1870 le prix moyen est de . .   13 fr.
> Et en 1871 de.   14

Vient la crise houillère qui fait monter les combustibles à des prix extraordinaires. Le prix moyen est loin d'atteindre aux cours cotés ; cependant il atteint :

> 15 fr. 77 en 1872
> 19   87 en 1873
> 20   72 en 1874

A partir de cette dernière année, les prix moyens descendent successivement, pour tomber en 1877 à 14 fr. 58, et en 1878, à 13 fr. 90 la tonne.

Voici les prix courants des houilles de Nœux au mois de Septembre 1877 :

Tout-venant, forte composition.........	16 fr. »	la tonne.	
» ordinaire	15	»	»
Petit tout-venant des fosses Nº 3 et 4....	14	»	»
Menu, gailleteux criblé à 4 cent........	12	50	»

Les prix sont aujourd'hui bien inférieurs ; cependant ils sont en général plus élevés que ceux des autres houillères voisines.

Débouchés. — Les rapports des Ingénieurs des Mines fournissent les renseignements suivants sur la vente des houilles de Nœux.

1877. — Extraction :

Gros	4,756	tonnes
Tout-venant.	403,816	»
Escaillage.	30,678	»
Total......	439,250	tonnes

Vente :

Dans le Pas-de-Calais	77,645	tonnes.
Dans le Nord	93,623	»
Hors du Nord et du Pas-de-Calais.	239,520	»
	410,788	tonnes
Consommation de la mine....................	36,482	»
Total......	447,270	tonnes.

Modes d'expéditions :

Par voitures.........	5,728	tonnes.
» bateaux....	160,994	»
» chemin de fer.......	244,066	»
Total......	410,788	tonnes.

1878. — Modes d'expéditions :

Par voitures..........	7,361	tonnes.
» bateaux...........	187,025	»
» chemin de fer.......	253,605	»
Total......	447,991	tonnes.

Extraction :

Gros	3,330	tonnes.
Tout-venant.	448,184	»
Escaillage	34,798	»
Total......	486,312	tonnes.

Vente :

Dans le Pas-de-Calais.........	84,735	tonnes.
Dans le Nord.................	94,363	»
Hors du Nord et du Pas-de-Calais.	268,893	»
	447,991	tonnes.
Consommation à la mine.....	38,480	»
Total......	486,471	tonnes.

Nœux a expédié par bateaux :

En 1877......	36 %	de son extraction.
» 1878......	38 %	»

et par chemins de fer :

En 1877......	55 %
» 1878......	52 %

Ouvriers. — Les états de redevances donnent les chiffres suivant pour le nombre d'ouvriers employés aux Mines de Nœux, et leur production individuelle à partir de 1853 jusqu'en 1869.

Années.	Nombre d'ouvriers.	Production annuelle d'un ouvrier.	
1853....	275	113	tonnes.
1854....	"	"	"
1855....	420	132	"
1856....	628	103	"
1857....	679	137	"
1858....	698	146	"
1859....	699	122	"
1860....	632	135	"
1861....	667	129	"
1862....	748	155	"
1863....	1,041	143	"
1864....	995	156	"
1865....	1,222	136	"
1866....	1,240	155	"
1867....	1,438	125	"
1868....	1,589	129	"
1869....	1,610	154	"

Dans cette période de 16 ans, la production annuel de l'ouvrier varie de 103 à 156 tonnes ; elle est en moyenne de 136 tonnes.

La répartition du personnel était

En 1867. — Au fond.... 1,141 ouvriers, produisant 157 tonnes.
         Au jour.... 297   "   "   "

                 1,438 ouvriers, produisant 125 tonnes.

Et en 1869.— Au fond.... 1,370 ouvriers, produisant 181 tonnes.
         Au jour.... 240   "   "   "

                 1,610 ouvriers, produisant 154 tonnes.

Sur les 1438 ouvriers occupés au fond et au jour en 1867, il y avait :

         119 filles de...... 11 à 18 ans.
         195 garçons de ... 10 à 16 "

     Ensemble.. 314 enfants ou plus de 20 %

Des 195 garçons de 10 à 16 ans,

         173 étaient employés au fond.
         22   "   "   jour.

Quand aux 119 filles de 11 à 18 ans,

76 étaient employées au fond.
43   »   »   jour.

On remarquera ce grand nombre d'enfants et surtout de filles, employés par les Mines de Nœux. La création de ces Mines dans une contrée peu peuplée alors, où les bras faisaient complètement défaut, la nécessité de former petit à petit un personnel en rapport avec le développement des travaux, sont des considérations qui expliquent l'emploi des enfants sur une si grande échelle. Toutefois, l'emploi des filles au fond était un fait regrettable à tous les points de vue, et qui n'était appliqué qu'exceptionnellement dans quelques autres houillères, et même proscrit depuis longtemps dans les anciennes exploitations du Nord.

La Compagnie de Vicoigne n'a pas attendu la publication de la loi, qui défend d'employer les filles dans les travaux souterrains, pour cesser un usage qu'elle subissait avec regret, et aujourd'hui il ne descend plus de filles dans aucune exploitation du Nord et du Pas-de-Calais.

M. Agniel, dans la notice publiée à l'occasion de l'exposition de 1878, donne le tableau suivant du personnel occupé dans les Mines de Vicoigne et de Nœux à partir de 1870.

ANNÉE	VICOIGNE.			NŒUX.			ENSEMBLE.
	Fond.	Jour.	TOTAL.	Fond.	Jour.	TOTAL	
1870	426	174	600	1.329	249	1 578	2.178
1871	503	105	608	1.484	340	1.824	4.432
1872	506	96	602	1.711	305	2.016	2.618
1873	561	111	672	1.883	331	2.214	2.886
1874	592	129	721	2.184	398	2.582	3.303
1875	678	133	811	2.234	445	2.679	3.490
1876	574	131	705	2.315	439	2 754	3.459
1877	532	123	655	2.362	514	2.876	3.531
1878	»	»	»	2.076	455	2.531	»

Pour l'année 1872, le personnel employé dans l'exploitation de Nœux se répartissait ainsi : ([1])

Porions et surveillants	29
Ouvriers à la veine.	629
Ouvriers en bowettes, recherches, etc	109
Raccomodeurs, raucheurs, Maçons	113
Moulineurs et chargeurs à l'accrochage . . .	42
Hercheurs, chargeurs aux tailles, et conducteurs de chevaux.	320
Ouvriers de la coupe à terre, et galibots . . .	412
Machinistes, chauffeurs, divers.	64
	1,711
Ouvriers du jour.	305
Ensemble.	2,016

Il résulte des chiffres de M. Agniel, donnés ci-dessus, que la production annuelle de l'ouvrier a été de 1870 à 1877.

	Du fond.		Du fond et du jour.	
1870. . . .	178	tonnes.	150	tonnes.
1871. . . .	189	»	154	»
1872. . . .	224	»	190	»
1873. . . .	232	»	197	»
1874. . . .	191	»	162	»
1875. . . .	191	»	159	»
1876. . . .	192	»	161	»
1877. . . .	186	»	153	»
1878. . . .	234	»	192	»
Moyennes. .	202	tonnes.	169	tonnes.

La moyenne de la production annuelle de la totalité des ouvriers de Nœux n'était de 1853 à 1869 que de 136 tonnes. Elle est de 1870 à 1877 de. 169   »

Augmentation. . . 33 t. ou 23 %

pendant les neuf dernières années.

Les variations considérables que l'on observe d'une année à l'autre tiennent à deux circonstances particulières :

(1) Compte-rendu de M. Bracquemont. — 1872

1° La plus ou moins grande activité de la vente. et par suite de l'extraction.

2° La plus ou moins grande impulsion donnée aux travaux préparatoires.

Ainsi en 1872 et 1873, années de grandes demandes de houille, on réduit au strict nécessaire les travaux préparatoires, on met tous les ouvriers à l'exploitation proprement dite, et l'ouvrier prolonge son temps de travail de manière à gagner le plus possible. Les années suivantes, il y a réduction de la demande; il y a nécessité de reprendre les travaux préparatoires; on chôme certains jours, on limite le travail, et la production de l'année diminue.

Salaires — Aux débuts de l'entreprise de Nœux, en 1850. le prix de base de la journée de l'ouvrier mineur était de 2 fr. 50 seulement.

Il fut porté successivement à Nœux comme dans toutes les houillères du Nord.

En	1851	à 2 fr. 75
»	1866	à 3 »
»	1872	à 3 25
»	1873	à 3 50

Ainsi de 1854 à 1874, en 10 ans, le prix de la journée de l'ouvrier mineur augmente de 1 fr. ou de 40 %.

Les prix ci-dessus ne sont que des prix de base pour la fixation de la tâche, et sont très inférieurs aux salaires réellement gagnés par les mineurs. Ainsi, en 1869, alors que le prix de base était de 3 fr,, le salaire moyen des mineurs à marchandage était de 3 fr. 83. En 1873 et 1874, avec le prix de base de 3 fr. 50, le salaire moyen est monté comme du reste dans toutes les houillères du Nord à 5 fr., 5 fr. 50 et même 6 francs.

Voici, d'après les rapports des Ingénieurs, l'importance des salaires payés par les Mines de Nœux , en totalité et par ouvrier

	Salaire total.	Salaire par ouvrier
1869....	1,366,060 fr.	848 fr.
1871....	1,742,548 »	955 »
1872....	3,356,395 »	1,131 »
1873....	»	1,352 »
1874....	»	1,173 »
1875....	»	1,005 »
1877....	2,575,337 »	895 »
1878....	2,457,022 »	970 »

Le maximum des salaires de l'ouvrier a été atteint en 1873 , alors que la production était poussée à outrance, et que l'ouvrier travaillait le plus possible. Avec la réduction de la demande de houille, le travail a été limité, ou a chômé souvent un jour par semaine , et le gain de l'ouvrier a beaucoup diminué.

Maisons d'Ouvriers. — Pour attirer le personnel nécessaire à ces travaux , la Compagnie de Nœux dut immediatement construire des maisons pour le loger.

En 1858, elle possédait déjà 218 maisons. Ce chiffre était porté à 424 en 1867 ; et en 1878 il est de 800.

La notice de M. Agniel fournit les renseignements suivants sur ces 800 maisons.

Surface des terrains qu'elles occupent...... 16 hect. 98 ares 76 cent.
Surface moyenne du terrain d'une maison ..   2 » 12 »

Dépenses d'établissement :

Valeur du terrain	257,333 fr. 81	par maison	321 fr. 65
Dépenses de construction	1,902,552 24	»	2,378 19
Ensemble....	2,159,866 fr. 05	par maison	2,699 fr. 84

Ces maisons sont louées à raison de 4 et 5 fr. par mois, suivant leur grandeur. Défalcation faite des frais d'entretien et des contributions , leur loyer représente à peine 1 fr. 66 % d'intérêt du capital engagé.

Dans son compte rendu du 5 Mai 1872, M. de Bracquemont

évaluait à 3,7 le nombre d'ouvriers logés par chaque maison. Ce nombre est très-élevé, double de celui 1,70, constaté dans l'Enquête sur les habitations des Mines du Nord et du Pas-de-Calais. (¹) Il comprend sans doute un grand nombre d'ouvriers étrangers, célibataires, prenant leur pension dans les familles occupant ces maisons.

En admettant que chacune des 800 maisons des Mines de Nœux contient 2 et même 2,5 ouvriers, la Compagnie logerait 1,600 à 2,000 des personnes qu'elle occupe soit de 55 à 69 %, de son personnel.

Œuvres en faveur des Ouvriers. — Une école était fondée dès 1855 pour l'instruction des enfants des ouvriers. En 1867, on dépensait 67,969 fr. 49 pour construire une nouvelle école de filles, tenue par les Sœurs de charité; l'ancienne était transformée en école de garçons dirigée par les frères Maristes.

Une deuxième école de filles fut fondée à Hersin.

Ces trois écoles recevaient en 1872 près de 1,150 enfants, et à cette époque il avait été dépensé d'après M. de Bracquemont, près de 200,010 fr. pour leur établissement.

Depuis, la Compagnie a construit à Nœux une magnifique Église, desservie par un prêtre spécial.

Deux caisses de secours existent à Vicoigne et à Nœux. Elles sont alimentées par une retenue obligatoire pour tous les ouvriers, de 3 % sur leurs salaires, et une cotisation de la Compagnie du montant total des salaires payés par elle.

Pendant l'exercice 1876-77, le mouvement de ces caisses, Recettes et Dépenses, a été : (²)

Recettes :

Cotisation	133,642 fr	04
Amendes	6,710	60
Intérêt des fonds	6,453	33
Total des recettes	146,805 fr.	97

(1) Enquête sur les habitations, les écoles et le degré d'instruction de la population ouvrière des mines de houille des bassins du Nord et du Pas-de-Calais. — 1871.

(2) Notice de M. Agniel. 1878.

Dépenses :

Instruction.	36,212 fr. 54
Secours en argent	53,245 08
Pensions.	23,463 99
Médecins.	8,040 »
Médicaments et secours alimentaires. .	39,139 29
Funérailles et divers.	4,402 30
Total des dépenses	164,503 fr. 20
Il reste en caisse au 30 juin 1877	101,734 fr. 86

dont 96,100 fr. sont représentés par des rentes sur l'État.

Une succursale de la caisse d'épargne de Béthune a été établie à Nœux. Ses opérations sont encore peu importantes. Ainsi, au 31 Décembre 1877, elle avait 314 livrets ouverts pour une somme de 19,388 fr. 18 ; la moyenne de chaque livret n'était que de 61 fr. 74.

Une Société coopérative a été fondée à Nœux au commencement de 1876. Après des débuts laborieux elle comptait, au 20 Mars 1878, 380 actionnaires possédant chacun une action de 50 fr.

Le Bilan arrêté au 31 Décembre 1877 a donné les résultats suivants pour le dernier exercice.

Actif :

Frais d'installation et mobilier.	9,700 fr. 10
En caisse au 31 décembre 1877.	1,148 74
Inventaire des magasins.	50,872 50
Retard sur capital.	4,624 06
Retard de paiement sur marchandises.	16,386 46
Vente non soldée de la 2e quinzaine de décembre	10,261 55
Comptes débiteurs.	600 63
Total de l'actif	93,594 fr. 04

Passif :

Capital	20,000 fr. »
Comptes créditeurs	13,810 15
Banquiers.	39,382 29
Compte de réserve.	2,443 08
Amortissement de l'installation	1,000 »
Amortissement sur créances douteuses	3,100 »
Total du passif	79,735 52
Balance ou bénéfice	13,858 fr. 52

Ce bénéfice a été réparti ainsi :

Intérêt au capital versé.	384 fr. 40
74 % parts aux actionnaires.	9,431 88
20 % » à la réserve	2,694 82
10 % » en gratification au personnel du magasin.	1,347 42
Total égal.	13,858 fr. 52

Les actionnaires ont reçu un dividende correspondant à 7 % environ de leurs achats.

Le chiffre d'affaires s'élève à près de 1,000 fr. par jour. (¹)

Dividendes. — L'exploitation de Nœux commence à produire d'abord 9,000 tonnes en 1852, puis 31,000 en 1853, et des chiffres successivement plus élevés les années suivantes.

Jusqu'alors seuls les produits de l'exploitation de Vicoigne servirent les dividendes distribués aux 4,000 actions émises. Ces dividendes furent de

65 fr.	»	en	1844
93	05	»	1845
73	»	»	1846
60	»	»	1847
50	»	»	1848
55	»	»	1849
70	»	»	1850 à 1852
90	»	»	1853

A partir de 1853, les travaux de Nœux donnent des bénéfices qui s'ajoutent à ceux de Vicoigne, et la Compagnie distribue :

125 fr.	en	1854
150	»	1855
200	»	1856 et 1857
230	»	1858
240	»	1859

En 1860, la production est :

A Vicoigne de.	104,467 tonnes.
A Nœux de..	85,345 »
Ensemble. . . .	189,812 tonnes.

et le dividende distribué est de 200 fr.

(1) Notice de M. Agniel.

Il reste à ce taux jusqu'en 1865.

En 1866, l'extraction dépasse 300,000 tonnes et le dividende monte à 225 fr.

Il s'élève à 250 fr. pendant chacune des trois années 1867, 1868 et 1869 ; mais la guerre de 1870 le fait descendre à 150 fr.

Le dividende est en 1871 de 250, en 1872 de 350 et en 1873 de 600 fr.

Pendant la crise houillère, les prix des charbons montent à des taux excessifs ; Vicoigne-Nœux, comme toutes les houillères de la région, augmente son extraction, et réalise des bénéfices considérables.

Le même fait se produit en Belgique, en Angleterre et en Allemagne. Aussi les dividendes afférents aux exercices 1873-74 à 1874-75, répartis en 1874-1875 s'élèvent-ils à 1000 fr.

Avec la baisse des prix des houilles, ces dividendes tombent à 800 francs en 1876, puis à 600 en 1877 et 1878.

La Compagnie de Vicoigne est, de toutes les Compagnies houillères du Pas-de-Calais, celle dont les dividendes se sont le mieux maintenus pendant ces trois dernières années, grâce aux réserves qu'elle avait faites pendant les années heureuses, à des réalisations de bénéfices sur diverses valeurs et enfin au développement de sa production.

Il importe de ne pas perdre de vue que les dividendes distribués à partir de 1853, proviennent tant des bénéfices de l'exploitation de Vicoigne que de celle de Nœux. Il est difficile d'établir la part de ces dividendes afférente à chacune des deux exploitations ; celle de Nœux, surtout dans les dix dernières années est de beaucoup prépondérente, et on peut admettre qu'elle y entre pour 3,4 et même 5, quand celle de Vicoigne y entre pour 1.

Valeur des Actions. — On a vu que le capital de la Société se compose de 4,000 actions de 1,000 fr. sur lesquels 600 fr. seulement ont été versés.

Ces actions se vendaient :

        En 1844 et 1845 à..... 1,600 fr.
         » 1846 1,800
         » 1847 1,700

La révolution de Février 1848 les fait tomber à 1,300 fr. et même à 1,200 fr.

Elles remontent à 1,400 fr. en 1850 et 1851, puis à 1,600 fr. en 1852, après la découverte du charbon à Nœux.

Le succès de la 1re fosse de Nœux porte les actions à 2,300 fr.

En 1853 et 1854, il se fait des ventes à 2,600 fr. ; et en 1855 à 3,000 fr.

A partir de 1856 et jusqu'en 1861, le prix des actions de Vicoigne-Nœux varie entre 4,400 et 4,800 fr.

De 1862 à 1866, il tombe à 4,100 fr. Il remonte en 1867 à 4,600, puis à 4,800 fr. en 1868.

Les actions montent ensuite petit à petit à :

	5,200 fr.	en	1869
	5,600	»	1870 et 1871
et atteignent	6,500	»	août 1872
»	7,500	»	décembre 1872
»	11,000	»	mai 1873
»	15,000	»	décembre 1873

Stationnaires à 15,000, 15,500 fr. pendant les six premiers mois de 1874, elles montent brusquement à

22,750 fr.	en	juillet
26,500	»	août

et restent à ce dernier prix jusqu'en Février 1875.

Elles s'élèvent en Mars et Avril 1875 :

A 31,500 fr.	puis redescendent petit à petit	
» 25,000	au commencement de 1876	
» 20,000	en juin	»
» 15,000	à la fin de	»

Depuis lors, leur valeur reste comprise entre 16,500 et 15,000 fr. et aujourd'hui (Octobre 1879), elles se vendent encore a la Bourse de Lille à 17,000 et 17,500 fr.

Emprunt en 1864. — La Compagnie de Vicoigne avait fait face aux premiers travaux de Nœux au moyen de sa réserve statutaire, 400,000 fr. ; puis elle avait développé son exploitation au moyen des bénéfices assez importants qu'elle réalisait sur sa production, grâce à un prix de vente élevé de ses produits. Enfin la Compagnie d'Anzin lui avait fait des avances pour l'établissement de nouveaux travaux.

En 1864, cette dernière Compagnie demanda le remboursement de ces avances, et la Compagnie de Vicoigne, qui avait alors des dépenses assez considérables à faire pour un chemin de fer et un canal, fit décider par l'assemblée générale du 31 Oct. 1864, un emprunt de 1,600,000 fr.

Il fut réalisé par l'émission de 4,000 obligations au porteur, de 400 fr. chacune, rapportant 6 % d'intérêt et remboursables à 450 fr. en seize années et par voix de tirage au sort, dont le premier aurait lieu en 1866.

Ces obligations étaient remises de préférence aux actionnaires à raison d'une obligation par action.

Dépenses de premier établissement. — La Compagnie de Vicoigne ne publie pas les rapports et bilans qu'elle présente aux assemblées générales annuelles de ses actionnaires. Il n'est donc pas possible d'établir exactement les dépenses qu'elle a faites pour la création de son exploitation de Nœux. Toutefois, on peut avoir un aperçu de ces dépenses d'une manière assez approximative, par le rapprochement de quelques articles de ces dépenses donnés dans diverses notices, et par comparaison avec celles que l'on possède sur d'autres houillères placées dans des conditions analogues.

On peut estimer à 15,000 fr. l'un, en moyenne le prix coûtant de 23 sondages d'exploration exécutés par la Compagnie de Nœux; de ce fait c'est une dépense de . . . . . . 345,000 fr.

Des détails donnés précédemment sur l'établissement des divers embranchements des chemins de fer et du canal de Beuvry, on a conclu qu'il avait été consacré de 1,600,000 à 1,700,000 fr. pour relier les fosses aux grandes voies de communication, soit . . . . 1,650,000 »

D'après la notice de M. Agniel, la construction de 800 maisons d'ouvriers, y compris l'achat des terrains sur lesquels elles sont érigées a coûté. . 2,159,886 »

A *reporter*. . . . 4,154,886 fr.

Report. . . . 4,154,886 fr.

En Église, écoles, maison d'administration, habitations des principaux employés, bureaux, ateliers, magasins, etc ; il a été dépensé au moins.   900,000 »

Nœux a 5 sièges d'exploitation, dont 2 composés chacun de 2 puits. Si l'on prend, comme termes de comparaison, les frais d'établissement de 15 siéges donnés dans les bilans de 3 des principales houilléres du Pas-de-Calais. Bully-Grenay, Bruay, Marles, on voit que ces frais d'établissement, comprenant achats de terrain, creusement de puits, batiments, machines, outillage montent en moyenne, à 1,287,561 fr.

On aurait donc dépensé à Nœux pour l'établissement de 5 sièges d'exploitation . . . . 6,437,805 »

Ensemble. . . 11,492,691 fr.

A ce chiffre, il faut ajouter pour fonds de roulement, comprenant : approvisionnements en magasins, stocks de charbon, outillage divers, créances sur livraisons de charbons, caisse, portefeuille et dépôts chez les banquiers pour faire face aux paiements des salaires, etc ; au moins.   . 2,500,000 »

Total. . . 13,992,691 fr.

soit en chiffres ronds 14 millions, pour le capital engagé dans la création des Mines de Nœux. (¹)

L'extraction de Nœux a été en 1878 de 486,312 tonnes ; le capital dépensé pour obtenir cette extraction étant de 14 millions de fr., on voit que ce capital correspond à 28 ou 29 fr. par tonne produite annuellement.

On a vu que la Compagnie de Vicoigne-Nœux possède, outre son exploitation de Nœux, celle de Vicoigne qui produit environ 120,000 tonnes par an. On possède peu de détails sur les dépenses faites pour créer cette dernière exploitation qui est déjà ancienne,

_____

(1) Ce chiffre serait, d'après divers renseignements, dépassé aujourd'hui et s'élèverait à 16 millions.

puisqu'elle remonte à 1840. Le montant de ces dépenses est
certainement d'au moins 6 millions, de sorte que le capital
de la Compagnie de Vicoigne-Nœux représente, en dépenses
de premier établissement, 20 millions, et même 22 millions.

La production des deux exploitations de Vicoigne et de Nœux
a atteint 602,665 tonnes en 1878. Le capital engagé dans ces deux
exploitations est donc de 3 à 3 1/2 millions de fr. par
100,000 tonnes extraites, ou 30 à 35 fr. par tonne.

On voit par ces chiffres ce que coûte la création d'une houillère
importante, et que le succès des entreprises de ce genre, lorsque
ce succès arrive, est bien légitimement acquis.

PUITS.

N° 191. N° 1 de Nœux ou de Bracquemont. — 1851. — Terrain houiller à 158 m 88. Niveau passé sans difficulté. Atteint la houille le 11 avril 1852, et entre cette même année en extraction. Premier puits de 4 m. de diamètre. Première application de la machine d'épuisement à traction directe au passage des niveaux. Première machine d'extraction à deux cylindres oscillants, sans engrenages.

Gisement assez accidenté. Houille grasse à courte flamme.

319. N° 2 d'Hersin ou Dupont. -- 1854. — Terrain houiller à 143 m. 45. Le passage du niveau exige deux pompes de 0 m. 42 jusqu'à 36 m. 54, épuisant 50 hectolitres par minute. Une seule pompe suffit ensuite jusqu'à 58 m. 79, et le reste du niveau est traversé sans pompe.

Machine d'extraction à deux cylindres horizontaux.

Couches régulières au nord, accidentées au Sud.

Nombreuses failles à l'est.

Entre en exploitation en 1856. On a établi en 1877 un deuxième puits à côte du premier.

Houille maréchale.

320. N° 3, de la station de Nœux ou Parsy. — 1863. — Diamètre 4 m. 60. Terrain houiller à 157m. 10.

Entre en exploitation en 1865. Veines ondulées.

Donne d'abord de mauvais résultats.

Houille demi-grasse.

321. N° 4 près du Moulin de Coupigny ou de Marsilly.—1866.—Diamètre 4 m. 25. Niveau passé sans machine d'épuisement.

Terrain houiller à 147 m. 10.

Charbon à 40 °/₀ de matières volatiles.

Houille sèche à longue flamme.

Entre en exploitation en 1868.

322. N° 5, fosse de Barlin ou Wallerand. — 1873. — Terrain houiller à 140 m. 74.

Deux puits jumeaux de 4 m. de diamètre, distant de 40 mètres.

Houille grasse à courte flamme comme celle de la fosse N° 1

SONDAGES.

Nº 195. Sondage de Loos, à l'ouest de Lens. — 1850. — Atteint le terrain houiller à 133 m. 12, et traverse à 139 m. 63 une couche de houille grasse de 0 m. 50, inclinée à 23º 1/2 et contenant 32 %, de matières volatiles, constatée officiellement par l'ingénieur des mines

Profondeur totale 145 m. 93. Compris dans la concession de Lens.

196. Sondage de Nœux. — 1850. — Terrain houiller à 144 m. 17. Traverse deux couches de houille, l'une de 0 m 27 à 145 m. 92, l'autre de 0 m. 61 à 149 m. 62, contenant 19 %, de matières volatiles.

Profondeur totale 165 m. 95.

197. Sondage de Sains-en-Gohelle. —1850.—Terrain houiller à 145 m. 96. Première couche de houille de 0 m. 44 à 164 m. 44 Deuxième de 0 m. 53 à 169 m. 69 Charbon à 33 %, de matières volatiles.

Profondeur totale 174 m. 27.

198. Sondage du faubourg de Béthune. — 1850-1851. — Terrain houiller à 177 m 85. Première couche de houille de 0 m. 35 à 178 m. 45. Deuxième couche de 0 m. 84 à 224 m. 45. Inclinaison 35º. Charbon maigre à 9 %, de matières volatiles.

Profondeur totale 226 m. 29.

199. Sondage d'Hersin. — 1851. — Terrain houiller à 139 m. 50. Veine de 0 m. 42 à 154 m. 50, inclinée à 21º et contenant 36 %, de matières volatiles.

Profondeur 153 m. 55.

200. Sondage d'Annequin. — 1851. — Terrain houiller à 154 m. 45. Veinule de 0 m. 35 à 168 m. 40, inclinée de 40º 1/2. Charbon à 13 %, de matières volatiles.

Profondeur 168 m. 40.

192. Sondage de Drouvin près Hesdigneul. — 1851. — Terrain houiller à 177 m. 01, et veinule irrégulière de 0 m. 45, de même charbon qu'à Annequin.

Profondeur totale 194 m. 53.

193. D'Haillicourt. Exécuté par la Compagnie de Béthune. Terrain houiller à 134 m. 67.

Profondeur totale 182 m.

194. De Fouquières. Exécuté par la Compagnie de Béthune. Terrain houiller à 183 m. 41.

Profondeur 210 mètres.

325. De Coupigny (Nord). — 1854. — Terrain houiller à 149 m.

Profondeur 156 m.

Veine de 0 m. 74, inclinée à 23º, à 152 m.

190   LE BASSIN HOUILLER DU PAS-DE-CALAIS.

326. De Coupigny (Sud). — 1854. — Terrain houiller à 161 m. 80.
Profondeur 190 m. 75. N'a rencontré que des veinules.

327. De Verdrel. — 1855. — Schistes dévoniens à 95 m.
Profondeur 99 m.

328. De la station de Nœux. — 1862. — Terrain houiller à 154 m. 60.
Profondeur 225 m. 50
Première veine de 1 m. 60 à 157 m. 80.
Deuxième veine de 0 m. 60 à 222 m. 90.
Charbon à 17 % de matières volatiles.

329. De Sains. Terrain houiller à 155 m. 50.
Profondeur 196 m. 50. Rencontre à 191 m. 70 une veine de 1 m. 05, charbon à 32 % de matières volatiles.

312. De Boyefflcs. — 1863. — Schistes dévoniens rouges à 151 m 60.
Profondeur 153 m. 87.

313. De Barlin. — 1864. — Terrain houiller à 143 m. 50.
Profondeur 238 m. 78.
Première veine de 0 m. 70 à 160 m. 93.
Deuxième veine de 1 m. 07 à 230 m. 40.
Charbon ne contenant que 16 à 17 % de matières volatiles.

314. De Sains (nord). — 1857. — Terrain houiller à 147 m.
Profondeur 149 m. 58.

315. De Barlin, N° 2. Terrain houiller à 145 m.
Profondeur 217 m. 40.

323. De Mazingarbe (Nord). — 1857. — Trouva en dessous du tourtia à 133 m 16 un banc d'argile jaune de 1 m. 44 ni sablonneuse ni aquifère, mais faisant partie du tourtia.
Profondeur 139 m.

324. De Mazingarbe (sud). — 1857. — Profondeur 136 m. 16. Poussé jusque dans le terrain houiller sans traverser ni sable, ni argile.

316. De Bracquencourt. Terrain houiller à 150 m.
Profondeur 199 m. 57.

317. De Labourse, près du canal. — 1856. — Terrain houiller à 153 m. 05.
Veine de 1 m. 69 à 171 m. 07, charbon à 11 % de matières volatiles.
Profondeur 175 m. 55.

318. De Gavion. — 1866. — Terrain houiller à 130 m.
Première veine de 1 m. à 138 m. Charbon à 29,55 matières volatiles.
Deuxième veine de 1 m. à 226 m. 34. Charbon à 23,13 matières volatiles.
Profondeur 226 m. 34.

898. De Bracquencourt. — 1876. — Terrain dévonien à 19 m.
Profondeur totale 30 m.

899. De Bracquencourt. — 1877. — Terrain houiller à 144 m.
Profondeur totale 260 m.

VII.

MINES DE BRUAY.

Premières recherches par la Compagnie de Béthune. — Le 1er Octobre 1850, *MM. Boitelle, Quentin, Petit-Courtin* et autres, avaient formé une Société de recherches au capital de 30,000 fr., divisés en 6 parts de 5,000 fr., plus 2 parts libérées. Cette Société exécuta plusieurs sondages au delà de Béthune, à Annezin, Hesdigneul, Bruay, etc.

Plus tard, le 25 Septembre 1851, cette Société se transforma en Société d'exploitation, sous le nom de Compagnie de Béthune, au capital de 3 millions de fr. représentés par 3,000 actions de 1,000 fr.

A cette époque, les Compagnies de Lens et de Vicoigne-Nœux avaient déjà exécuté de nombreux sondages qui avaient constaté la présence du terrain houiller dans l'espace compris entre Lens et Béthune. Cet espace était considérable et on pressentait qu'il ne serait pas réparti entre deux concessions seulement.

La Compagnie de Béthune vint donc prendre position entre les sondages des Compagnie de Lens et de Vicoigne-Nœux, et demanda la concession d'un terrain intermédiaire entre ceux qu'elle supposait devoir être attribués à ces deux dernières Compagnies.

Société de recherches Leconte. — Elle abandonna ses premières recherches du côté de Bruay, mais ses fondateurs formèrent, le 1er Mars 1851, un projet d'acte pour la continuation des recherches au delà de Béthune. Trois Sondages furent exécutés à Lozinghem, Lillers, et Burbure, sous les noms de M. Leconte et Lalou.

Ces sondages n'aboutirent pas, et le 1er Septembre 1851, une nouvelle association fut formée entre MM. Debrosses, Lalou, Leconte et autres pour de nouvelles recherches du côté de Bruay.

Les fondateurs de la Compagnie de Béthune ne paraissaient pas en nom dans la Société nouvelle : leurs parts d'intérêts étaient aux noms de MM. Lalou et Leconte.

Cette nouvelle Société était au capital de 48,000 fr., divisés en 12 parts, ayant à verser chacune 4,000 fr.

Le produit des recherches devait être réparti :

72 % entre les 12 parts ;

8 % pour soins à donner à l'affaire :

20 % pour prix de la cession des premières recherches, des avantages y attachés, priorité de la demande en concession, apport des barraques, puits, baux de location, etc.

Cette Société exécuta quatre sondages, savoir :

1° A Bruay, N° 254, dans lequel on traversa plusieurs couches de houille ;

2° A Labussière, près Lapugnoy, N° 252, où le charbon fut également découvert ;

3° A Divion, N° 255, qui traversa une couche de houille le 17 Mai 1852 :

4° A Grenay, N° 250, qui n'avait abouti encore à aucun résultat le 24 Mai 1852.

Cession de la Société Leconte à la Société de Béthune.
— Après la découverte du charbon sur plusieurs points, la
Société Leconte cède le 8 Mai 1852 à la Société de Béthune
tous les droits qui résultent de ses recherches, moyennant
400 actions libérées de cette dernière Compagnie, valant au jour
du traité 1,000 fr. + 100 fr. de prime = 1,100.   440,000 fr.
et la faculté pour les intéressés de la Société
Leconte, de souscrire au pair pour 150 des mêmes
actions, soit une prime de . . . . . .   15,000 »

Total. . .   455,000 fr.

Quelques jours après cette acquisition la Compagnie de
Béthune constituait une Société d'exploitation des Mines de Bruay,
dite Société Leconte, au capital de 3 millions, représenté par
3,000 actions de 1,000 fr., lesquelles, suivant les intentions
exprimées par la Compagnie de Béthune dans sa délibération
du 17 Avril 1852, seraient souscrites à la souche par tous les
fondateurs de la Société des recherche et entreraient dans
la caisse de la dite Compagnie de Béthune comme représentation
de la chose cédée et des dépenses que lui occasionnait la marche
des travaux, pour en tirer ultérieurement le parti le plus avantageux dans l'intérêt de ses actionnaires.

L'administration des Mines de Bruay était ostensiblement
entre les mains de M. Leconte, mais tout se faisait réellement
sous l'inspiration et par les ordres de la Compagnie de Béthune.

Il en fut ainsi jusqu'à la promulgation du décret du 23 Oct. 1852,
qui interdisait aux Sociétés houillères, sous peine de retrait
de leur concession, de se fusionner entre elles, ou de vendre
leurs concessions sans l'autorisation du gouvernement.

Les concessions de Grenay et de Bruay, n'étaient pas encore
instituées. Il y avait à craindre qu'elles ne fussent pas accordées,
si l'on connaissait que la Compagnie de Béthune était seule propriétaire des actions de Bruay comme de celles de Béthune. Il
était de toute nécessité de sortir de cette situation critique.

Rétrocession des actions à M. Leconte —Le 27 Mars 1853,
la Compagnie de Béthune rétrocède à M. Leconte, agissant comme

13

banquier, les 3,000 actions souscrites pour elle par les fondateurs de la Société de recherches, et libérées d'après ses intentions à 400 fr., aux conditions suivantes :

1° 1,400,000 fr. à verser dans la caisse de la Compagnie de Béthune pour prime de 466,66 fr. sur 3,000 actions ;

2° 1,040,000 fr. capital de Bruay sur 2600 actions payantes.

La Compagnie de Béthune réalisait dans cette double opération un bénéfice de 1,400,000 fr. — 455,000 = 945,000 fr. qui entraient dans sa caisse.

Cette somme de 945,000 fr. fut employée par la Compagnie de Béthune à rembourser a ses actionnaires les versements effectués sur les actions de cette Compagnie qui avaient alors été émises. (¹)

La Société Leconte remboursa à la Compagnie de Béthune, en même temps, 148,000 fr. que cette dernière avait dépensés en travaux à Bruay.

Statuts. — La constitution de la Société de Bruay eut lieu par acte reçu par Me Bollet, notaire à Arras, les 14, 17 et 21 Mai 1852. Les comparants étaient MM. Leconte, Lalou, Vallage et Reversez-Becquet agissant au nom de la Société de recherches.

La Société d'exploitation prenait la dénomination de Société Leconte.

L'apport de la Société de recherches, consistant en travaux de sondages ayant amené la découverte de la houille, en matériel et outillage, et en droit d'invention, de priorité et de demande d'une concession, était représenté par une somme de 400,000 fr., en paiement de laquelle M. Leconte se réservait le droit de souscrire des actions au pair pour tout ou partie.

Le capital était fixé à 3 millions, réprésenté par 3000 actions au porteur de 1,000 fr.

Les actions devaient être émises au fur et à mesure des besoins de la Société.

Aucune solidarité n'existait entre les actionnaires qui ne pouvaient être tenus au delà du montant de leurs actions.

(1) Pièces fournies dans le procès de 1858-59

Néanmoins tout actionnaire était libre de se retirer, après avoir versé au moins 500 fr. par action, en abandonnant e montant de ses mises et tous ses droits dans la Société.

La Société était gérée par un Conseil d'administration, composé de trois Membres, nommés à vie, et qui étaient désignés dans l'acte de la Société :

MM. Leconte, Lalou, Reversez-Becquet.

Lorsqu'une place d'administrateur devenait vacante, les administrateurs restants nommaient entre-eux un nouvel administrateur.

L'assemblée générale se compose de tous les propriétaires de 5 actions.

Elle se réunira chaque fois que le Conseil d'administration jugera convenable de la convoquer.

Le 30 Juin de chaque année, les écritures seront arrêtées.

L'administration fixera le chiffre des dividendes.

Il sera créé un fond de réserve qui ne pourra dépasser 300,000 fr., et qui sera formé au moyen d'une retenue du quart des bénéfices de chaque année, après la répartition de 5 % du capital versé.

Les actionnaires pourront chaque année nommer entr'eux 3 délégués chargés de prendre connaissance au siège de la Société, des comptes de l'administration.

Libération des actions à 400 fr. — On a vu que dans la cession faite par la Société de recherches à la Compagnie de Béthune, le 8 Mai 1852, il avait été stipulé la constitution d'une Société d'exploitation qui fut réalisée par l'acte analysé ci-dessus des 14, 17 et 21 Mai 1852, et que toutes les actions seraient souscrites à la souche par tous les fondateurs de la dite Société de recherches et entreraient dans la caisse de la Compagnie de Béthune.

Dès le 1er Décembre 1852, le Conseil d'administration de Bruay décidait que les actions étaient complètement libérées par un versement de 400 fr. alors effectué.

Puis vint la rétrocession du 27 Mars 1853 des 3000 actions par la Compagnie de Béthune à M. Leconte, qui en réalisa le placement successif, mais au prix de 1,000 fr. au moins.

Ce fut là l'origine d'un grand procès dont il sera parlé plus loin,

Concession. — Dès le 14 Mai 1851, il était fait une demande de concession par le sieur Leconte, un an avant la constitution de la Société de Bruay, qui ne date que de Mai 1852.

Le décret de concession ne parut cependant que le 29 Décembre 1855, en même temps que ceux qui instituaient les concessions de Marles, Ferfay et Auchy-au-Bois.

Les limites comprennent une superficie de 3,809 hectares.

En 1873, la Compagnie de Bruay a entrepris quatre sondages à Gosnay, au Nord, Divion et à Maisnil, au Sud en vue d'une extenison de concession. Ces sondages n'ont pas abouti, et la demande d'extension n'a pas été accueillie, jusqu'ici toutefois on continue le sondage de Maisnil en 1878, avec l'espoir de trouver le terrain houiller sous la formation dévonienne renversée, comme à Liévin, Bully et Drocourt.

Travaux. — Les explorations de la compagnie de Bruay se se sont opérées par seize sondages : huit exécutés de 1851 à 1854, quatre de 1864 à 1866, et quatre en 1873-74. Ces quatre derniers avaient pour objet de s'assurer si le terrain houiller existait au Sud de la concession.

Une première fosse fut ouverte à la fin de 1852 à Bruay. Les premiers travaux de fonçage commencèrent fin Décembre 1852, et à la fin de l'année 1853, le niveau était passé à la profondeur de 77 mètres. Mais lorsqu'on eut traversé les *Bleu*, une source considérable, bouleversant le terrain qui la recouvrait, envahit les travaux, ne laissant aux mineurs que le temps justement nécessaire pour se sauver.

On dut pour passer ce deuxième niveau monter 4 pompes de 0^m46 et 0^m50 disposés en deux étages, et la machine de 120 chevaux, marchant à grande vitesse eut beaucoup de peine à vaincre les eaux. Toutefois on put établir la base du cuvelage à 98 mètres dans le terrain houiller le 1er Juin 1854.

De nouvelles difficultés se produisirent à 132 mètres ; un banc de grès houiller, situé au-dessous de deux petites veines de houille, donna de nouveau une grande quantité d'eau, qui

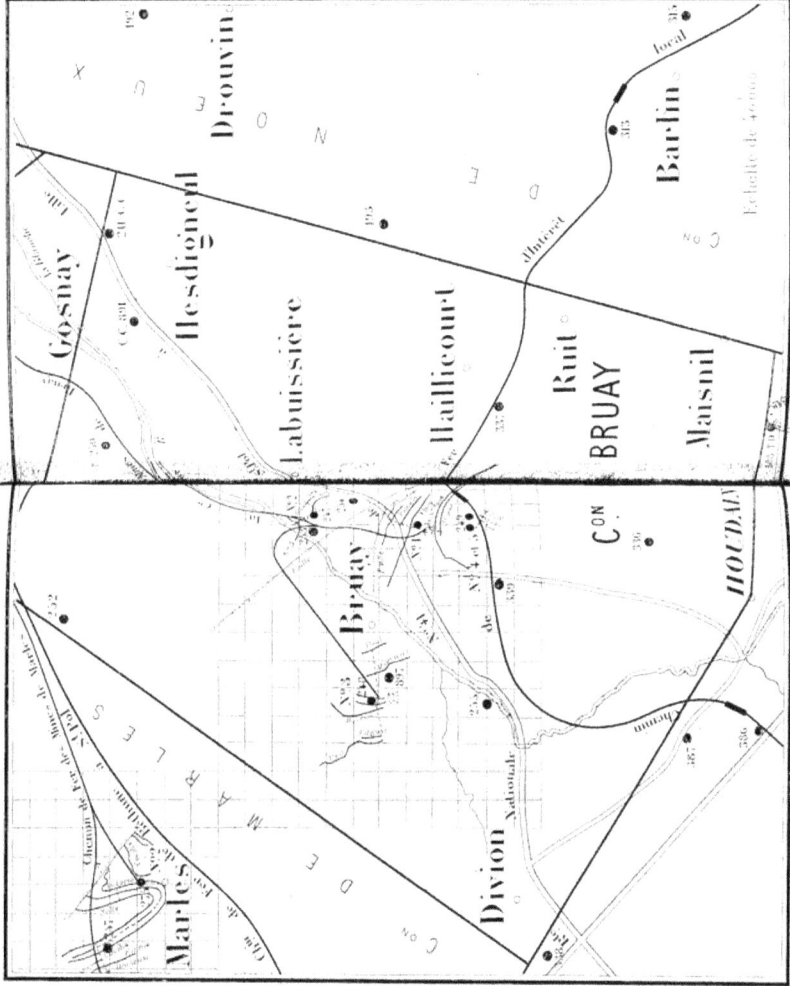

Pl. VI.

Drouvin

Barlin

local

Gosnay

Hesdigneul

C^{on}

Labuissière

Haillicourt

Ruitz

BRUAY

Maisnil

C^{on}

HOUDAIN

Bruay

Marles

D E   M A R L E S

C^{on}

Divion

Echelle de

Imp. Ch. Monnot ou ame

obligea d'installer un système d'épuisement fixe, qui fonctionne encore aujourd'hui.

A Bruay comme à Marles, le terrain houiller n'est pas recouvert d'une épaise couche de dièves, ainsi que cela a lieu dans les autres houillères du Bassin. Les dièves manquent ou n'ont qu'une faible épaisseur. Cette particularité explique la rencontre, au puits N° 1, de la venue d'eau à la tête du terrain houiller, dont les assises peuvent communiquer par des fissures avec le niveau proprement dit.

Le montage des appareils d'épuisement, le fonçage dans le terrain houiller plus long, plus difficile à cause de l'eau, apporta beaucoup de retards dans l'exécution de cette première fosse, qui en 1855 ne commençait à produire qu'une faible quantité de houille, 2,000 tonnes. Cependant elle trouve un gisement riche et régulier et sa production s'accroît successivement, et atteint près de 53,000 tonnes en 1859, 80 à 90,000 tonnes de 1864 à 1868, 100 à 120,000 tonnes de 1869 à 1871, et de 130 à 160,000 tonnes de 1872 à 1878.

Cette fosse, munie actuellement d'une machine d'extraction de 250 chevaux, et d'une machine d'épuisement de 120 chevaux, alimentées par une batterie de 11 générateurs ayant ensemble 1,000 mètres carrés de surface de chauffe, avec des cages à trois étages contenant six charriots, exploitant un gisement très-riche et très-régulier, est certainement une des fosses les plus productives du bassin.

La transformation des appareils d'extraction exécutée en 1874 a coûté 321.424 fr. 34.

Une deuxième fosse fut ouverte en 1858. Son creusement fut des plus faciles, mais elle tomba sur des terrains très-bouleversés, dans lesquels on fit de longues et nombreuses explorations, mais sans sortir des accidents. Cette fosse n'a produit que de très-faibles quantités, 344,201 hectolitres d'une houille tout à fait différente de celle du N° 1, tenant seulement 15 à 20 % de matières volatiles, tandis que celle du N° 1 en renferme de 35 à 40 %. Une bowette au Nord, à l'étage de 252 mètres, rencontra à 300 mètres du puits, une venue d'eau assez abondante, dont l'épuisement exigeait la marche, jour et nuit de la machine d'extraction. Tout travail a été suspendu à cette fosse depuis 1868 après exécution d'un serrement en maçonnerie dans la galerie donnant de l'eau, La Compagnie attend pour la reprendre, le résultat d'explorations entreprises par ses autres fosses.

La troisième fosse de Bruay a été ouverte en 1866, et est entrée en exploitation en 1870 ; elle a rencontré un gisement très-riche et très-régulier, et sa bonne installation a permis de développer largement sa production qui atteint actuellement 150,000 tonnes par an.

On y a installé une machine d'épuisement semblable à celle du N° 1 et un grand atelier couvert de triage et de criblage des charbons.

Le quatrième siège d'exploitation de la Compagnie de Bruay se compose de 2 puits jumeaux N°s 4 et 5, établis à 50 mètres l'un de l'autre et commencés l'un en 1874, l'autre en 1875. Ils ont été creusés tous deux par le système Kind-Chaudron. La nature ébouleuse de certaines parties des terrains de la craie a obligé de recourir à des tubages avec cylindres en tole. Le diamètre de ces puits est de 3 mètres 65 à l'intérieur des collets du cuvelage en fonte.

Un accident assez grave s'est produit dans la descente du cuvelage du N° 4 dont la boite à mousse n'a pas bien fonctionné. On a du pour la réparer et exécuter le faux cuvelage en dessous, monter une forte machine d'épuisement avec ses pompes, et on est arrivé à remédier par des artifices particuliers à cet accident.

L'établissement de ces puits a été couteux. Ainsi d'après la situation donnée dans le rapport du Conseil d'administration aux actionnaires de 1878, la dépense s'élevait : 1° pour le puits N° 4, approfondi à 221^{m}80 dont 100^{m}25 dans le terrain houiller à, ... 1,386,819 fr. 73.
2° pour le puits N° 5, creusé avec le grand trépan à 127 mètres, à . . . . 368,515 » 39.

Chemins de fer — Rivage. — La première fosse de Bruay entra en exploitation en 1856. Elle était située à 7 kilomètres du chemin de fer projeté des houillères, et à 9 kilomètres du canal d'Aire à La Bassée. Ses produits ne s'écoulaient que par voitures et avec difficultés.

Aussi, la Compagnie songea-t-elle bientôt à se relier par un embranchement à la ligne des houillères qui fut livrée à la circulation, à la fin de 1861. Elle obtint le 6 juillet 1860, un décret d'utilité publique pour l'exécution d'un embranchement aboulissant à Fouquereuil. La Compagnie acquit les terrains et la Compagnie du Nord effectua les travaux, moyennant paiement de 10 annuités de 66,952 fr. 31 chacune.

L'établissement de ce chemin de fer coûta :

Terrains expropriés.........................	212,389 fr.	35
Travaux exécutés par la Compagnie du Nord.....	669,523	10
Achat d'une locomotive.............	30,000	»
Total......	911,912 fr.	45

Il fut livré à la circulation en 1863.

Un décret du 13 octobre 1867, autorisa l'établissement du raccordement de la fosse Nº 3. Les terrains furent payés par expropriation, à 238 fr. 75 l'are, alors que leur prix vénal n'était que de 64 fr. 60.

Enfin, le 7 Mai 1872, un troisième décret autorisa la Compagnie à prolonger son embranchement de Fouquières au canal d'Aire à La Bassée, près de Béthune, sur 4 kilomètres environ. Une propriété de 20 hectares fut achetée pour l'établissement d'un bassin d'embarquement, de voies de garage, et de dépôt de charbon, de bois, etc.

Une dépense de 1,284,904 fr. 04 fut absorbée par la construction de ce chemin et de ce rivage.

Le rivage de Béthune a permis à la Compagnie de Bruay d'étendre ses débouchés par la voie d'eau et les chiffres de ses expéditions par bateaux montrent bien l'influence heureuse qu'a eue à cet égard, la création de ce rivage.

En 1875-76, première année de l'ouverture de son rivage, il fut embarqué :

233,246 hectolitres......	19,826 tonnes.

Les expéditions par eau se sont élevées :

En 1876-77 à	620 077 hectolitres.....	52,706 tonnes.
» 1877-78 à	1,253,761	»	......	106,570	»

Un système de basculeur hydraulique, inventé par l'ingénieur des travaux du jour, M. Fougerat, permet de déverser directement dans les bateaux, les wagons de 10 tonnes, dans un temps très-court et avec très-peu de frais.

En 1878, la Compagnie de Bruay possède un chemin de fer de 15 kilomètres de développement, 5 locomotives, 90 wagons à houille et 2 wagons de voyageurs, qui, avec le rivage de Béthune, sont repris dans son Bilan, savoir :

Chemin de fer de Bruay à Fouquereuil et au rivage............ 1.413,336 fr. 30
Matériel... 255,866   22
Terrains et bassin du rivage........ 582,002   54

                                              Ensemble...... 2,251,205 fr. 06

A cette somme, il convient d'ajouter les amortissement pratiqués annuellement sur diverses parties :

Et qui s'élèvent au moins à .... 282,668 fr. 34

                                              Dépense totale...... 2,533,873 fr. 40

Depuis quelque temps, la Compagnie remplace ses rails en fer par des rails en acier.

Procès de 1858. — Le mystère qui avait présidé aux opérations entre la Compagnie de Béthune et la Compagnie Leconte, et particulièrement la libération des actions de Bruay, à 400 fr., donna lieu dès la fin de 1856 et au commencement de 1857, à de violentes attaques dans un journal d'Arras, *Le Progrès du Pas-de-Calais.*

Déjà en janvier 1855, avait paru dans le même journal, un article au sujet d'un actionnaire qui n'avait pas voulu prendre livraison d'actions achetées par lui, sous le prétexte qu'il ignorait la libération de ces actions.

Dans une assemblée générale qui eut lieu le 30 mars 1857, M, Leconte et les autres administrateurs de Bruay, firent bien approuver les actes de leur gestion ; mais ils eurent le tort de ne pas révéler les faits mystérieux qui s'étaient passés entre les deux Sociétés de Bruay et de Béthune.

Six actionnaires assignèrent le 18 novembre 1857, les administrateurs de Bruay devant le tribunal d'Arras, pour entendre déclarer nulle et non avenue leur délibération du 1er décembre 1852, qui libérait les actions à 400 fr. comme contraire aux stipulations des statuts de la Compagnie, dolosive, compromettante pour les intérêts de l'entreprise, et être condamnés à réparer le préjudice causé. Les assignés répondirent que la délibération du 1er décembre 1852, était parfaitement légale : que les acheteurs avaient été avertis de la délibération, par l'estampille qui se trouvait sur l'action même, etc. Enfin, les administrateurs de Bruay firent connaître au tribunal que, dès 1852, ils avaient vendu à la Compagnie de Béthune, tous leurs droits et intérêts dans les recherches de Bruay ; que depuis cette époque, les administrateurs de la Compagnie de Béthune, avaient été en réalité les auteurs de tous les actes qui étaient reprochés aux assignés, et notamment de la mesure de la libération des actions à 400 fr., de la formule de l'estampille et de l'émission de toutes les actions.

Comme preuves à l'appui de cette révélation, ils produisirent une série de pièces qui tendaient à les justifier. (¹)

Le 6 juillet 1858, le tribunal d'Arras, par jugement d'avant faire droit, ordonna la mise en cause de la Compagnie de Béthune, et les actionnaires de Bruay assignèrent les administrateurs de Béthune, à comparaître devant le tribunal d'Arras, pour se voir condamner à intervenir dans la cause produite et à les garantir et indemniser de toutes condamnations qui pourraient intervenir.

Un jugement du 31 juillet 1858, prononça sur le fond du procès, acceuillit les demandes des actionnaires de Bruay, et déclara nulles et frauduleuses les délibérations des 25 novembre et 1er décembre 1852.

Ce jugement renvoyait en même temps devant l'un des juges,

(1) Mémoires et pièces produits dans le procès

les administrateurs de la Société de Bruay, pour établir le chiffre du préjudice causé à cette Société par les défendeurs, comme aussi pour établir le compte de tous les placements ou ventes d'actions, et des primes obtenues.

Il condamnait aussi les administrateurs de la Compagnie de Béthune, à pleinement garantir et indemniser les demandeurs de toutes les condamnations à leur charge.

Les administrateurs de Bruay ainsi que ceux de Béthune, interjetèrent appel de ce jugement.

Un arrêt de la cour de Douai, du 4 août 1859, longuement motivé, mit à néant le jugement du tribunal d'Arras, déclara les actionnaires de Bruay, mal fondés en leurs demandes, fins et conclusions, les en débouta et les condamna aux frais du procès d'instance et d'appel. (¹)

Les actionnaires de Bruay se pourvurent en cassation contre cet arrêt, mais leur pourvoi fut rejeté par arrêt de la cour de cassation du 25 juin 1860.

Projet d'association avec la Compagnie de Béthune. — En 1863, des pourparlers s'entamèrent entre les conseils d'administration des Compagnies de Bruay et de Béthune, pour une association des deux entreprises, basée tant sur le cours des actions que sur le revenu actuel et probable.

M. Gruner, fut consulté sur l'équité et la convenance des conditions projetées pour cette association. Dans un rapport adressé aux Présidents des conseils d'administration des Compagnies de Bruay et de Béthune, M. Gruner, établissait : d'après l'étendue des concessions, leur nombre de fosses, leur production, le nombre et la richesse des veines connues, les prix de revient, leurs frais généraux, la qualité des produits, que la *valeur intrinsèque* de Bully, étant représentée par 100, celle de Bruay, devait l'être par 50.

Le même rapport était fourni par la comparaison du chiffre des

_____

(1) Arrêt de la cour d'appel de Douai du 4 août 1859.

dividendes distribués dans le cours des cinq derniers exercices,
savoir :

> De 995,000 fr. ou de 370 fr. par action pour Bully
> Et de 564,000 »   »   186 »   Bruay

L'actif immobilisé des deux Sociétés, était alors :

> 4,209,000 pour Bully ou 100
> 1,926,700 » Bruay » 46

D'un autre côté, le cours des actions était dans le rapport
de 3 à 1.

En résumé, disait M. Gruner :

« La valeur *relative*, *réelle* des deux entreprises doit être
comprise entre les deux rapports 100 à 50 et 100 à 33 qui correspondent, l'un à la *force productive* et l'autre au *cours des actions*.
La moyenne entre ces deux rapports serait 100 à 41,5. Or, c'est là
précisément le rapport que réalise le projet d'association.

« En accordant :

> 9,000 actions de 1,000 fr. à Bully, soit...... 9,000,000 fr.
> Et 3,000   »   »   Bruay, soit ..   3,000,000 »

plus 250 fr. en argent ou obligation à chaque action de Bruay,
le rapport des deux entreprises serait comme 3,000 à 1,250 fr,,
ou 100 à 41,7.

« Je crois donc pouvoir donner mon entière adhésion au projet
en question ; je crois les intérêts respectifs convenablement
sauvegardés. » (1)

Ce projet de fusion ne se réalisa pas ; on manque de détails au
sujet du refus de la Compagnie de Bruay de l'accepter, refus qui
paraît indiqué dans le rapport à l'assemblée générale de la
Compagnie de Béthune, du 19 octobre 1863.

(1) Rapport de M. Gruner, du 9 avril 1863.

Gisement. — A Bruay, le terrain houiller est recouvert par une épaisseur de morts terrains qui varie dans les divers puits de 100 à 137 mètres. Seulement il n'existe que peu ou point de dièves au-dessous du niveau d'eau de la craie, de sorte que le cuvelage doit se continuer jusqu'à la tête du terrain houiller, dans lequel est assise sa base. Aussi, les travaux d'exploitation fournissent-ils une certaine quantité d'eau, dont l'épuisement a obligé de monter deux machines d'épuisement.

Le gisement, quoiqu'interrompu par quelques petites failles est un des plus réguliers du bassin. Il comprend une série d'au moins 20 couches de houille exploitables, dont plusieurs sont même très-épaisses relativement et ont 1^m20, 1^m50, 1^m80 et même 2^m50, et d'une faible inclinaison, 12 à 15°.

Ces couches sont réparties entre trois faisceaux ; un supérieur, exploité par la fosse N° 3, un autre intermédiaire, reconnu à la fosse N° 1, et un inférieur rencontré par la fosse N° 2. La houille des deux premiers faisceaux est une houille à longue flamme, se rapprochant du Flénu, et dont la teneur en matières volatiles varie de 35 à 45 %. Celle du faisceau inférieur ne renferme que 15 à 20 % de matières volatiles ; c'est encore une houille grasse, mais à courte flamme, et pouvant servir à la fabrication du coke.

Par la richesse des couches, leur régularité, le gisement de Bruay est d'une exploitation facile et très-productive.

COUPE VERTICALE DU PUITS N°3

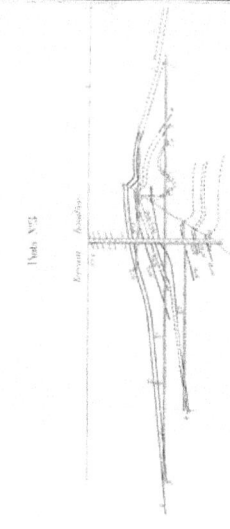

Puits N°3

CONCESSION DE BRUAY

Échelle 1 à 4000

Extrait de la Notice de la C°° des Mines de Bruay
Reproduction interdite

Puits N°3
Terrain houiller à 124 m 55

Puits N°2
Terrain houiller à 127 m 54

COUPES VERTICALES DES TROIS PUITS N°1, 2 et 4

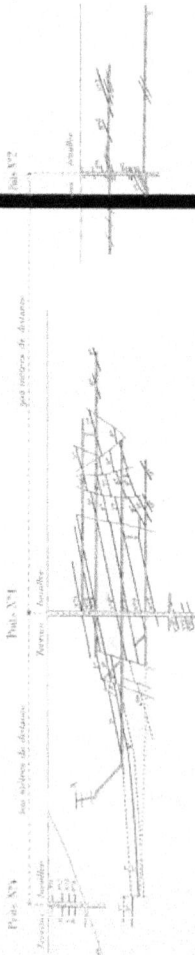

Puits N°4

Puits N°2

LÉGENDE

Puits N°1
Terrain houiller à 160 m 00

TABLEAU

donnant l'épaisseur et l'ordre de superposition des couches de houille reconnues par les travaux de Bruay.

FOSSE N° 3.

NOMS DES COUCHES de houille.	Epaisseur des couches de houille.	Epaisseur des terrains qui les séparent.
Base du Tourtia		$7^m,20$
Veine N° 1	$0^m,44$	
		$66^m,55$
" N° 2	$1^m,40$	$2^m,25$
" N° 3	$0^m,90$	
		$19^m,00$
" N° 4	$1^m,20$	$8^m,06$
" N° 5	$0^m,47$	$5^m,60$
" N° 6	$1^m,05$	
		$10^m,77$
" N° 7	$1^m,30$	
		$38^m,45$
" N° 8	$3^m,10$	
		$17^m,00$
" N° 9	$1^m,80$	
		$20^m,20$
" N° 10	$0^m,80$	$2^m,50$
" N° 11	$1^m,00$	$9^m,35$
Ensemble..	$13^m,46$	$206^m,93$
	$220^m,39$	

FOSSE N° 1.

NOMS DES COUCHES de houille	Epaisseur des couches de houille.	Epaisseur des terrains qui les séparent.
Base du Tourtia		
		$61^m,85$
Veine N° 1	$0^m,60$	$2^m,25$
" N° 2	$0^m,50$	$13^m,37$
" N° 3	$1^m,00$	$10^m,50$
" N° 4	$0^m,50$	
		$30^m,74$
" N° 4b	$0^m,46$	
		$25^m,50$
" N° 5	$1^m,40$	$20^m,55$
" N° 6	$0^m,90$	
		$22^m,25$
" N° 7	$1^m,10$	
		$33^m,65$
" N° 8	$^m,35$	$4^m,33$
" N° 9	$1^m,55$	$5^m,35$
" N° 10	$1^m,00$	......
Ensemble..	$10^m,36$	$230^m,35$
	$240^m,71$	

FOSSE N° 2.

NOMS DES COUCHES de houille.	Epaisseur des couches de houille.	Epaisseur des terrains qui les séparent.
Base du Tourtia		
		$90^m,85$
Veine N° 1	$0^m,50$	$10^m,00$
" N° 2	$0^m,55$	$2^m,50$
" N° 3	$0^m,50$	$2^m,00$
Ensemble..	$1^m,55$	$105^m,35$
	$106^m,90$	

Ces tableaux sont résumés ci-dessous :

COUPE des TERRAINS.	COUCHES DE HOUILLE.			Épaisseur de terrain houiller exploré.	Distance moyenne des couches.	Houille dans 100 m. de terrain houiller.
	Nombre.	Épaisseur totale.	Épaisseur moyenne			
Fosse N° 3....	11	13^m,46	1^m,22	220^m,39	20^m	6^m,11
Fosse N° 1....	11	10^m,36	0^m,94	240^m,71	22^m	4^m,30
Fosse N° 2....	3	1^m,55	0^m,52	106^m,90	36^m	1^m,44
Ensemble...	25	25^m,37	1^m,01	568^m,00	23^m	4^m,46

Si l'épaisseur de la formation houillère explorée n'est à Bruay, qu'environ la moitié et les deux cinquièmes des épaisseurs explorées à Lens et à Bully-Grenay, la richesse en houille n'est pas inférieure à celle constatée dans ces dernières concessions. La puissance moyenne des couches est même supérieure, puisqu'elle dépasse 1 mètres.

Production. — La fosse N° 1, commencée en 1852, entra en exploitation à la fin de 1855. Sa production s'élève successivement d'année en année.

Elle est :

En	1855	de	2,125 tonnes.
»	1856	»	27,038 »
»	1857	»	44,389 »
»	1858	»	51,772 »
»	1859	»	52,866 »
			178,190 tonnes
En	1860	de	41,597 tonnes.
»	1861	»	59,086 »
»	1862	»	61,571 »
»	1863	»	83,040 »
»	1864	»	80,421 »
»	1865	»	81,556 »
»	1866	»	84,452 »
»	1867	»	96,633 »
»	1868	»	96,620 »
»	1869	»	114,196 »
			799,172 »
		A reporter	977,362 tonnes

Report . . . . .   977,362 tonnes.

La fosse N° 2, ouverte en 1858, n'a produit
que de très-faibles quantités dans la période de
1860 à 1868. Tombée sur un gisement extrê-
mement accidenté, on n'y a effectué que des
travaux préparatoires, jusqu'en 1868, année où
tout travail y a été suspendu. La faible production,
344,201 hectolitres de ses travaux préparatoires,
est comprise dans les chiffres donnés ci-dessus.

Une troisième fosse, ouverte en 1866 et entrée
en exploitation en 1870, est venue apporter son
contingent à l'augmentation de la production,
qui est montée successivement.

En	1870	à	141,812 tonnes.
»	1871	»	148,106 »
»	1872	»	200,485 »
»	1873	»	210,562 »
»	1874	»	233,489 »
»	1875	»	259,688 »
»	1876	»	276,854 »
»	1877	»	309,023 »
»	1878	»	348,706 »

2,128,725 tonnes.

Production totale . . . . . .   3,106,087 tonnes.

Les chiffres de production de 309,023 et 348,706 tonnes des
deux dernières années, ont été obtenus avec deux fosses seulement;
c'est un magnifique résultat réalisé pour la Compagnie de
Bruay.

Emprunts. — On a vu précédemment que la Compagnie de
Bruay avait libéré ses actions à 400 fr. et que, déduction faite
des actions attribuées à ses fondateurs, elle n'avait réalisé sur son
capital que 1,040,000 fr.. somme bien insuffisante pour la création
d'une houillère.

Jusqu'en 1863, la Compagnie put faire marcher son entreprise, avec ses bénéfices, et même distribuer des dividendes, mais elle ne disposait que d'un fonds de roulement insuffisant, 81,000 fr., ainsi que le signale le rapport de M. Gruner.

Aussi, malgré l'avance par la Compagnie du Nord, pour l'exécution du chemin de fer de . . . . .   669,523 fr. 10
le conseil d'administration se fit-il autoriser par l'assemblée générale du 12 avril 1863, à contracter un emprunt de 600,000 fr. en obligations de 200 fr., rapportant 10 fr. d'intérêt annuel et remboursables à 220 fr. Il ne put être réalisé que jusqu'à concurrence de   150,000   »

Dans le courant de l'année 1865, il fut emprunté   600,000   »
en obligations de 500 fr., rapportant 25 fr. et remboursables à 540 fr.

En 1867, il fut fait un nouvel emprunt de. .   600,000   »
en obligations de 200 fr., rapportant 10 fr. d'intérêt annuel et remboursable à 230 fr.

Emprunts et annuités. . .   2,019,523 fr. 10

D'après la notice publiée par la Compagnie de Bruay, à l'occasion de l'exposition de 1878, le montant des emprunts, sous forme d'obligations ou d'annuités serait de. . . . .   2,182,606 fr. 20
de sorte que le capital réellement versé par les actions et les emprunts serait de . . . . . .   3,222,606 fr. 20
Au 30 juin 1878 il ne restait à rembourser sur les emprunts que 321,000 fr. solde de l'emprunt 1867.

Dépenses de 1er établissement. — Le tableau ci-dessous donne les bilans de la Compagnie de Bruay, au 30 juin de chacune des années 1862, 1868, 1871, 1875, 1878. Extraits des rapports du conseil d'administration aux actionnaires.

	1862.	1868.	1871.	1875.	1878.
ACTIF.					
Fosse N° 1, avec ses bâtiments, machines, matériel et terrain, etc..........	968.125 62	1.230.124 49	1.229.406 40	1.026.871 75	1.026.871 75
Fosse N° 2 d°	569.919 74	867.414 42	865.588 64	518.910 42	261.772 81
Fosse N° 3 d°	»	469.650 93	823.959 56	936.583 13	936.583 16
Fosse N° 4 d°	»	»	»	653.233 33	1.386.819 73
Fosse N° 5 d°	»	»	»	14.047 40	368.515 39
1° Chemin de fer, terrain, matériel, clôture, etc.....	983.146 82	1.086.647 83	1.248.969 36	1.044.597 91	2.251.205 06
2° Chemin de fer, rivage, etc	»	»	»	1.190.224 92	
Maisons d'ouvriers........	427.865 38	630.448 67	583.710 68	1.199.441 46	1.419.621 20
Caisse et portefeuille, débiteurs, charbon et marchandises..............	428.662 29	361.006 48	584.389 »	1.126.639 20	1.057.568 80
Total de l'actif..	3.377.719 85	4.645.292 82	5.336.023 64	7.710.549 52	8.708.957 90
PASSIF.					
Annuités dues à la Compagnie du Nord	669.523 10	200.856 93	»	»	»
Obligations de 1865.......	»	262 500 »	»	»	»
Obligations de 1867.......	»	600.000 »	»	562.800 »	321.000 »
Créanciers divers	700.491 72	172.215 75	»	652.159 45	957.204 77
Total du passif....	1.370.014 82	1.235.572 68	908.899 43	1.214.957 43	1.278.804 77
Capital net....	2.007.705 03	3.409.720 14	4.427.124 21	6.495.592 09	7.430.153 13

14

Les amortissements successifs de certains travaux font que les bilans ne donnent pas complètement les dépenses faites pour premier établissement. Mais en les décomposant, on arrive cependant à avoir, d'une manière assez précise, le chiffre total de ces dépenses au 30 juin 1878.

Fosse N° 1	1,229,406 fr. 40	
» 2	867,414 42	
» 3	936,583 13	
» 4	1,386,819 73	
» 5	368,515 39	
		4,788,739 fr. 07
Chemin de fer de Fouquereuil.	1,248,969 fr. 36	
» du rivage et rivage	1,284,904 04	
		2,533,873 fr. 40
Cités ouvrières.		1,419,621 20
Fonds de roulement, comprenant caisse, portefeuille, charbon et marchandises en magasin .		1,057,568 80
Total		9,799,802 fr. 17

Ce chiffre, de près de 10 millions, ne comprend pas certaines dépenses, telles que sondages, frais généraux et frais divers antérieurs à la mise en exploitation ; de plus, ainsi qu'il a été dit précédemment, il a été fait des amortissements successifs sur certains travaux, sur le matériel et l'outillage, qui s'élevaient déjà au 30 juin 1875, à 2,875,505 fr. 87. Il est donc très notablement inférieur à la totalité des dépenses faites pour la mise en valeur de la concession de Bruay.

En effet, dans une notice, distribuée aux membres de la Société de l'industrie minérale, lors du congrès de 1876, M. Marmottan, Président du conseil de Bruay, estime que « à la date du 30 juin 1875, l'installation des quatre puits, les terrains, les maisons, les écoles. les ateliers, l'outillage, le chemin de fer, le bassin du rivage, y compris le fonds de roulement à cette date, etc , n'ont pas demandé moins » de.   .   .   .   .   13,657,521 fr. 52

La notice de la Compagnie de Bruay, publiée à l'occasion de l'exposition de 1878, ajoute au chiffre ci-dessus, pour dépenses du 1er juillet 1875 au 30 juin 1877 .   .   .   .   1,803,783 » 47

Total des dépenses faites au 30 juin 1877 15,461,304 fr. 99

La production des mines de Bruay. a été, en 1878, de 348,706 tonnes.

Le capital engagé dans les mines comprend donc à 4.43 millions par 100,000 tonnes, ou à 44 fr. par tonne de houille extraite.

En admettant que les travaux, actuellement exécutés, permettent à la Compagnie de Bruay, d'extraire annuellement 450,000 tonnes, le capital engagé serait encore de près de 3,5 millions par 100,000 tonnes, ou 35 fr. par tonne de houille produite.

Valeur des actions. — On a vu que les actions de 1,000 fr. avaient été libérées en décembre 1852, après versement de 400 fr.

Après le rachat, en 1853, de toutes les actions par M. Leconte, à la Compagnie de Béthune, il en réalisa le placement successivement au prix de 1,000 fr. au minimum, et plus.

Dès la fin de cette année 1853, elles se vendaient 1,100 fr. et 1,250 fr. à la fin de 1854, et 1,300 à 1,500 fr. en 1855.

En 1859, après la répartition d'un deuxième dividende de 60 fr. le prix de vente des actions s'élève à 1,800 fr. Il se maintient à ce prix en 1861.

La situation financière de la Compagnie étant mauvaise, la nécessité de recourir à un emprunt, fit tomber les actions, en 1863, au pair et même en-dessous. C'est à cette époque qu'eurent lieu les pourparlers pour une fusion avec Bully. Une délibération du 13 août 1863 autorise un emprunt de 600,000 fr. La souscription n'atteint que 150,000 fr.

En 1868, les actions ne valent encore que 1,225 fr.

Les découvertes de la fosse No 3, en 1869, font rechercher les actions de Bruay, qui atteignent. dans une adjudication publique, le prix de 1,800 fr., et s'élèvent, au commencement de 1870, à 2,800 fr.

Après la guerre, lorsque le prix des charbons s'élève, la valeur des actions de Bruay, comme du reste celle de toutes les Compagnies houillères, monte à des prix extraordinaires.

Ainsi elles sont cotées :

En	1872	octobre	3,750 fr.
»	1873	janvier..........	5,500
»	1873	août.	8,500
»	1874	janvier..........	7,600
»	1874	août.	11,800
»	1875	janvier	11,800
»	1875	mars	17,000

Ce dernier prix est le maximum qui ait été atteint. Avec la baisse des houilles, la valeur des actions descend :

En	1876	janvier..........	12,150 fr.
»	1876	juillet	8,800
»	1877	janvier..........	7,650
»	1877	juillet	7,000
Elles remontent à			8,000

en janvier 1878, et oscillent, pendant cette année, entre ce prix et celui de 7,000 fr.

Actuellement (novembre 1879), elles se vendent à la Bourse de Lille, à 8,000 fr.

Dividendes. — Le premier dividende fut distribué en 1857 : il était de 30 fr. par action.

D'autres dividendes furent distribués en 1858, 1859 et 1860, et, d'après un rapport du conseil d'administration aux actionnaires, du 5 novembre 1861, il avait été distribué en totalité, depuis l'origine jusqu'au 30 juin de cette année 1861, 510,000 fr. de dividendes, soit 170 fr. par action.

Un dividende de 48 fr., en obligations, fut distribué sur l'exercice 1860-61.

En 1861-62, il n'y eut pas de dividende :

Le dividende de l'exercice 1862-63 fut de	40 fr.
Il fut pour chacun des exercices 1863-64 à 66-67 de..	50
Il s'élève en 1867-68 à.........................	60
» 1868-69 à.	70
» 1869-70 à.................	80
» 1870-71 à.......................	85

Avec les hauts prix qu'atteignent les houilles, le dividende s'accroît successivement ;

En 1871-72 à........... 140 fr.
« 1872-73 à........... 280

Il monte, dans les trois exercices :

1873-74 à 1875-76 à...... 350 fr.

et redescend dans les trois années suivantes :

1876-77, 1877-78 et 1878-79 à . ... 220 .

Sur les chiffres ci-dessus, il y a à déduire le droit de timbre des actions et l'impôt de 3 % sur les dividendes qui ne sont pas acquittés par la Compagnie de Bruay, contrairement à ce qui se passe, dans la plupart des autres Compagnies houillères du Nord. Ainsi, le coupon de dividende de 110 fr., est réduit du fait de cet impôt et du timbre des actions, à 106 fr. 70 pour les actions nominatives et à 99 fr. 05, pour les actions au porteur.

Prix de revient. — M. Gruner, dans un rapport de 1853, donne les prix de revient brut, abstraction faite des frais généraux et des frais divers, des mines de Bruay, de 1854 à 1862. Ces prix ont varié dans les limites de 0 fr. .60 à 0 fr. 90 l'hectolitre, ou de 7 fr. 05 à 10 fr. 60 la tonne.

Les ingénieurs des mines établissent les prix de revient des années 1873 et 1874, de la manière suivante :

1873. — Extraction...... .... 210,562 tonnes.
Dépenses ordinaires............. 2,197,298 fr. 74 par tonne 10 fr. 44
Dépenses de premier établissement . 788,909 01   «   3 74
1874. — Extraction........................... 233,489 tonnes.
Dépenses ordinaires.. .... 2,791,748 fr. 53 par tonne 11 fr. 95
Dépenses de premier établissement . 1,287,649 86   «   5   51

Les prix de revient ci-dessus sont des maximums. Ils s'appliquent à des années pendant lesquels les prix de vente étaient excessifs, la main d'œuvre très-recherchée et exigeante.

Prix de vente. — Une note, publiée par la Compagnie de Bruay, en 1873, donne les prix moyens de vente du charbon tout venant pendant les neuf exercices 1863 à 1872.

Ces prix sont :

De 1863 à 1866 de.	15 fr. 50 à 15 fr. 70
Ils montent en 1866-67 à	18 30
Ils sont encore en 1867 et 1868 de	17 »
Mais ils descendent en 1869 et 1872 à .	15 »

D'après les rapports des ingénieurs des mines, les prix de vente moyens ont été :

En	1869 de.	11 fr. 63 la tonne.	
»	1872 de.	15 »	»
»	1873 de.	21 15	»
»	1874 de.	17 20	»
»	1875 de	19 56	»
»	1877 de.	16 »	»
»	1878 de.	14 68	»

La Compagnie de Bruay, produit des charbons très-gailleteux, recherchés par le chauffage domestique, et dont le prix de vente est notablement supérieur à celui de la plupart des autres houillères de la région.

Renseignements divers. — Les rapports de l'ingénieur de mines, sur l'ensemble des houillères du Pas-de-Calais en 1877 et 1878, fournissent les indications suivantes pour Bruay :

1877. — Extraction :

Gros	3,768 tonnes
Tout-venant.	298,482 »
Escaillage.	6,773 »
Total.	309,023 tonnes

Consommation :

A la mine.	17,759 tonnes.
Aux autres foyers	7,052 »
Total.	24,811 tonnes

Vente :

Dans le Pas-de-Calais........	71,968	tonnes
» le Nord..............	78,573	»
» les autres départements..	137,554	»
Total......	288,095	tonnes.

Vente :

Par voitures...............	9,913	tonnes.
» bateaux...............	89,895	»
» wagons...............	188,287	»
Total......	288,095	tonnes.

1878. — Extraction :

Gros	1,834	tonnes,
Tout-venant.	339,639	»
Escaillage...........	7,088	»
Total......	348,561	tonnes.

Consommation :

A la mine...........	15,971	tonnes.
Aux autres foyers	7,388	»
Total......	23,359	tonnes.

Vente :

Dans le Pas-de-Calais........	69,299	tonnes.
» le Nord..............	104,874	»
» les autres départements...	152,836	»
Total......	327,009	tonnes.

Vente :

Par voiture.........	8,774	tonnes.
» bateaux	111,868	»
» wagons......	206.367	tonnes.
Total......	327,009	tonnes.

Bruay a expédié par la voie d'eau :

En 1877...... 29 % de sa production.

»   1878...... 32 %   »

et par la voie ferrée :

En 1877 ...... 6I %

» 1878...... 59 %

Ouvriers — Production par ouvrier. — La notice publiée par la Compagnie de Bruay, à l'occasion de l'Exposition, donne des renseignements intéressants, sur le nombre et la répartition des ouvriers occupés dans ses deux fosses en exploitation. Ils sont repris dans le tableau ci-dessous :

ANNÉE.	FOSSE N° 1.		FOSSE N° 3.		LES 2 FOSSES		PRODUCTION PAR OUVRIER	
	Ouvriers à la veine.	Total des ouvriers.	Ouvriers à la veine.	Total des ouvriers.	Ouvriers à la veine.	Total des ouvriers.	A la veine.	Du fond.
							Tonnes.	Tonnes.
1868	151	428	»	»	151	428	639	225
1869	164	486	»	»	164	486	696	235
1870	195	554	40	93	235	647	603	219
1871	180	520	45	136	225	656	658	225
1872	217	606	72	178	289	784	693	255
1873	225	696	106	262	331	958	636	219
1874	250	822	130	386	380	1.208	614	193
1875	248	880	157	549	405	1.429	641	181
1876	258	810	175	575	433	1.385	639	199
1877	285	821	189	575	474	1.396	651	221
Moyenne de dix années......							644	212

La production annuelle d'un ouvrier à la veine, a varié de 603 à 696 tonnes ; moyenne 644 tonnes, et celle de tous les ouvriers du fond, de 181 à 235, moyenne 212 tonnes.

En admettant 280 jours de travail dans l'année, la production moyenne par jour a été :

1° Par ouvrier à la veine de...... 2 t. 30

2°   »   du fond de....... 0   78

D'après les rapports des ingénieurs des mines, la Compagnie de Bruay, a occupé :

	Ouvriers du fond.	Ouvriers du jour.	Ensemble.
1869....	561	107	668
1871....	656	148	804
1872....	784	172	956
1877....	1,465	273	1,738
1878....	1,483	309	1,792

et la production par ouvrier a été :

	Ouvriers du fond.	Ouvriers des deux catégories.
1869 ...	203 tonnes.	171 tonnes.
1871....	225 "	184 "
1872...	255 "	209 "
1877...	211 "	177 "
1878....	235 "	194 "
Moyenne....	226 tonnes.	193 tonnes.

Salaires. — Le rapport du conseil d'administration à l'assemblée générale des actionnaires de 1875, donne les chiffres ci-dessous pour le salaire moyen annuel de tous les ouvriers des mines de Bruay.

En 1873-74......	1,304 fr.
" 1874-75........	1,331

Il constate en même temps moins de travail de la part de l'ouvrier.

D'un autre côté, les rapports des ingénieurs des mines, fournissent les chiffres suivants :

	Salaires totaux.	Salaire par ouvrier.
1869....	651,015 fr.	965 fr.
1871....	849,907	1,017
1872....	1,073,176	1,122
1877....	2,117,290	1,218
1878....	2,126,771	1,187

Maisons d'ouvriers. — Comme toutes les houillères du Pas-de-Calais, Bruay a dû appeler un grand nombre d'ouvriers du dehors, et leur procurer des logements.

Déjà, en 1861, cette Société avait construit 130 maisons. Ce nombre a été augmenté chaque année, et, en 1878, elle possède 559 maisons qui, avec leurs dépendances et leurs écoles, ont coûté, 1,419,621 fr. 20. Chaque logement revient donc en moyenne, à 2,600 fr. environ.

Les cités ouvrières sont toutes établies à Bruay, village dont la population, qui n'était en 1852, que de 700 habitants, est aujourd'hui de 4,000 âmes.

La Compagnie de Bruay possède donc une maison pour 600 tonnes de houille extraite annuellement, et pour trois ouvriers occupés dans ses travaux.

En admettant que chaque famille fournit 1,7 ouvriers, Bruay, logerait dans ses 559 maisons, 950 ouvriers, sur 1738 qu'elle occupe, soit 54 $_o/^o$.

Institutions humanitaires. — On outre des logements loués à un prix très-bas, les ouvriers reçoivent gratuitement le charbon nécessaire à leur chauffage.

Une salle d'asile, des écoles et un ouvroir ont été installés pour l'instruction des enfants et sont fréquentés par 1176 élèves.

Jusqu'en 1873, la caisse de secours était alimentée par une retenue de 3 %, sur les salaires des ouvriers, et une cotisation de la Compagnie. Depuis, cette dernière a supprimé la retenue et s'est chargée de tous les frais de la caisse.

Dès 1867, il a été établi une Société coopérative, pour fournir à bas prix aux ouvriers, les objets de consommation.

La vente se fait au comptant, et le bénéfice est réparti au prorata des consommations, après prélèvement de l'intérêt à 5 % du capital actions qui n'est que de 8,500 fr.

Cette institution produit de bons résultats.

PUITS.

N° 246. N° 1 à Bruay. — Commencé à la fin de 1852. Terrain houiller à 100 m. Rencontre de l'eau et on est obligé de monter une machine d'épuisement; longs retards. Commence à extraire à la fin de 1855. Exploite un gisement très-régulier et très-riche. Puits très-productif. La première machine d'extraction de 80 chevaux, à deux cylindres oscillants de Cavé, a été remplacée en 1874 par une machine horizontale de 250 chevaux qui est alimentée ainsi que la machine d'épuisement, par une batterie de 11 générateurs présentant ensemble 1 000 m. carrés de surface de chauffe. Profondeur 320 m. Grisou. Houille flénue.

247. N° 2. — A 900 m. au nord du N° 1. Commencé en 1858. Terrain houiller à 137 m. Le passage du niveau a été assez facile; le maximum d'eau rencontrée n'a pas dépassé 40 hectolitres à la minute. Terrains très-accidentés. N'a presque rien produit, 344,201 hectolitres seulement. Houille grasse tenant de 15 à 20 % de matières volatiles. Une bowette au nord de 300 m. rencontra de l'eau assez abondamment pour tenir en marche jour et nuit la machine d'extraction. Tout travail y a été suspendu depuis 1868. Profondeur 260 m.

248. N° 3. — Commencé en 1866. Terrain houiller à 124 m. 35. Entre en exploitation en 1870.

Terrains réguliers, inclinés à 11 à 12°. Fosse très-riche et très-productive. Houille flénue contenant 40 % de matières volatiles.

On y a installé en 1876 une machine d'épuisement, semblable à celle du N° 1, et un grand atelier couvert de nettoyage et de criblage.

249. N° 4 et 5. — Puits jumeaux à 50 m. l'un de l'autre, ouverts à 500 m. du N° 1, l'un en 1873, et l'autre en 1874. Creusés par le système Kind Chaudron. Diamètre à l'intérieur des collets du cuvelage en fonte, 3 m. 65. Ont présenté des difficultés de creusement. Terrain houiller à 121 m. 50. En préparation. Le cuvelage règne sur 104 m. 50 de hauteur; il est formé de 70 anneaux en fonte.

SONDAGES.

N° 211. D'Hesdigneul. — Exécuté par la Compagnie de Béthune. Épaisseur des morts-terrains 182 m. 64.

Calcaire carbonifère. Profondeur 190 m. 77.

250. De Gosnay, N° 1. — 1852. — Terrain houiller 141 m. 68.
Profondeur 189 m. 02.

251. De Chocques. — 1853. — Épaisseur des morts-terrains 183 m. 70. Calcaire carbonifère, compacte, fétide.
Profondeur 184 m. 85.

252. De Labeuvrière (Lapugnoy). — 1851. — Terrain houiller à 141 m. 37.
Profondeur 147 m. 38.

253. De Bruay (près la rivière). — 1851. — Terrain houiller à 139 m. 53.
Profondeur 142 m. 32.

254. De Bruay (sur la route de Saint-Pol). — 1852. — Terrain houiller à 95 m. 10.
Profondeur 148 m. 70.

255. De Divion (près la chaussée de Béthune à Saint-Pol). — 1852. — Terrain houiller à 98 m. 96.
Profondeur 130 m. 14.

256. De Fouquereuil. — 1854. — Terrain houiller à 184 m. 20.
Profondeur 237 m. Compris dans la concession de Vendin.
A traversé une veinule de houille.

257. De Lozinghem. — 1851. — Terrain houiller à 85 m. 01.
Profondeur 121 m. 85. Compris dans la concession de Marles.

258 De Lillers. — Schiste dévonien à 182 m. 26.
Profondeur 208 m. 40.

259. De Burbure. — 1851. — Terrain houiller à 93 m. 80.
Profondeur 153 m. 11.
Compris dans la concession de Marles.

308. De Maisnil-lez-Ruits, N° 1. — 1873. — Terrain dévonien. Tourtia à 120 mètres.

338. De Divion. — 1873. — Terrain dévonien à 68 m. 80.

335. De La Buissière (près Lapugnoy). — 1852. — Terrain houiller à 141 m. 68. Découvre le charbon.

339. De Bruay. — 1852. — Arrêté à 50 m. 42.

897. De Bruay. — 1864. — Terrain houiller à 113 m. 09. Exécuté en vue de l'établissement de la fosse N° 3.

336. D'Houdain. — 1865. — Calcaire carbonifère à 112 m. 10.

337. D'Haillicourt. — 1865.

891. De Gosnay, N° 2. — 1873. Calcaire carbonifère à 177 m.

892. De Maisnil - lez - Ruits , N° 2. — Encore en cours d'exécution (Septembre 1879).

VIII.

MINES DE MARLES.

Recherches de MM. Bouchet et Lacretelle. — MM. Bouchet et Lacretelle, Ingénieurs civils des mines, exécutèrent en 1852, divers sondages dans les environs de Lillers. qui découvrirent la houille, et constituèrent en leur faveur, des droits à l'obtention d'une concession.

Pour se procurer les capitaux nécessaires à la mise en valeur de leur découverte, ils s'adressèrent à M. Émile Raimbeaux, l'un des principaux propriétaires des mines du *Grand-Hornu* (Belgique), et, à la date du 15 novembre 1852, intervenait entre-eux un traité, dont voici les principales conditions :

Traité avec M. Raimbeaux.

M. Raimbeaux, est autorisé à faire en son nom, la demande en concession ; il se charge de tous frais de recherche et de premier établissement et des fonds de roulement pour l'exploitation des mines de houille découvertes.

Les capitaux qu'il aura utilisés à cette fin, jouiront d'un intérêt de 5 %.

Le bénéfice net qui résultera de l'exploitation, après le prélèvement de 5 % susdit, et de tout autre prélèvement attribué aux gérants et employés, sera partagé :

30 % à MM. Bouchet et Lacretelle.
70 % à M. Raimbeaux.

Il est entendu que MM. Bouchet et Lacretelle, ou une personne de la Société qu'ils pourraient former, auront le droit de vérifier les comptes qui contribueront à la formation des bilans.

Il est formellement stipulé que pour l'établissement du bénéfice net, toutes les dépenses faites dans l'exercice, en travaux autres que ceux de percements de bures, placement de machines, construction de bâtiments ou de maisons jugés utiles, construction de voies de communication, doivent être préalablement et complètement payées et réglées.

Ainsi donc, une fois qu'un bure aura été enfoncé jusqu'à la rencontre d'une première couche de houille exploitable, ou jusqu'au point où il conviendra d'établir un siège d'exploitation, et que les bâtiments et les machines ou appareils utiles auront été établis, tous les frais nouveaux que l'on ferait par la suite, au dit bure, en enfoncement, en galeries, en modifications ou réparations de bâtiments, en machines ou appareils utiles, seraient considérés comme frais courants à solder à la fin de l'exercice.

M. Raimbaux reste seul maître absolu de la direction et de l'emploi des capitaux.

Il se réserve le droit de former telle association qu'il lui plaira.

MM. Bouchet et Lacretelle, auront la faculté de former une Société et de créer des titres au porteur, pour la perception des 30 % de bénéfices qui leur seront alloués.

Ces titres ne pourront s'élever quant à présent, à plus de 200, mais ils pourront s'élever à la moitié au plus de la totalité des subdivisions des parts de la Société formée par M. Raimbeaux, Société qui est actuellement composée de 20 parts divisibles, chacune en vingtièmes, soit 400 subdivisions.

Pour la formation de bilan, chaque exercice sera de 12 mois.

Cependant, le premier bilan devant servir au règlement des 30 % ne sera formé qu'à partir de la mise en extraction régulière et lucrative de la mine.

Jusque là, les capitaux employés en travaux préparatoires et en tous frais auront droit à l'intérêt de 5 %.

Les pertes qui pourraient avoir lieu pendant un exercice ne donneront pas lieu à rapport de la part de MM. Bouchet et Lacretelle, sur les sommes par eux précédemment touchées; mais ces pertes devront être couvertes par les bénéfices subséquents, avant tout nouveau prélèvement des 30 %.

Les 30 %, dans les bénéfices, seront invariablement acquis à MM. Bouchet et Lacretelle, pendant toute la durée de la concession.

Le capital ayant droit au prélèvement de 5 % devra être exclusivement consacré à l'exploitation de la mine.

Dans le cas où M. Raimbeaux, ou la Société formée par lui, voudrait abandonner la mine, il devrait en informer MM. Bouchet et Lacretelle, afin que ceux-ci se mettent, si bon leur semble, aux lieu et place de M. Raimbeaux, ou de sa Société.

A la suite de ce traité, il fut formé, le 19 novembre 1852, deux Sociétés distinctes :

1° L'une, par M. Raimbeaux, sous la dénomination de *Compagnie des mines de houille de Lillers*, pour l'exploitation de la concession à demander par M. Raimbeaux ;

2° L'autre, par MM. Bouchet et Lacretelle, sous la dénomination de *Société civile des propriétaires de 30 % des bénéfices nets des mines de Lillers*.

Société d'exploitation :

La Société est civile.

Sa durée n'est limitée que par le temps nécessaire pour opérer la complète exploitation et l'épuisement entier du charbonnage.

Son siège est à Paris,

La Société se divise en vingt parts ; chaque part se subdivise en vingtièmes seulement.

Les appels de fonds seront réglés en assemblée générale.

L'administration de la Société se compose d'un administrateur et de cinq vérificateurs.

L'administrateur a les pouvoirs les plus étendus, mais il ne peut emprunter, aliéner, hypothéquer qu'après avoir obtenu le consentement des vérificateurs.

Pour la première fois, M. Raimbeaux est nommé administrateur (¹).

Il ne peut être révoqué.

Dans la suite, cette nomination se fera en assemblée générale.

Le mandat des cinq vérificateurs dure au moins cinq années.

Ils examinent le bilan, approuvent les comptes, s'il y a lieu, et donnent, tant en leur nom qu'en celui de leurs co-associés, décharge de la gestion de l'administrateur.

Ils sont nommés par l'assemblée générale.

Dans les 15 jours qui suivront celui de l'approbation du bilan, les parts des bénéfices seront annoncées à chacun des intéressés, par les soins de l'administrateur.

L'assemblée générale se compose de tous associés possédant ou représentant au moins chacun une part.

Plusieurs propriétaires de fractions de part pourront se réunir pour se faire représenter par l'un d'eux.

Tout associé pourra se faire remplacer à l'assemblée générale, par son fils, son gendre, ou par un membre de la Société.

Chaque membre présent aura autant de voix qu'il représentera de parts entières.

Il ne pourra être délibéré ni fait aucun emprunt d'argent.

Mais, si la majorité des associés était d'avis d'en prendre à intérêt, il sera toujours libre à chaque associé de fournir son contingent de ses propres deniers.

Tout associé pourra vendre sa part d'intérêt.

La Société conserve, pendant un mois, le droit de retrait, en payant le prix affirmé ou évalué.

Toutefois, le retrait ne pourra être exercé si la vente a lieu entre associés.

Les présents statuts ne pourront être modifiés qu'à la majorité des 3/4 des voix.

---

(1) M. Raimbeaux étant décédé a été remplacé par son fils, M Firmin Raimbeaux, en vertu d'une décision de l'assemblée générale du 2 mai 1861.

Société des 30 %.

La Société est civile.

Elle durera tout le temps qu'il y aura lieu à la perception des 30 % des bénéfices nets des mines de Lillers.

Ces 30 % sont divisés en 200 coupons ou titres.

Les dividendes annuels seront payés au siège de la Société des mines de Lillers, sur la présentation des coupons.

Cinq commissaires seront nommés à vie par la première assemblée générale.

Ils représenteront les intérêts de porteurs de coupons et les pouvoirs les plus étendus leur sont donnés à cet effet.

Pour être commissaire, il faut être propriétaire de cinq coupons au moins.

En cas de mort ou de démission d'un ou plusieurs commissaires, les commissaires restant nommeront leurs successeurs, sauf approbation de l'assemblée générale, qui aura toujours le droit de nommer aux vacances.

Une assemblée générale aura lieu, de plein droit, le 1er mai de chaque année.

Elle entendra le rapport des commissaires et délibérera sur toutes les questions qui lui seront soumises par ceux-ci.

Pour être admis à l'assemblée générale, il faut être porteur de deux coupons.

Modifications des statuts de la Société d'exploitation. — Peu après la catastrophe du puits No 2 de Marles, la Société des 70 % se reconstitua sur de nouvelles bases. Elle fut administrée par un conseil composé de six membres, dont l'un, M. Firmin Raimbeaux, fut chargé, comme administrateur délégué, de la conduite de l'entreprise. Ils étaient inamovibles.

Un comité de surveillance de trois membres vérifiait les bilans et les comptes, et en faisait rapport à l'assemblée générale.

L'assemblée générale se réunissait tous les ans pour entendre les comptes.

En 1873, les nouveaux statuts furent modifiés. — Les administrateurs seront dorénavant nommés par l'assemblée générale. — La durée de leurs fonctions sera de cinq ans, et, chaque année, il y aura un administrateur à nommer.

M. Firmin Raimbeaux est nommé administrateur délégué à vie.

Pour faire partie de l'assemblée générale, il faut posséder $^3/_{40}$ de part.

On a vu que, dans l'acte de Société du 19 novembre 1852, le capital social était divisé en 20 parts, et que chaque part se subdivisait elle-même en vingtièmes. On ne tarda pas à adopter cette subdivision et à considérer le capital social comme composé de 400 parts.

En 1872, ces 400 parts furent dédoublées, et, à partir de cette année, il existe réellement dans la Société de Marles 70 ,/". 800 parts, ou quarantièmes des 20 parts primitives.

Enfin, l'assemblée générale du 9 avril 1879 a décidé de dédoubler les quarantièmes de part, en sorte que les 800 fractions de $^1/_{40}$ seront remplacées par 1,600 portions de $^1/_{80}$, mais sans modifier le droit d'entrée aux assemblées, etc.

Le traité du 15 novembre 1852, entre MM. Bouchet et Lacretelle et M. Raimbeaux, portait que les premiers auraient la faculté de former une Société et de créer des titres au porteur pour la perception des 30 % des bénéfices de Marles. Le nombre de ces titres était fixé à l'origine à 200 ; mais la Société des 30 % avait la faculté d'en élever le nombre à la moitié de la totalité des subdivisions des parts de la Société des 70 %.

Lorsque cette dernière, en 1872, porta de 400 à 800 le chiffre de ses parts, la Compagnie des 30 % porta pareillement le chiffre de ses titres de 200 à 400.

Enfin, la Compagnie des 70 %, ayant remplacé en 1879 ses 800 parts par 1,600, la Compagnie des 30 % remplaça ses 400 titres par 800.

Difficultés soulevées pour l'exécution du traité — Le traité passé entre les ingénieurs Bouchet et Lacretelle, auteurs de la découverte des Mines de Marles, et M. Raimbeaux, qui apportait les capitaux pour mettre ces mines en valeur, paraissait très-rationnel, et faire la juste part et de l'invention et du capital.

Son exécution souleva cependant des difficultés. Dès les premiers bénéfices à partager, la Société des 30 % prétendit que la Société Raimbeaux ne lui fournissait pas des comptes permettant un contrôle sérieux de ses opérations ; que cette Société faisait figurer dans les frais d'exploitation certaines dépenses qui devaient être portées dans les frais de premier établissement. Plusieurs procès s'engagèrent, et au sujet des répétitions sur les bénéfices annoncés et au sujet de la forme des comptes et bilans détaillés qui devaient être remis par la Compagnie d'exploitation. — Un arbitre rapporteur fut chargé par les tribunaux de déterminer cette forme des comptes d'une manière définitive.

Puis, la Société des 30 %, ne pouvant intervenir en quoi que ce soit dans l'administration de l'entreprise, était naturellement portée à critiquer la marche des travaux, les prix de revient et les prix de vente, enfin, toujours disposée à se plaindre que la Société Raimbeaux ne poussait pas assez activement les ouvrages préparatoires ou de premier établissement.

Projets de fusion des deux Sociétés. — En 1861, M. Raimbeaux, père, offrit à la Société des 30 % de faire la fusion des deux Sociétés, en attribuant aux 30 % le quart du capital des 70 % qui était alors de 1,700,000 francs, soit 425,000 francs.

Cette offre fut repoussée. — On demanda 25 % des bénéfices bruts, ce qui ne fut pas accepté.

En 1866, après l'écroulement du puits N° 2, la Société des 30 % s'émut de la situation qui allait résulter pour elle, et rechercha les moyens d'assurer la prospérité de l'entreprise de Marles, sur une base plus large et plus solide.

Des pourparlers eurent lieu avec la Société Raimbeaux, dont un certain nombre d'actionnaires, qui avaient alors versé 167,500 francs par part, déclaraient nettement qu'il leur était impossible de fournir de nouveaux fonds pour la création d'autres puits reconnus indispensables.

On tomba d'accord qu'il fallait faire disparaître le vice radical de l'organisation primitive, c'est-à-dire la division en deux Sociétés dont les intérêts n'étaient pas les mêmes, et dont l'antagonisme avait produit des embarras et des procès non encore vidés. C'est ainsi que la pensée de la fusion se présenta en même temps aux deux parties et que les pourparlers entamés aboutirent à la combinaison suivante (1) :

(1) Rapport des Commissions aux actionnaires de la Société des 30 % du 28 novembre 1866.

La Société nouvelle serait civile ou anonyme.

L'apport se composerait de 5,000 actions de 1,000 francs, dont 4,000 pour la Société Raimbeaux et 1,000 pour celle des 30 %.

Le capital social serait complêté par la création de 2,000 actions nouvelles, dont 1,000 à émettre immédiatement, les actionnaires des deux Sociétés ayant la préférence dans la proportion du nombre de leurs titres.

La gestion des affaires sociales serait confiée à un conseil d'administration, pris dans le sein des deux Compagnies et autorisé à déléguer un de ses membres pour l'expédition des affaires courantes.

Dans l'état actuel, on voit que la Société Raimbeaux abandonne $1/_5$ du prélèvement de 170,000 francs auquel elle a droit, à raison des intérêts de 5 % du capital employé, et que la Société des 30 % cède en échange 10 % du surplus des bénéfices. La partie est égale lorsque le bénéfice s'élève à 510,000 francs. — La transaction est avantageuse aux 30 % tant que le bénéfice annuel reste au-dessous de 520,000, et défavorable au-dessus de cette limite.

Avec une seule fosse, qui ne peut évidemment pas donner un bénéfice de 510,000 francs, la combinaison est avantageuse aux 30 %.

Mais il en serait autrement avec plusieurs fosses dont la création cependant exigera des dépenses impossibles à préciser.

La question examinée à un autre point de vue, celui de la valeur vénale des titres des deux Sociétés, fournit les indications suivantes :

Le dernier transfert de la Société Raimbeaux, avant l'accident du puits N° 2, s'est fait, y compris les derniers versements, à 247,520 francs, et ceux de la Société des 30 % à 6,000 francs. — Le rapport de ces chiffres est de 40 à 1 ; c'est ce rapport qui est consacré pour le projet de fusion.

Deux commissaires combattaient le projet ci-dessus. Ils avaient confiance dans l'avenir et prétendaient que ce projet était défavorable aux 30 %. La Société Raimbeaux, disaient-ils, est tenue de fournir les capitaux nécessaires pour la mise en valeur de la concession ; elle ne peut rester où elle en est, et avancera tôt ou tard les capitaux indispensables pour ouvrir de nouvelles fosses, et alors, la Société des 30 % recueillera le fruit de sa patience. Les opposants, reconnaissant que le projet de fusion avait l'approbation de la majorité des actionnaires, ne s'opposaient plus à la réunion des deux Sociétés ; ils se bornaient à demander le remboursement en argent aux dissidents sur le pied de 5,000 francs par coupon, et 5,700 y compris le dividende de l'année et leur part de réserve ([1]).

La Société Raimbeaux mit la Société des 30 % en demeure de se prononcer sur le projet de fusion ; celle-ci n'ayant pu obtenir, dans le court délai qui lui était donné, l'adhésion de tous ses membres, les pourparlers furent abandonnés et la Société des 70 % se reconstitua sur de nouvelles bases.

A la fin de 1875, l'administrateur délégué des 70 %, en vue d'obtenir immédiatement les capitaux destinés au complément des grands travaux de premier établissement, provoque des pourparlers sur un nouveau projet de fusion, dont le principe était l'abandon, par sa Société, de l'intérêt à 5 % du capital dépensé. Par contre, la Société des 30 % consentait à réduire à 25 au lieu de 30 % son contingent dans le partage des bénéfices.

C'est ce projet qui devait être soumis aux deux assemblées. Mais, lorsqu'il en fut donné connaissance aux principaux actionnaires de la Société Raimbeaux, ils le repoussèrent, ne voulant à aucun prix se dessaisir de l'intérêt acquis sur le capital, intérêt qui s'élevait à 400,000 francs, à raison de 5 % sur 8 millions dépensés.

Un autre projet fut présenté par M. Raimbeaux. La très-grande majorité des actionnaires de la Société des 30 % était disposée à l'accepter, quoiqu'il aboutît à une médiocre concession sur le revenu, mais parce qu'il aurait donné au capital une plus value considérable.

Deux des commissaires firent opposition à l'adoption de ce nouveau projet, qui fut abandonné ([2]).

Voici en quoi consistait ce nouveau projet :

[1] Rapport des Commissaires aux actionnaires de la Société des 30 %, du 28 novembre 1866.

[2] Rapport à l'assemblée générale de la Société des 30 % des mines de Marles du 1er mai 1877.

Il était créé des titres de deux natures :

1º D'abord des *coupons de remboursement à revenu fixe*, pour couvrir les 70 % de la rente leur revenant, soit 800 coupons de 500 francs de rente.

2º 16,000 parts, sans valeur déterminée, attribuées :

```
11,200 aux 70 %  ou 14 actions à chacun des 800 1/40
 4 800  «  30   «    12        «          400 coupons.
_____
16,000
```

Le fonds de roulement et les capitaux nécessaires au dévelop pement des travaux de premier établissement devaient être fournis par des emprunts, jusqu'à concurrence de 4 millions (¹).

Concession. — Après la conclusion du traité Bouchet-Lacretelle et Raimbaux, ce dernier avait, le 19 novembre 1852, formé une demande en concession.

L'instruction de cette demande se fit en même temps que celles d'Auchy-au-Bois, de Ferfay et de Bruay, et donna lieu de la part de chacune de ces Compagnies à des prétentions diverses.

Enfin, un décret du 29 décembre 1855 statua sur ces préten tions et institua, en même temps que les concessions de Bruay, Ferfay et Auchy-au-Bois, la concession des mines de Marles, dont la superficie fut fixée à 2,990 hectares.

Travaux. — La Société d'exploitation commença ses travaux par l'ouverture, en 1853, d'un premier puits à Marles, de 4m50 de de diamètre au cercle inscrit dans le cuvelage polygonal de 22 côtés. Il rencontra la nappe d'eau à 14 mètres de profondeur dans des marnes qui reposent sur un banc d'argile sableuse, appelée les bleus par les mineurs. Ce terrain est assez dur et consistant à l'état sec, mais il se délite très-rapidement au contact de l'eau et se désagrège complètement.

On avait pénétré de 11m08 dans cette argile sableuse, lorsque des affouillements se produisirent derrière les croisures et le

_____
(1) Projet de fusion entre la société des fondateurs ou des 70 % et la Société des 30 % dans les bénéfices nets.

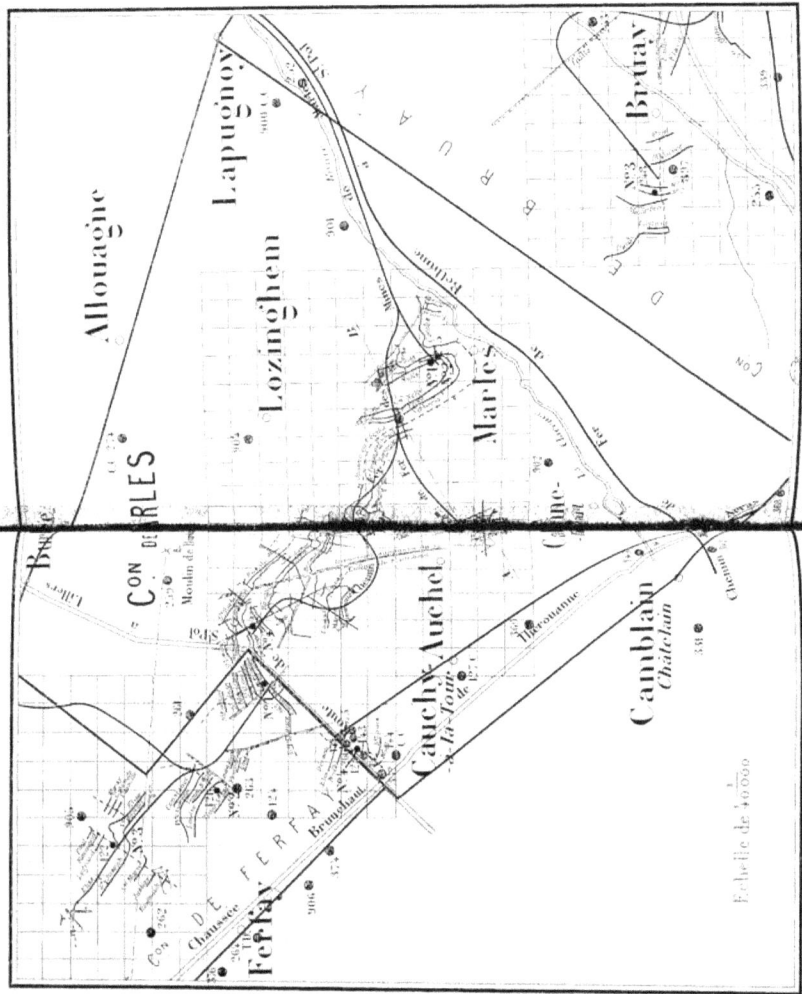

Allouagne

Lapugnoy

Lozinghem

Bruay

Con de RLES

Moulin de...

St Pol

Cauchy Auchel
à la Tour

Ferfay

Con DE FERFAY

Chaussée

Brunghaut

Marles

Bruay

No3

Camblain
Châtelain

Echelle de 40.000

cuvelage supérieur. Des interruptions successives de l'épuisement, nécessitées par l'augmentation du matériel des pompes, accrurent considérablement ces affouillements et finirent par provoquer, en 1854, l'écroulement du cuvelage, et le comblement de la fosse qui avait atteint la profondeur de 55 mètres 58.

Le fonçage de cette fosse avec tous ses accessoires avait occasionné déjà une dépense de plus de 300,000 francs.

M. Raimbeaux, convaincu que l'écroulement de cette fosse était dû plus encore aux dispositions adoptées pour son fonçage qu'à la nature mauvaise des terrains, décida d'en ouvrir une nouvelle à 50 mètres de l'ancienne, et il confia l'exécution des travaux à M. Micha, sous la direction de M. Glépin, comme ingénieur-conseil.

On se mit à l'œuvre dès le milieu de l'année 1854. Le passage du niveau présenta de très-grandes difficultés, qu'on ne surmonta qu'en prenant les plus minutieuses précautions ; et le 15 oct. 1856, on terminait la base du cuvelage, dans le terrain houiller, à 83 mètres de profondeur.

La dépense s'éleva à 405,466 fr. 08 ([1]).

L'approfondissement du puits dans le terrain houiller, les travaux préparatoires et l'installation des appareils d'extraction, exigèrent un peu plus d'une année, et en 1858, la fosse entrait en exploitation et fournissait :

368,717 hectolites, ou	31,730	tonnes.
Puis successivement en 1859	51,428	"
1860	56,355	"
1861	67,057	"
1862	64,674	"
1863	70,225	"
1864	61,568	"
1865	62 487	"
Ensemble	465,524	tonnes.

L'exploitation, se faisant dans de très-bonnes conditions aux étages de 175 et de 225, donnait de magnifiques résultats. Mais

(1) De l'établissement des puits de Mines dans les terrains ébouleux et aquifères. Construction et éboulement des fosses de Marles, par G. Glépin, ingénieur des mines du Grand-Hornue. Paris, Baudry 1867.

les travaux fournissaient une certaine quantité d'eau, et l'on avait
dû recourir, pour les épuiser, au montage d'une machine d'épuisement et de pompes.

Écroulement de la fosse N° 2. — Le 28 Avril 1866, à
huit heures du matin, on s'aperçoit qu'un fort mouvement se
manifeste dans le cuvelage, vers la profondeur de 56 mètres ;
deux pans de cuvelage sont repoussés notablement vers l'intérieur sur une hauteur de 5 mètres.

L'ingénieur fait arrêter le trait, car l'une des cages ne passait
plus qu'en frottant très-fort, remonter les ouvriers et exécuter
des travaux de consolidation au moyen de longues clames
verticales et d'équerres aux angles.

A neuf heures et demie, trois pièces de cuvelage se détachent,
livrant passage à un torrent d'eau. Le terrain inconsistant est
entraîné ; il se forme de grands vides derrière le cuvelage qui se
desserre et se déforme de plus en plus, d'heure en heure, et les
travaux de consolidation qu'on entreprend deviennent de moins
en moins utiles. Dès le 29, le puits était considéré comme perdu.
M. Glépin, arrivé le soir, trouva les clames relevées et recourbées,
les guides des cages repoussés par la chute des pièces de cuvelage. Il conseilla d'arracher ces clames et de couper les guides,
de manière à pouvoir travailler à la réparation du cuvelage.
Toute la nuit se passa sans pouvoir parvenir à détacher les clames.

Le lendemain matin, le puits n'était pas encore accessible
au-dessous des vides qu'il était si important d'obstruer pour
arrêter l'écroulement du terrain.

On essaya d'arriver à ce résultat par le goyau. Mais le vide,
derrière le cuvelage, s'agrandissant de plus en plus, les cadres
se mirent en mouvement, et le 30, vers onze heures et demie
du matin, de nouvelles chutes de cuvelage ont lieu, et les ouvriers,
occupés dans le puits, n'échappent que par miracle.

La fosse continue à se décuveler progressivement et par inter-
mittences plus ou moins prolongées. Vers trois heures et demie
de l'après midi, M. Glépin descend avec le maître porion par
le tonneau ; il peut voir la tête des éboulements, reconnaître que
le cuvelage inférieur avait disparu presque complètement, que

des excavations considérables s'étaient produites, et qu'aucun travail humain n'était possible.

L'éboulement de la fosse était inévitable.

Cet éboulement se produisit complètement en effet, dans la nuit du 2 ou 3 Mai. Toutes les maçonneries d'alentour, une partie du bâtiment des chaudières, situé à côté, furent renversées; le bâtiment en planches du puits s'écroula; la charpente des molettes, le cylindre d'épuisement et tous les engins, placés au-dessous, disparaissent en quelques instants. En même temps, un vaste cratère d'éboulement de 30 à 35 mètres de diamètre et de 10 à 11 mètres de profondeur s'ouvrit dans le sol autour de l'axe du puits. Le sol lui-même se fissura tout autour de ce cratère jusqu'à 10 ou 15 mètres au-delà de ses bords.

Une demi heure environ, à la suite de l'éboulement de la tête du puits, le bâtiment de la machine d'extraction, situé à une dizaine de mètres environ par derrière, s'écroula à son tour presque complètement, en déterminant la rupture d'un certain nombre de pièces de cette machine, telles que les colonnes, les entablements et les tuyaux à vapeur (1).

La perte du puits de Marles, où l'on n'eut heureusement à déplorer la mort de personne, était un véritable désastre pour les Compagnies des 70 et des 30 %. Cependant, des circonstances favorables leur permirent, ainsi qu'on le verra plus loin, d'y remédier promptement. Mais ce n'était pas seulement un puits productif qui était anéanti, c'était encore une partie importante de la concession, par suite de ses richesses, qui était stérilisée, par la nécessité de laisser inexploités, non seulement le champ de ce puits, mais des *espontes* considérables pour l'isoler des autres travaux. On abandonnait ainsi 840 hectares sur les 2,990 que comprend la concession, soit plus du quart, et dans une partie très-productive.

Aussi, dès 1867, M. Glépin proposait de relever et de rétablir complètement le puits éboulé. Il indiquait même les moyens à employer, tout en ne se dissimulant pas les immenses difficultés qu'une telle reconstruction présenterait, difficultés que, selon lui,

(1) De l'établissement des puits de Mine dans les terrains ébouleux et aquifères. Construction et éboulement des fosses de Marles. par G. Glépin, ingénieur des mines du Grand-Hornue. Paris, Baudry 1867.

l'art des mines saurait surmonter. Il ne fut pas donné suite alors à ce projet.

En 1875, un certain nombre d'intéressés de la Société d'exploitation soulevèrent à nouveau la question de reprise de la fosse écroulée de Marles, à cause des dangers que les travaux inondés pourraient faire courir, soit aux travaux de cette concession, soit à ceux des concessions voisines.

Cette question fut soumise à une commission d'ingénieurs composée de MM. de Clercq, de Bracquemont, Alayrac et Lamborot, à laquelle fut remis un mémoire de M. Callon, exposant les faits et posant les points à examiner.

La réponse des ingénieurs fut complètement défavorable à la reprise du puits; elle était motivée sur les considérations suivantes :

1° La reprise parait impraticable par aucun des procédés actuellement connus. Elle présentera des difficultés immenses, exigera des dépenses énormes, sans assurance de réussite.

La fosse même reconstruite n'offrirait aucune sécurité et il y aurait toujours à craindre d'y voir la même catastrophe s'y renouveler.

2° Les travaux des puits actuels sont arrêtés à 500 mètres du lac souterrain de la fosse N° 2, de manière à laisser une esponte de cette épaisseur.

Du côté de la concession de Bruay, cette esponte est de 1,000 mètres.

Il n'y a donc aucun danger à redouter pour les travaux actuels de Marles et de Bruay.

3° La superficie de la concession de Marles est de 2,990 hectares et le périmètre abandonné est de   840   »

Reste à exploiter. 2,150 hectares

pouvant suffire à sept grands sièges d'exploitation — trois sont ouverts, il en reste quatre à ouvrir, avant de songer à reprendre le puits écroulé.

On peut donc attendre longtemps avant de reprendre ce puits.

La Compagnie de Marles a donc agi sagement en abandonnant le puits N° 2, et en ajournant sa reprise à un avenir éloigné (¹).

Ouverture de nouveaux puits. — Un troisième puits, dit St-Firmin, fut ouvert à Auchel, en 1862. Le passage du niveau fut facile, et il atteignit promptement le terrain houiller. Mais à 225 mètres, il rencontra un banc de grès qui fournit un volume d'eau assez considérable pour qu'on fut obligé de suspendre l'approfondissement avec de simples tonneaux. La venue d'eau s'élève à 3,000 hectolitres par 24 heures. — On monte les guides, et à l'aide des cages on parvient à épuiser les eaux, et, en 1865, on peut mettre le puits en extraction.

Cependant, on décide l'établissement d'une machine d'épuisement, qui commence à fonctionner fin 1867.

L'écroulement du puits N° 2 venait de se produire fin avril 1866. Heureusement, les travaux du puits N° 3 étaient suffisamment préparés pour recevoir le personnel et mettre en pleine exploitation ce dernier puits dont les produits remplacèrent ceux du premier.

La production de la Compagnie de Marles, malgré le désastre qu'elle venait d'éprouver, dépassa en 1866 de 30 % celle de l'année précédente ; et les années suivantes, grâce aux grandes demandes de houille, elle atteignit des chiffres inespérés, et bien supérieurs à ceux fournis par le puits N° 2.

Le découragement qu'avait causé la catastrophe de 1866, fit bientôt place à la confiance que justifiaient les magnifiques résultats de ce même exercice. Il fut distribué aux actionnaires l'intérêt de 5 % des fonds dépensés, et le surplus, formant une somme de près de 300,000 francs, fut consacré à l'ouverture d'un quatrième puits qui fut commencé en juin 1867. Ce puits, dit St-Émile ou du Bois Rimbert, fut établi à 250 mètres de l'angle et de la concession de Ferfay, c'est-à-dire sur le gisement connu à la fosse N° 1 de cette Compagnie, et à 1,700 mètres du puits N° 3. Son creusement ne présenta pas de difficultés sérieuses et marcha vite. Il entra en production en 1870. Les terrains y sont assez

(1) Rapport de MM. les Ingénieurs chargés par la Compagnie des mines de Marles de traiter la question de la reprise de la fosse de Marles, 1875.

accidentés du moins autour du puits. En 1875, on reconnait que les couches rencontrées à ce puits font partie du même faisceau de veines exploitées par le puits St-Firmin. Son extraction augmente et atteint 119,264 tonnes en 1876.

En 1873, on ouvre un nouveau siège composé de deux puits jumeaux, au sud du puits St-Firmin. — Le creusement s'effectue par le système Kind-Chaudron. Ces deux puits entrent en exploitation fin 1876, et rencontrent les couches de St-Firmin. Ils fournissent, en 1877, 45,965 tonnes et, en 1878, 93,395 tonnes. Les terrains y sont très-failleux.

En 1875, on décide le creusement d'un deuxième puits annexe à 37 mèt. 50 du puits St-Firmin, pour venir en aide à ce dernier dont l'extraction est arrivée au maximum. Ce puits est creusé par le procédé ordinaire.

La Compagnie de Marles possède aujourd'hui trois sièges d'exploitation, Nos 3, 4 et 5, dont deux à double puits.

Ils ont fourni, en 1878 — 335,346 tonnes, soit en moyenne 111,782 tonnes chacune. On espère que ces trois sièges, ou plutôt que ces cinq puits, tous disposés pour l'extraction, pourront livrer ensemble annuellement 500,000 tonnes, soit 166,666 tonnes par siège, ou 100,000 tonnes par puits.

En creusement et installation de puits, il a été dépensé :

Au 31 décembre 1878	4,948,064 fr. 54
Savoir : Puits Nᵒ 1 et 2 abandonnés...........	1,047,160 94
» Saint-Firmin A et B.............	1,422,306 79
» Saint-Émile...................	706,905 41
» Nᵒ 5 A et B.................	1,652,732 75
Agrès, outils et ustensiles etc.........	118,940 65
Et le budget de 1879 prévoit encore un supplément de dépenses de...................	299,000 fr. »

Gisement. — Sur toute l'étendue de la concession, le plan d'affleurement du terrain houiller est au tourtia qui est à peu près horizontal avec une légère pente au Sud-Ouest.

L'épaisseur reconnue des morts-terrains qui recouvrent la formation houillère, varie de 88 mètres à 145 (Nᵒ 4) et 150 mètres (Lapugnoy). Sauf dans la région avoisinant les premiers puits de Marles, et du côté de Calonne-Ricouart, ces terrains sont

CONCESSION MARLES

COUPE PASSANT PAR LE SIÈGE N°5 ET LA BOWETTE SUD DU PUITS N°2 *LIGNE AB DU PLAN DE CONCESSION*

Niveau du Sol
Niveau de la Mer
Puissance du terrain houiller
Hauteur d'exploitation
Étage de 197m
Étage de 225m

Tableau de l'épaisseur et composition des couches de houille

Thérèse	Henriette	Jeanne	Pauline	Cavaigneaux	St Eugène
1	6	11	21	26	31
Valentine	Marie	Victoria	V.te de Bourbon	St Barbe	
2	7	12	22	27	
Loyette	Louisa	Violette	V.te d'Artois	St Louis	
3	8	13	23	28	
Eugénie	Louisette	Elisa	Céline	Morveaud	
4	9	14	24	29	
Marguerite	Jeannette	St Bernard	Pascale	St Jean	
5	10	15	25	30	

Echelle de 10 000

généralement solides et peu aquifères. Les puits N°ˢ 3 et 4 ont
pu être foncés sans l'aide de pompes.

Dans la région Nord—Est de la concession, divers sondages
ont rencontré les terrains négatifs sur les territoires d'Allouagne,
Lozinghem et Lapugnoy. Le calcaire carbonifère paraît y faire
une forte rentrée et stériliser de la sorte cette partie de la
concession, qui est encore peu connue du reste.

Au Sud-Ouest, la concession de Marles est limitée par celle
de Cauchy-à-la-Tour (Ferfay), que les soulèvements du dévonien
et du calcaire carbonifère ont dû rendre stérile sur la plus
grande partie du territoire, faisant même par place des échan-
crures le long de la concession de Marles.

Aux trois sièges en activité de la Compagnie de Marles, on
exploite le même système de couches, du type Flénu, appartenant
suivant toute apparence à la formation supérieure du bassin.
Ce sont des houilles à longue flamme, renfermant 35 à 40 %
de matières volatiles, très-estimées pour les usages domestiques,
la fabrication du gaz, etc.

Les couches ont une allure assez tourmentée, ainsi qu'on peut
s'en rendre compte par le plan de concession ; elles offrent
une série de selles et de fonds de bateau à inclinaisons généralement très-faibles, traversées par des failles assez-nombreuses,
de directions variables, mais se rapprochant toutes de la grande
direction du Sud-Est au Nord-Ouest. Une des plus importantes
est la grande faille, dite Rimbert, passant entre le N° 3 et le N° 4,
et un peu au couchant du N° 5, et qui relève les couches,
côté Ouest, d'une hauteur de plus de 100 mètres.

Une autre faille considérable, imparfaitement reconnue encore,
bouleverse également la partie qui sépare le champ d'exploitation
du N° 5, de celui N° 3.

Les travaux d'exploitation des trois sièges actuellement en
activité, sont reliés entre eux souterrainement par une voie
de plus de 3 kilomètres de développement, presqu'entièrement
de niveau (215 mètres) et sur laquelle les chevaux peuvent
circuler d'un bout à l'autre.

Jusque maintenant, la présence du grisou n'a été constatée
qu'au nouveau siège d'exploitation du N° 5, en recoupant la veine
l'Albraque, à la suite d'un grand relevage qui doit correspondre
à la faille de Rimbert. Ce fait doit n'être qu'accidentel et provenir

sans doute de la proximité de la grande faille ; le gaz a même fini par disparaître.

Grâce au développement des travaux de reconnaissance et d'exploitation, on a pu établir rigoureusement l'ordre de superposition des couches reconnues qui sont au nombre de 31, et dont le tableau annexé à la présente notice donne l'énumération, avec leur puissance moyenne en charbon, et suivant leur position stratigraphique.

Au-dessus de la veine Thérèse, il reste à explorer une épaisseur de terrain houiller encore assez considérable, pour pouvoir espérer d'y rencontrer de nouvelles couches exploitables : ce n'est que plus tard que les travaux du N° 3 et du N° 5 pourront donner des résultats un peu certains à cet égard.

Les couches inférieures, exploitées au siège N° 4 (fosse Rimbert), font partie du faisceau de veines dans lequel a débuté le puits N° 1 de la concession de Ferfay. Cette dernière compagnie exploite, depuis lors, d'autres séries de couches encore inférieures que l'on retrouvera en profondeur dans la concession de Marles.

L'avenir fera connaître si, en profondeur, on retrouvera dans cette dernière concession toute la série des couches moyennes et inférieures. — Houilles grasses — à coke, demi-grasses — les houilles sèches et maigres.

Production. — L'extraction par le puits N° 2 de la Compagnie de Marles a commencé en 1858. Elle a été successivement :

En 1858 de............	31,730	tonnes.
» 1859...............	51,428	»
» 1860...............	57,355	»
» 1861...............	67,057	»
» 1862...............	64,674	»
» 1863...............	70,225	»
» 1864...............	61,568	»
» 1865...............	62,487	»

465,524 tonnes.

Le puits N° 2 s'écroule à la fin d'avril 1866. Mais heureusement, le puits N° 3 est prêt à

A reporter...... 465,524 tonnes.

Report...... 465,524 tonnes.

entrer en exploitation régulière ; aussi l'extraction, non seulement ne subit pas d'arrêt, mais elle augmente très notablement d'année en année. Elle est par le seul puits N° 3

En 1866 de............ 84,830 tonnes.
    1867................ 99,619 »
    1868................ 119,815 »
    1869................ 134,115 »

438,379 tonnes.

Le puits N° 4 entre en production en 1870, et l'extraction s'élève

En 1870 à............ 136,595 tonnes.
    1871................ 153,279 »
    1872................ 222,259 »
    1873................ 251,243 »
    1874................ 212,285 »
    1875................ 231,596 »

1,207,257 »

En 1876, le puits N° 5 commence à extraire et la production s'élève

En 1876 à............ 269,145 tonnes.
    1877................ 301,156 »
    1878................ 335,346 »

905,647 »

Production totale...... 3,016,807 »

Dépenses faites. — Chaque année, le conseil d'administration distribue aux Sociétaires, un rapport très-bien fait, donnant les renseignements les plus complets sur la marche de l'entreprise. Ce sont ces rapports qui ont fourni à peu près exclusivement les éléments de ce travail, et notamment les dépenses effectuées pour amener la houillère à son état actuel.

16

De 1852 au 31 décembre 1878, La Compagnie de Marles a dépensé en frais de premier établissement :

Frais généraux (probablement sondages) ..,...........	107,457 fr. 64
Puits. Creusement et installations	4,948,064 54
Chemins de fer. Embranchements et matériel,..........	2,231,664 46
Maisons d'employés et d'ouvriers. Écoles	2,392,813 07
Constructions diverses, ateliers, magasins, etc.........	80,531 23
Acquisitions de terrains	475,437 20
Moteurs........................	159,053 58
	10,395 021 fr. 72

A ce chiffre il faut ajouter les fonds de roulement indispensables, approvisionnements, crédits aux acheteurs de houille, service financier.

Fr.	1,500,000
Ensemble......	11,895,021 fr. 72

La production de Marles a été en 1878 de 335,346 tonnes. Le capital engagé dans l'entreprise correspond donc à 3 et $\frac{1}{2}$ millions par 100,000 tonnes, ou 35 francs par tonne produite.

Il est vrai que l'on espère pouvoir produire avec les travaux actuels 500,000 tonnes ; mais pour arriver à cette exploitation, il faudra faire encore des dépenses importantes. Ainsi, le budget de 1879 prévoit déjà pour dépenses de cette année :

Constructions diverses	103,500 fr.
Complément des puits.........	83,000
Triage central	216,000
Rivage.....................	375,000
Chemin de fer	50 000
Total......	827,500 fr.

Aussi, ne peut-on fixer à moins de 30 francs par tonne le capital dépensé dans la houillère de Marles. C'est du reste le chiffre observé dans les meilleures houillères du Nord, et il est souvent supérieur.

Emprunts. — En vue de donner satisfaction aux intéressés qui, découragés par l'accident de la fosse de Marles, désiraient ne plus verser de nouveaux fonds dans l'entreprise, la Société Raimbeaux, fit en 1866, un emprunt de 400,000 francs, au taux de 6 %, remboursable en 6 ans.

En 1867, elle fit également un nouvel emprunt à 6 % de 500,000 francs, qui toutefois, grâce aux résultats inespérés de l'exploitation, ne fut réalisé que plus tard.

Ces emprunts furent promptement remboursés par des prélèvements sur les bénéfices.

En 1877, la Société, voulant donner une très-grande impulsion à ses travaux préparatoires et les développer en vue d'une production annuelle de 600,000 tonnes, fit décider par l'assemblée générale un emprunt de 3 millions.

Il fut émis en 3,000 titres nominatifs de 1,000 francs, productifs d'intérêts à 5 $\frac{1}{4}$ % nets, et remboursables, par voix de tirage au sort, en 17 annuités à partir du 1er mai 1880.

Versements des parts de la Société des 70 %. — L'acte constitutif de la Société d'exploitation de Marles, porte que le capital se compose de vingt parts subdivisibles en vingtièmes, qui fourniront les sommes nécessaires à l'entreprise au fur et à mesure des besoins. On admit dès l'origine qu'il y avait 400 parts. Ce chiffre fut doublé en 1872 et porté à 800, et enfin en 1879, à 1,600.

Le montant des versements de chacune de chaque part a atteint successivement les chiffres suivants.

		Par 1 20e	Par 1 400	Par 1 800e	Par 1 1600e
Au 1er janvier 1861......	Fr.	85.000	4.250	2.125	1.012
» » 1864......	»	143.147	7.157	3 579	1.790
» » 1866......	»	167.500	8.370	4.185	2.092
» » 1869......	»	222.049	11 104	5 552	2.776
» » 1871	»	244.710	12.235	6.117	3 059
» » 1873......	»	292.008	14.600	7.300	3.650
» » 1875......	»	366.803	18.401	9.200	4.600
» » 1876......	»	400.000	20.000	10.000	5.000

Toutefois, sur 400,000 francs versés par chaque vingtième environ, la moitié seulement a été fournie par les Sociétaires sur les appels de fonds directs, l'autre moitié a été retenue sur les dividendes qui étaient à répartir à partir de 1867.

Valeur des actions.

1° De la Société d'exploitation.

En 1861, le $1/20$ valait 120,000 francs prix correspondant à 6,000 francs le $1/40$ et 3.000 le $1/800$.

En 1865, avant l'écroulement de la fosse de Marles, alors que chacune des vingt parts avait versé 159,547 fr. 89, il s'était vendu des fractions de part sur le pied de 247,520 francs le $1/20$. soit 12,376 francs $1/400$, ou encore 6,189 francs le $1/800$.

Au milieu de l'année 1872, la valeur vénale du $1/400$ est de 28,000 francs, correspondant à 14,000 francs le $1/800$.

En 1873, le prix de vente est encore à ce même taux de 14,000 francs le $1/800$, soit le double de versement alors effectué. Il se fait du reste peu de transactions, et la cote de la bourse de Lille, ne mentionne que de rares ventes.

Les hauts prix de vente des *houilles*, par suite, les bénéfices importants que réalisent toutes les houillères, font monter les actions de Marles, comme toutes les actions des mines.

le $1/800$ atteint en 1874 — 25,000

et en 1875 — 42,000.

Mais ce dernier prix est un maximum, et dès 1876, la valeur des $1/800$ tombe à 25,000 francs, soit à 2 et $1/2$ fois le montant des fonds versés.

C'est à ce même taux de 25,000 francs qu'on évalue la valeur des $1/800$ depuis 1876 jusqu'à ce jour, en l'absence des ventes connues.

2° De la Société des 30 %.

Il a été dit précédemment que cette Société était composée à l'origine de 200 parts, qu'en 1872 le nombre des parts fut porté à 400, et qu'en 1879 ce dernier chiffre a été porté à 800.

Dans le cours de l'année 1861, la valeur du $1/200$ est de 4,000 francs.

En mai 1866, avant l'écroulement du puits N° 2, le $1/200$ se négociait à 6,000 francs, prix correspondant à 3,000 pour $1/400$.

Après l'accident, lorsque fut proposé un projet de fusion des deux Sociétés, MM. Lacretelle et Soubrébost, demandaient que les Coupons, ou $\frac{1}{200}$, fussent remboursés aux dissidents, en argent, sur le pied de 5,000 francs, plus la part de la réserve et le dividende de l'exercice 1865, soit sur le pied de 5,700.

En 1872, le $\frac{1}{200}$ vaut 28,000 francs, ce qui met le $\frac{1}{400}$ à 14,000 francs.

Ce prix de 14,000 francs persiste pendant toute l'année 1873.

Puis il monte :

> En février 1874 à.............. 23,000 fr.
> » janvier 1875 à 32,000

Il redescend ensuite :

> En novembre 1875 à. .... 29,000 fr.
> » janvier 1876 à .... 27,000 »
> » juillet 1876 à .... 19,000 »
> » octobre 1876 à. .... 17.000 »

Depuis cette dernière date, les très-rares négociations effectuées sur des $\frac{1}{400}$ se sont faites à ce prix de 17,000 francs, qui est le taux porté encore aujourd'hui sur les bulletins de la bourse de Lille.

Dividendes.

1° *De la Société d'exploitation.*

La fosse de Marles entre en exploitation en 1858, et elle réalise de suite des bénéfices importants, grâce aux prix élevés de vente des charbons.

Sur les bénéfices réalisés, la Compagnie d'exploitation prélève d'abord l'intérêt des capitaux versés, et le solde est attribué en dividendes.

> 70 % à la dite société d'exploitation.
> 30 % à la société des 30 " 0.

Jusqu'en 1867, il ne paraît pas avoir été fait de répartition aux Sociétaires, les intérêts et dividendes étaient portés en compte à ceux-ci comme versements sur appels de fonds, ou en augmentation de capital. C'est du reste ce qui se pratique dans la plupart des houillères, où l'on prélève une forte part des bénéfices annuels pour le développement des travaux.

En 1867, il est attribué aux Sociétaires l'intérêt à 5 %, du capital versé, soit 9,163 fr. 99 par ¹/₂₀, ou 458 fr. 25 par ¹/₄₀₀, ou encore 229 fr. 10 par ¹/₈₀₀.

Il en est de même de 1868 à 1871, années pendant lesquelles on ne répartit que l'intérêt à 5 % des capitaux versés, savoir :

En 1868..   10,134 fr. 75 par 1/20 — 506 fr. 23 par 1/400 — 253 fr. 11 par 1/800
   1869.   11,103   97   "   — 555   20   — 277   60   "
   1870..   11,757   28   "   — 587   86   — 293   93   "
   1871   12,235   54   "   — 611   77   — 305   89   "

Les hauts prix qu'atteignent les houilles à partir de 1871, ont pour conséquence une importante augmentation d'extraction et la réalisation de très-grands bénéfices. La Société d'exploitation, tout en réservant une bonne partie de ses bénéfices pour développer ses travaux d'exploitation, peut répartir à ses Sociétaires non seulement les intérêts des capitaux versés, mais un dividende, intérêts et dividendes qui s'élèvent :

En 1872..   22,235 f. 54 par 1/20 — 1,111 f. 77 par 1/400 — 555 f. 88 par 1/800
   1873..   58,401   75   "   — 2 920   "   "   — 1,460   "   "
   1874..   40,153   50   "   — 2,007   67   "   — 1,003   83   "
   1875..   30,645   90   "   — 1,532   30   "   — 766   15

En 1876. les fonds versés par part, soit directement, soit par une retenue sur les intérêts et les bénéfices, s'élèvent à

$$
\begin{array}{ll}
400{,}000 \text{ fr. par} \dots\dots & 1/20 \\
20{,}000 \quad " \quad " \quad \dots\dots & 1/400 \\
10{,}000 \quad " \quad " \quad \dots\dots & 1/800
\end{array}
$$

et représentent une somme totale de 8 millions.

La Compagnie décide de mettre un terme aux sacrifices imposés aux Sociétaires ; qu'il sera pourvu à la création des nouveaux travaux par un emprunt de 3 millions, et que les bénéfices annuels seront entièrement répartis. Aussi, en intérêts et dividendes, il est distribué :

En 1876..   56,000 f. par 1/20 — 2,800 f. par 1/400 — 1,400 f. par 1/800
   1877..   41,400   "   "   — 2,070   "   "   — 1,035   "   "
   1878.   55,600   "   "   — 2,780   "   "   — 1,390   "   "

2° *De la Société des 30 %.*

MM. Bouchet et Lacretelle avaient apporté à la Société Raimbeaux, les découvertes faites dans leurs sondages, et les droits qui en découlaient pour l'obtention d'une concession. Cet apport leur était payé par une prélèvement de 30 % sur les bénéfices à réaliser sur l'exploitation, défalcation faite de l'intérêt de 5 % des dépenses de premier établissement, entièrement à la charge de la Société Raimbeaux.

La Société des 30 %, fondée par eux, n'a eu à débourser aucun capital. Les bénéfices qui lui revenaient pouvaient donc être entièrement répartis entre les 200 parts de la dite Société, sauf quelques légers frais d'administration.

Les dividendes distribués ont été successivement :

En					
En 1860	250.fr. par 1/200.			125 fr. par 1/400	
» 1861	300	»	......	150	»
» 1862	300	»	......	150	»
» 1863	pas de dividende.				
» 1864	50 fr. par 1/200		......	25	»
» 1865	pas de dividende.				
» 1866	650 fr. par 1/200		.....	325	»
» 1867	830	»	......	415	»
» 1868	830	»	......	415	»
» 1869	560	»	......	280	»
» 1870	410	»	......	205	»
» 1871	730	»	......	365	»
» 1872	1,450	»	......	725	»
» 1873	3,500	»	......	1,750	»
» 1874	2,300	»	......	1,150	»
» 1875	1,920	»	......	960	»
» 1876	1,500	»	......	750	»
» 1877	1,000	»	......	500	»
» 1878	1,550	»	......	775	»

Chemins de fer. — La fosse de Marles, étant entrée en exploitation en 1858, la Compagnie demanda l'autorisation de la relier par un embranchement à la ligne du chemin de fer des houillères du Pas-de-Calais, alors en construction.

Un décret du 28 avril 1860, autorisa l'exécution de cet embranchement qui aboutit à la gare de Chocques.

Il fut construit par la Compagnie du Nord, moyennant le prix de 264,170 francs payables en 10 annuités de 53,420 fr. 45 dont la dernière fut acquittée en 1870.

Ce prix ne comprenait pas bien entendu, la valeur des terrains.
En effet, avec les adjonctions faites depuis par la Compagnie
de Marles, cet embranchement figure à son bilan du 31 décembre
1878, pour . . . .   884,529 fr. 59.

Par un deuxième décret du 25 juin 1864, fut
autorisé l'embranchement reliant la fosse N° 3
au premier chemin de fer. Il fut également
exécuté par la Compagnie du Nord, moyennant
le paiement de 166,926 fr. 85 en 10 annuités de
21,617 fr. 03 et il figure avec ses adjonctions
au dernier inventaire de la Compagnie de Marles
pour   299,263   24.

La fosse du Bois-Rimbert fut reliée en 1869
aux embranchements précédents par une voie
ferrée dont l'exécution fut effectuée par la
Compagnie du Nord, moyennant la somme de
264,170 francs payables en 10 annuités de
34,211 fr. 22.

Cette voie, avec ses adjonctions, est reprise
au bilan de fin 1878 pour . . . .   494.864   61.

L'ouverture en 1875, du chemin de fer de
Béthune à Abbeville, amène la Compagnie de
Marles à y relier ses embranchements et à faire
une dépense de   87,432   29.

En 1875, intervient entre la Compagnie de
Marles et la Compagnie du chemin de fer du
Nord, un quatrième traité pour l'exécution
du raccordement de la fosse N° 5, dont la dépense,
non compris l'acquisition des terrains, était de
170,000 francs. Cette somme était remboursable
en 5 annuités de 34,000 francs chacune.

Ce raccordement figure au dernier bilan pour   286,728   21

$$\text{Ensemble . . .}\quad 2,052,817\ \text{fr. 94}$$

montant des dépenses d'établissement de 14 kilomètres $1/2$ de chemins de fer, non compris le
prix d'acquisition des terrains.

A reporter.   . .   2,052,817 fr. 94

Report. . . . 2,052,817 fr. 94

Il faut ajouter à cette somme :

   1° Valeur du matériel 84,675,25

   2° Locomotives 83,325,22

   3° Remise de wagons 10,846,05   178,846   52.

     Total des dépenses en chemin de fer . . 2,231,664, fr. 46.

Rivage. — Jusqu'à ce jour, la Compagnie de Marles n'a expédié que de faibles quantités de houille par la voie des canaux, savoir :

En 1876....	11,114	tonnes, soit	4,1 °/° de son extraction.
" 1877....	17,506	"	5,8	"
" 1878....	25,623	"	7,6	"

Elle était et est encore dans de mauvaises conditions pour ces expéditions. Ses charbons arrivent en wagons à la gare de Béthune, et de là sont transportés par tombereaux au canal.

Elle se propose aujourd'hui d'établir une gare d'eau dans une partie de l'emplacement de la station Béthune-Rivage ; l'étude qu'elle fait faire de cette création comporte une dépense importante qui est évaluée à 375,000 francs.

Prix de revient. — Les prix de revient varient suivant le plus ou moins d'activité donné aux travaux préparatoires. A Marles, ils sont compris entre les chiffres de 10 et de 14 francs la tonne.

Mais, par suite du mode de comptabilité suivi dans cette houillère, on porte dans les dépenses d'exploitation certains frais qui sont généralement portés dans les autres houillères en déduction du prix de vente. Il en résulte que les prix de revient de Marles doivent être diminués de ces frais qui représentent près d'un franc par tonne.

Les états de redevance dressés par l'administration des mines, donnent pour prix de revient direct de l'exploitation de Marles :

En 1873..........	10 fr. 62 la tonne.
" 1874..........	12 20	"

Prix de vente. — L'exploitation de Marles fournit des charbons gazeux, très-gailleteux, par suite très-convenables pour les foyers domestiques. Aussi ces charbons sont-ils très-recherchés pour cet usage ; et leur prix de vente a toujours été notablement plus élevé que celui des charbons de la plupart des autres houillères de la région.

De 1858 à fin 1864, le prix moyen de vente a été de 16 fr. 37 la tonne.

Il monte même à 18 fr. 40 en 1866 et 18 fr. 65 en 1867, et reste compris entre 15,60 et 16,50 de 1868 à 1872.

A la fin de cette dernière année, les charbons sont très-demandés aussi, les prix augmentent successivement. Ainsi, au 24 juin, le prix de Marles est de 1 fr. 60 l'hectolitre.

Ce prix est porté

Le 2 septembre à	.....	1 fr.	70	l'hectolitre.	
9	"	1	80	"	
16	"	1	90	"	
21	"	2	"	"	
15 novembre à	.....	2	20	"	

Aussi, les prix moyens de l'année 1873 s'élèvent à 22 fr. 95 par tonne.

Ils sont encore

En 1874 de.	....	22 fr.	15	la tonne.
" 1875	....	20	84	"
" 1876	....	18	26	"

Puis ils descendent

En 1877	....	15	07	la tonne
" 1878	....	14	61	"

En 1879, le prix de vente sera sans doute notablement inférieur à celui de 1878, par suite d'abord de la baisse générale, et ensuite à cause du marché que la Compagnie a, dit-on, passé avec la Compagnie du gaz de Paris, à 11 francs la tonne, pour 175,000 tonnes à livrer pendant cinq ans.

Les prix moyens ci-dessus ne comprennent pas les bonifications, primes, escomptes, remises aux acheteurs et aux représentants, frais de chargement, etc ; aussi sont-ils trop élevés, et doivent-ils être diminués d'un quantum assez important, environ 1 fr. par tonne. C'est le résultat du mode de comptabilité suivi à

Marles, où l'on porte ces frais à la charge de l'exploitation, tandis que la plupart des houillères les portent en déduction du prix de vente.

En 1878, les bonifications faites aux acheteurs, soit sous forme d'escomptes, de primes et de remises, atteignent 208,902 fr. 82, ou 0,62 par tonne.

Renseignements sur la vente. — Pendant les trois dernières années, les ventes de Marles se sont réparties de la manière suivante :

	A la campagne.	Par chemin de fer.	Par bateaux.
1876.....	14,869	166,546	11,114 tonnes.
1877.....	10,723	236,512	17,506 »
1878.....	8,692	266,398	25,623 »

D'un autre côté, les rapports des ingénieurs des mines fournissent les indications suivantes :

Extraction :

	1877.	1878.
Gros...................	2,401	3,132 tonnes.
Tout-venant	265,112	300,236 »
Escaillage..............	33,643	31,978 .»
Total......	301,156	335,346 tonnes

Consommation :

	1877.	1878.
Aux machines............	22,963	22,915 tonnes.
Aux autres foyers	9,815	9,568 »
Total......	32,778	32,483 »

Vente :

	1877.	1878.
Dans le Pas-de-Calais......	86,341	44,732 tonnes.
» Nord	122,980	133,648 »
Autres départements	59,000	127,050 »
Total......	268,321	305,430 »

Mode de vente :

	1877.	1878.
Par voiture..............	14,289	13.408 tonnes.
» bateau..............	17,520	25,623 »
» wagon	236,512	266,399 »
Total......	268,321	305,430 tonnes.

Ouvriers — Salaires. — On ne possède, sur le nombre d'ouvriers employés par les mines de Marles, que les renseignements fournis par les rapports des ingénieurs des mines, renseignements consignés dans le tableau ci-dessous

ANNÉES.	NOMBRE D'OUVRIERS			PRODUCTION PAR OUVRIER.		SALAIRES.	
	du fond.	du jour.	Total	du fond	du jour.	Totaux,	par ouvrier.
				Tonnes.	Tonnes.	Fr.	Fr.
1869	770	173	943	174	142	783.886	831
1871	850	206	1.056	180	144	1.005.302	951
1872	1.090	301	1.391	203	159	1.379.024	992
1873	»	»	»	201	»	»	1.084
1874	»	»	»	188	»	»	1.207
1876	»	»	»	183	»	»	1.090
1877	1.665	510	2.175	181	138	1.712.121	787
1878	1.544	503	2.047	217	163	1.734.484	847

Voici quelques indications sur les conditions du travail dans les exploitations de Marles, d'après les rapports du conseil d'administration aux assemblées générales.

	1861.	**1865.**
Extraction (tonnes)........................	61.568	62.487
Surface de veines abattues (mètres carrés).......	73.679	64.229
Rendement du mètre carré (tonnes)	0.835	0.972
Journées employées à la veine et aux murs	41.870	40.440
Production par journée (tonnes)...............	1.47	1.54
Prix de la journée (francs)........	3.75	3.75

Maisons. — Dès la fin de 1868, la Compagnie de Marles, possédait 267 maisons d'ouvriers.

Ce nombre était porté à la fin de 1869, à 327. Elles avaient coûté 787,875 fr. 88, soit 2,400 francs chaque, non compris la valeur du terrain. Elles étaient louées 60 francs par an, et n'avaient rapporté pendant cette année, les frais d'entretien déduits, que 7,259 fr. 40 ou moins de 1 °/₀ du capital immobilisé en construction seulement.

En 1876, d'après la notice distribuée aux membres du Congrès de l'Industrie minérale, la Compagnie de Marles possédait 515 maisons habitées par 875 ouvriers.

Chaque maison logeait donc 1,7 ouvrier, Le nombre total d'ouvriers occupés par la Compagnie était de 1710, savoir : 1280 au fond et 430 au jour. Plus de la moitié de ce personnel était logé dans les maisons construites par la Compagnie.

Le bilan au 31 décembre 1878, donne 2,392,813 fr. 07 pour montant des dépenses faites à Marles, en construction de logements d'ouvriers, d'employés et d'écoles, savoir :

Maisons d'ouvriers	2,095,991 fr. 28
» d'employés	214,568 54
» d'écoles	82,253 25

Les indications ci-dessus montrent les sacrifices que s'imposent les houillères du Nord pour le recrutement de leur personnel, et pour lui assurer le logement à bon marché et l'instruction de ses enfants.

Institution en faveur des ouvriers. — Une caisse de secours fonctionne à Marles, Elle est alimentée par :

1° Une retenue obligatoire de 3 °/₀ sur les salaires des ouvriers ;

2° Une cotisation de la Compagnie de 1 °/₀ sur les mêmes salaires ;

3° Le produit des amendes ;

4° L'intérêt des fonds disponibles.

Ses charges sont :

1° Le paiement de secours ordinaires ;

2° Le paiement des pensions ;

3° Le traitement du médecin et l'achat des médicaments :

4° Le service de l'instruction des enfants des ouvriers ;

5° Le paiement de secours extraordinaires accordés par le conseil.

L'actif de cette caisse au 31 décembre 1869, était de 16,192 fr. 94.

Il est au 31 décembre 1878 de 48,858 fr. 52.

Elle est administrée par un conseil composé des principaux employés, du médecin, de porions et d'ouvriers.

La Compagnie a construit trois écoles qui ont coûté 82,253 fr. 25. Elles étaient fréquentées déjà en 1869 par 550 enfants : aujourd'hui ce nombre est beaucoup augmenté.

La Compagnie de Marles a dépensé pour l'agrandissement d'une église et la construction d'un presbytère, 15,805 fr. 61.

Elle accorde gratuitement à ses employés et ouvriers, le charbon nécessaire à leur chauffage. En 1878, elle a distribué ainsi 9,568 tonnes de houille, dont une grande partie il est vrai, de houille menue.

PUITS.

N° 275. N° 1, près de Marles. Ouvert en 1853. S'écroule pendant le fonçage, en 1854, lorsqu'il avait atteint la profondeur de 55 m. 58, dans les bleus, formés par une couche d'argile sableuse assez dure et consistante à l'état sec, mais se délitant et se désagrégeant complètement au contact de l'eau.

Ce puits avait 4 m. 50 de diamètre, et le cuvelage était un polygone de 22 côtés.

2. — Commencé en septembre 1854, à 50 m. du N° 1. Cuvelage terminé en octobre 1856 à 83 m. à la tête du terrain houiller.

Niveau très-difficile ; son passage coûta 314,753 fr. 47 ou 4,210 fr. 18 le mètre.

Commence à extraire en 1858. Premier accrochage à 175 m.

Le 28 avril 1866, il se manifeste une déformation dans le cuvelage à 55 m. On fait sortir les ouvriers, et on consolide le cuvelage. Pendant ce travail trois pièces tombent ; un torrent d'eau les suit et cette eau entraîne avec elle le terrain inconsistant. Le mal s'accroît d'heure en heure, et le puits s'effondre dans la nuit du 2 au 3 mai, avec le chevalement, la machine d'épuisement, et partie du bâtiment. Il se forma un entonnoir de 40 m. de diamètre et de 9 à 10 m. de profondeur.

Plusieurs actionnaires demandèrent, en 1875, la reprise de ce puits. M. Callon et une commission d'Ingénieurs, chargés d'étudier la question, émirent l'opinion que rien ne démontrait la possibilité de cette reprise, qu'elle serait énormément coûteuse, et qu'il ne fallait pas y songer en ce moment.

276. 3, ou Saint-Firmin et Saint-Abel à Auchel.—Deux puits. L'un ouvert 1863 et mis en exploitation en 1866, immédiatement après l'écroulement du N° 2 ; l'autre ouvert en avril 1875, à 37 m. du premier. Terrain houiller à 128 m. 40 et 126 m. 50. Niveau passé sans pompes.

Le cuvelage ne commence qu'à 30 m., et descend jusqu'à quelques mètres seulement du terrain houiller.

Puits très-productif. On y extrait en 1872, 141,199 tonnes, en 1873, 162,153 tonnes.

Ces deux puits ont été percés sans difficulté et presque sans épuisement.

Le premier rencontra de l'eau dans le terrain houiller, et on fut obligé d'y monter une machine d'épuisement. Profondeur 261 m. 50 et 271 m.

277. 4, ou Saint-Émile, à Bois-Rimbert.—Commencé en juin 1867. Épaisseur des morts-terrains, 145 m. 55. Niveau passé sans pompe. Le cuvelage commence 46 m. et finit à 96 m. Gisement accidenté. Entre en exploitation en 1870. Fournit en 1873 88,090 tonnes. Exploite le même faisceau de veine que Saint-Firmin. Produit en 1876, 119.264 tonnes. Profondeur 227 m. 50.

278. 5, ou de la vallée Carreau, au sud du puits Saint-Firmin.—Commencé en juin 1873. Deux puits distants de 36 m. 40. Foncés par le procédé Kind. Chaudron. Morts-terrains 135 m. Hauteur du cuvelage en fonte 86 m. de 29 à 115 m. Diamètre 3 m. 65 entre les collets du cuvelage, 4 m. dans la maçonnerie. Entrent en exploitation à la fin de 1876. Produisent en 1877, 45,965 tonnes. Le grisou apparaît dans cette fosse en 1878. Il n'y en avait jamais eu jusqu'alors dans les travaux de Marles.

SONDAGES.

N° 144. 1, de Cauchy-à-La-Tour. — 1852. — Épaisseur des morts-terrains recouvrant le calcaire carbonifère 125 m. 55. Profondeur totale 130 m. 80.

Repris en 1860 par la Compagnie de Camblain-Chatelain.

257. 2, de Marles. — 1852. — Eau jaillisante à 62 m. Terrain houiller à 85 m. Veine de houille de 1 m. 70 à 96 m. 10. Profondeur totale 121 m. 95.

Les deux premières fosses de Marles ont été creusées à 600 m. à l'est de ce sondage.

259. 3, de Burbure, près du moulin à Panneaux. — 1852. — Terrain houiller à 93 m. 80. Veine de houille de 1 m. à 95 m. 05. Profondeur totale 153 m. 11.

A été exécuté par la Compagnie Leconte.

258. 4, de Lillers. — 1852. — Atteint les schistes dévoniens à 182 m. 26. Profondeur 208 m. 40.

274. 5, d'Allouagne. — 1853. — Atteint le calcaire carbonifère à 150 m. 70. Profondeur 154 m. 30.

901. 6, 1er de Lapugnoy. — 1861-62. — Calcaire carbonifère à 148 m. 05. Profondeur 174 m. 25.

900. 7, 2e de Lapugnoy. — 1862. — Terrain houiller à 153 m. 70. Première couche de houille de 1 m. 90 à 162 m. 70. Deuxième couche de houille de 1 m. 10 à 203 m. 72. Profondeur totale 205 m. 50

902. 8, de Calonne-Ricouart. — 1862 — Terrain houiller à 105 m. 07. Couche de houille de 1 m. 50 à 151 m. 10. Profondeur 153 m. 25.

903. 9, d'Auchel. — 1862. — Terrain houillier à 128 m. 05. Couche de houille de 1 m. 30 à 152 m. 70. Profondeur 154 m.

La fosse Saint-Firmin, ou N° 3, a été ouverte à 100 m. à l'est de ce sondage.

904. de Lozinghem. — 1851. — Exécuté par la Compagnie Leconte. Terrain houiller à 83 m. Profondeur 121 m. 85.

261. De Ferfay (Nord). — 1852. — Exécuté par la Compagnie de Ferfay. Terrain houiller à 120 m. Rencontra une veine de 0 m. 95 à 122 m. 60, constatée le 25 février 1853 par l'ingénieur des mines. Profondeur 126 m. 30.

142. De Cauchy-à-la-Tour, N° 3. — Calcaire fétide à 136 m.

IX.

MINES DE FERFAY.

———

Société de recherches de Lillers. — Constitution de la Société d'exploitation. — Première modification des statuts. — Émission d'actions avec intérêts garantis. — Deuxième modification des statuts. — Concession. — Travaux. — Chemin de fer. — Production. — Gisement. — Emprunts. — Situation financière embarrassée. — Formation de la Société de crédit. — Situation en 1879. — Dépenses de premier établissement. — Dividendes. — Valeur des actions. — Traité pour l'établissement de fours à coke. — Prix de revient. — Prix de vente. — Renseignements divers. — Ouvriers. — Production par ouvrier. — Salaires. — Œuvres en faveur des ouvriers. — Puits. — Sondages.

Société de recherches de Lillers. — Une Société dite de *Lillers,* se forma le 8 juin 1852 pour la recherche de la houille dans le Pas-de-Calais.

Les fondateurs étaient MM. Chartier-Lahure, le général baron Lahure, Oscar Lahure, Déruelle et autres personnes de Douai, Bouchain et environs.

Elle se composait de 24 parts d'intérêts.

Cette Société commençait un premier sondage le 1er juillet 1852 sur le territoire de la commune d'Ecquedecques, puis un second (N° 125) sur le territoire de la commune d'Ames le 1er décembre 1852 et enfin un troisième (N° 261), sur le territoire de la commune de Ferfay, le 1er janvier 1853.

Le premier rencontrait le tourtia à 188 mètres de profondeur, en traversait 2 mèt. 50 et, immédiatement en dessous, entrait dans le calcaire carbonifère où il était définitivement abandonné à la profondeur de 192 mètres.

Le second après avoir traversé 116 m. 50 de morts terrains et 10 m. de terrain houiller tombait sur le calcaire carbonifère et était également abandonné à la profondeur de 135 mètres.

Le troisième rencontrait à 120 mètres de profondeur le terrain houiller et à 122 mèt. 60 une veine en deux sillons, le premier de 0m60, le second de 0m30, séparés par un banc de schistes de 0m30.

Se fondant sur ces données, les actionnaires de la Société de Lillers, qui venaient de commencer sur le territoire de Ferfay deux autres sondages (Nos 262 et 263), l'un le 26 mars et l'autre le 2 avril 1853, résolurent de constituer leur ancienne Société sur de nouvelles bases. Cette nouvelle Société prit la dénomination de Société de Ferfay et de Ames.

Constitution de la Société d'exploitation. — La Société de recherches de Lillers fut dissoute et transformée par acte du 4 avril 1853, en Société d'exploitation, sous la dénomination de *Ferfay* et de *Ames*.

Elle durera jusqu'à l'épuisement de la houille dans la concession à obtenir.

Le capital est fixé à 2,400,000 francs, représentés par 2,400 actions de 1,000 francs. 576 actions sont dévolues à titre gratuit aux actionnaires de la Société de *Lillers*, en compensation de leurs apports, dépenses faites, droits acquis à la concession et matériel de sondage.

L'administration se composera de cinq membres.

Dans le cas où l'un d'eux viendrait à cesser ses fonctions pour une cause quelconque, les administrateurs restants pourvoiront à son remplacement.

Nul ne pourra être administrateur s'il n'a la pleine propriété d'au moins 20 actions.

Toute délibération devra être signée par trois administrateurs au moins, y compris le président.

Le siége de la Société est à *Ferfay*.

Le directeur-gérant doit être possesseur de 20 actions.

Sa nomination et sa révocation ne pourront avoir lieu qu'à la majorité des 4/5 des voix des membres composant toute l'administration.

L'administration ne peut faire aucun emprunt.

Nul ne sera admis à faire partie de l'assemblée générale, s'il n'est propriétaire de 15 actions.

Les écritures sont arrêtées le 31 décembre de chaque année.

L'administration fixe le chiffre des dividendes et de la réserve.

Dans le cas où une très vaste exploitation obligerait l'administration à augmenter le capital social, elle est autorisée à émettre un fonds de réserve composée de 600 actions nouvelles de 1,000 francs chacune, sans que l'émission totale puisse jamais dépasser le chiffre de 3,000 actions.

Modification des statuts en 1866. — Les statuts ci-dessus furent modifiés par l'assemblée générale du 1er février 1866, et remplacés par les suivants :

Il est formé une Société civile sous le nom de *Compagnie de Ferfay et de Ames*.

Son siège est au Bois Saint-Pierre-les-Auchel.

Sa durée est illimitée.

L'avoir social est divisé en 3,000 actions au porteur ou nominatives, au choix du possesseur.

Tout propriétaire de 5 actions a voix délibérative à l'assemblée générale.

Les délibérations de l'assemblée générale ne sont valables qu'autant qu'elle réunit au moins la moitié des actions émises.

L'année sociale commence le 1er juillet et finit le 30 juin suivant.

Une commission dite des comptes, nommée par l'assemblée générale et composée de trois membres, pris en dehors du conseil d'administration, vérifie les comptes et fait un rapport à l'assemblée générale.

Le conseil d'administration est composé de sept membres, qui doivent posséder, chacun au moins 5 actions.

En cas de démission ou de décès de l'un des membres du conseil d'administration, les membres restants pourvoient à son remplacement.

La présence de quatre membres est nécessaire pour la validité des délibérations.

La révocation du directeur-gérant ne peut être prononcée que dans une réunion à laquelle assistent tous les membres du conseil d'administration et à la majorité de cinq voix contre deux.

Le chiffre des dividendes est fixé par le conseil d'administration, d'après le bénéfice net acquis suivant le bilan arrêté au 30 juin,

prélèvement fait de la somme affectée à la réserve. Cette somme
ne pourra excéder 15 % du bénéfice net total, annuel. Le chiffre
des réserves ne pourra dépasser 500,000 francs.

Émission d'actions avec intérêts garantis. — Sur les
3,000 actions de 1,000 francs formant le fonds social de la
Compagnie de Ferfay, il n'en avait été émis que 2,181. Il en
restait à la souche 819.

L'assemblée générale du 6 Décembre 1871 décida l'émission
au pair de ces 819 actions. Mais elles ne furent pas souscrites.

On n'obtint leur souscription qu'en leur garantissant un
intérêt annuel de 50 francs (délibération de l'assemblée générale
du 14 février 1872).

Ces actions nouvelles cessaient toutefois d'avoir ce privilège
d'une garantie d'intérêt de 50 francs après le paiement, pendant
cinq années consécutives, d'un dividende d'au moins 50 francs
pour chacune des 3,000 actions formant le fonds social.

Deuxième modification des statuts en 1875. — Le
21 janvier 1875, l'assemblée générale des actionnaires apporta
de nouvelles modifications aux statuts. — Ainsi :

L'assemblée générale se tient à Douai le deuxième jeudi de
novembre de chaque année.

Les administrateurs sont élus à la majorité des suffrages et au
scrutin secret par les actionnaires réunis en assemblée générale :
la durée de leur mandat est de 7 ans.

L'assemblée des actionnaires procède chaque année à l'élection
d'un administrateur.

Chaque administrateur doit posséder au moins 10 actions.

La présence de cinq membres est nécessaire pour la validité
des délibérations.

L'assemblée générale du 4 janvier 1877 décida la conversion
des titres d'action au porteur en titres nominatifs. Mais un assez
grand nombre d'actionnaires, redoutant les conséquences de la
responsabilité des dettes de la Compagnie, ne voulurent pas
se conformer à cette décision, et à la fin de l'année 1877 il restait,
et il reste sans doute encore aujourd'hui, environ 500 actions au
porteur.

Actions.—Le capital de la Compagnie de Ferfay est de 3,000,000
divisé en 3,000 actions de 1,000 francs chacune, émises
aux diverses époques ci-après :

De 1852 au 31 décembre 1857...... 1,580
au 30 avril 1858.......... 420
au 30 juin 1860 181
au 31 décembre 1873...... 819

Total...... 3,000

Concession. — Quelques mois après sa constitution en Société
d'exploitation, la Compagnie de *Ferfay et Ames* fit, le 23 juillet
1853, une demande en concession.

Plusieurs Compagnies se disputaient alors les terrains restant
à concéder, et l'instruction des diverses demandes fut longue
et laborieuse.

Enfin, parut un décret du 29 décembre 1855, qui instituait
en même temps les quatre concessions de *Ferfay*, *Auchy-
au-Bois*, *Marles* et *Bruay*.

L'étendue de la concession de *Ferfay* fut fixée à   928 hectares.

En mars 1870, la Compagnie se rendit adjudicataire de la concession de *Cauchy-à-la-Tour*,
instituée par décret du 21 mai 1864, en faveur
d'une Société qui était entrée en liquidation après
avoir percé un puits contre la limite *Est* de la
concession de *Ferfay*.

Cette acquisition, autorisée par décret du
7 mai 1872, ajouta à la superficie possédée par
la Compagnie de *Ferfay*   278   »

de sorte que la surface des deux concessions
de cette Compagnie est de. . . . .   1,206 hectares

En 1877, la Compagnie exécute un sondage au midi, en vue
de trouver le terrain houiller en dessous du terrain dévonien
renversé, ainsi qu'on l'a constaté à Liévin, Bully et Drocourt,
et elle demande une extension de concession, qui n'a pas eu
de solution jusqu'ici.

Travaux. — La Société d'exploitation débuta immédiatement, en 1853, par l'ouverture d'une fosse N° 1 ou Montebello. Mais les limites communes données par le décret du 29 décembre 1855 aux concessions de Ferfay et de Marles, quoique fixées en vue de conserver cette fosse à la Compagnie de Ferfay, ne lui laissèrent qu'un champ d'exploitation très limité à l'Est et au Nord.

La fosse N° 1 entre en exploitation dans le courant de l'année 1855, et fournit, cette année, 37,300 hectolitres.

Elle est actuellement approfondie à 467 mètres.

Une deuxième fosse, dite N° 2 ou Lahure, fut commencée en 1856, à l'Ouest. Elle ne fournit d'abord que de mauvais résultats, et, en 1862, était en approfondissement à 375 mètres sans avoir, pour ainsi dire, rien produit. Depuis, elle a fourni quelques produits, qui ont été en augmentant dans ces dernières années. Sa profondeur est de 497 mètres.

En 1867, on ouvrit une fosse N° 3, Druon, qui est de beaucoup la meilleure de la concession de Ferfay. Par sa mise en exploitation, en 1870, la production de la Compagnie de Ferfay se développe rapidement et passe de 82,000 tonnes, en 1870, à 121,000 tonnes, en 1871, et 160,000 tonnes, en 1872.

M. Évrard a installé à la fosse N° 3, en 1876, un trainage mécanique par *chaîne flottante*, pour une exploitation en vallée, qui présente cette particularité que le moteur est placé au jour, et qu'il actionne la poulie de tête de la chaîne par un câble de transmission descendant dans le goyau. On y a également installé la perforation mécanique en 1879.

Cette fosse est approfondie à 327 mètres.

La Compagnie possède une quatrième fosse, N° 4, foncée par la Compagnie de Camblain-Châtelain, en 1859, comprise dans la concession de Cauchy-à-la-Tour, dont elle a fait l'acquisition en 1870. Cette fosse, tombée sur un gisement pauvre et irrégulier n'a pour ainsi dire rien produit. Elle est en chômage depuis 1876, sans être abandonnée. La Compagnie se propose d'y d'opérer des recherches par les bowettes de la fosse N° 1 et à une grande profondeur. En cas de découvertes utiles, la fosse de Cauchy serait approfondie et l'exploitation en serait reprise.

Tous les puits de la concession de Ferfay ont été creusés avec
facilité, et le passage des niveaux n'a fourni que de faibles quantités d'eau.

Le bilan du 30 juin 1874 donne les dépenses faites à chacune
des quatre fosses tant en achat du terrain, creusement des puits,
bâtiments, machines et matériel, savoir :

Fosse Nº 1.............	982,608 fr.	97
» 2.............	1,679,410	32
» 3.............	1,184,380	23
» 4.............	663,579	66
Ensemble......	4,509,979	18

Le prix moyen d'installation d'une fosse de Ferfay a donc
été de 1,127,495 fr.

Chemins de fer. — Un chemin de fer de 6 kilomètres,
concédé par décret du 8 mai 1860, relie la fosse Nº 2 à la gare
de Lillers, et des embranchements, partant des fosses Nᵒˢ 1 et 3,
se raccordent au grand chemin de fer près du Nº 2.

De la gare de Lillers, les wagons de la Compagnie empruntent
le chemin du Nord jusqu'à la gare de Berguettes, d'où un
embranchement particulier aboutit au port d'embarquement
d'Isbergues, sur le canal d'Aire à la Bassée. Ce dernier embranchement, comme le port d'Isbergues, a été établi à frais
commun par les Compagnies de Ferfay et d'Auchy-au-Bois.

La Compagnie possède 3 locomotives-tenders et 80 wagons
pour le service de ses embranchements.

Au 30 juin 1874, il avait été dépensé pour l'établissement
des chemins de fer et du rivage :

Construction et matériel	1,167,278 fr.	12
Chemin de la fosse Nº 3	90,845	77
Gare d'Isbergues, voie et maison.	97,399	25
Gare de Lillers...............	26,595	50
Total......	1,382,118 fr.	64

Production. — La fosse N° 1 entra en exploitation fin 1855, et produisit successivement :

En 1855...............	3,357 tonnes.	
» 1856...........	31,842	»
» 1857...............	36,429	»
	71.628 tonnes.	

L'ouverture de la fosse N° 2, en 1851, n'augmenta d'abord pas sensiblement la production, à cause de l'irrégularité de ses gisements.

Ainsi l'extraction est :

En 1858 de............	42,418 tonnes.	
» 1859...............	38,814	»
» 1860...............	37,680	»
» 1861...............	38,388	»
» 1862...............	39,466	»
» 1863...	46,667	»
» 1864...............	49,492	»
	293,325 tonnes.	

Elle s'élève

En 1865 à	61,391 tonnes.	
» 1866...............	79,512	»
» 1867...............	72,934	»
» 1868...............	70,077	»
» 1869...............	74,131	»
» 1870...............	89,300	»
	447,396 tonnes.	

La mise en exploitation de la fosse N° 3, puis les circonstances favorables de la crise houillère imprimèrent un grand accroissement à la production des mines de Ferfay qui atteignit :

En 1871...............	126,232 tonnes.	
» 1872...............	165,947	»
» 1873...............	181,645	»
» 1874...............	153,456	»
» 1875...............	167,966	»
» 1876...............	162,865	»
» 1877..	156,433	»
» 1878...	159,008	»
	1,273,552 tonnes.	
Extraction totale......	2,085,900 tonnes.	

Ames

C^{on} DE FERFAY

Burbure

Amettes

Ferfay

Fosse N°3 COUPE SUIVANT LA LIGNE E F DU PLAN

Fosse N°2 COUPE SUIVANT LA LIGNE C D DU PLAN

Echelle de 1 a 10.000

Gisement. — D'après la notice distribuée aux membres du Congrès de 1876 de l'industrie minérale, les travaux alors exécutés avaient recoupé vingt-six veines de houille représentant une épaisseur totale en charbon de 19 mèt. 97.

Les houilles de Ferfay sont des houilles grasses, gazeuses ; elles renferment de 26 à 38 % de matières volatiles.

Il existe trois faisceaux : le supérieur, c'est-à-dire le plus au Sud, qui est exploité par la fosse N° 1, l'intermédiaire reconnu par la fosse N° 2, et enfin l'inférieur exploité par la fosse N° 3. [1]

Le faisceau supérieur comprend dix couches de 0^m45 à 1 mèt. 10, dont l'épaisseur totale en charbon est de 7 mèt. 15, et l'épaisseur moyenne de 0^m715. Mais malheureusement l'allure des veines est telle que ces couches rentrent bien vite au levant dans la concession de Marles.

La fosse N° 2 a fait reconnaître sept couches d'une épaisseur totale de 6 mèt. 50 : mais une faille a jusqu'ici empêché de les exploiter vers l'Est.

A la fosse N° 3, on connaît douze veines d'une puissance totale de 10 mèt. 52, mais, en fait, on n'y a guère exploité que deux couches, Élise, de 1 mèt. 30, et Saint-Joseph, de 0^m70.

Quatre couches ont été découvertes à la fosse N° 4 ; elles présentent ensemble une épaisseur de charbon de 2 mèt. 75.

Ainsi, il a été trouvé dans les quatre fosses de Ferfay :

A la fosse N° 1, 10 couches de $7^m,15$ d'épaisseur totale.
     "   2,   7   " $6^m,50$ "
     "   3, 12   " $10^m,52$ "
     "   4,   4   " $2^m,75$ "

Ensemble..   33 couches de $26^m,92$ d'épaisseur totale.

La moyenne d'épaisseur des couches est de 0^m816, mais la plupart de ces couches sont accidentées, et ont été peu exploitées.

[1] Rapport de MM. De Clercq et Piérard, du 17 décembre 1877.

Structure et composition chimique des veines principales des mines de Ferfay.

Fosse Montebello N° 1.

NOMS des VEINES.	Avec les cendres.			Déduction faite des cendres.	
	Carbone	Matières volatiles.	Cendres.	Carbone fixe.	Matières volatiles.
Désirée 0.60 0.10 0.30 0.40 0.20	60.57	37.33	2.10	61.90	38.10
Cavégniaux 0.70	63.80	32.40	3.80	66.32	33.68
Ste-Barbe 0.80 0.20	65.25	33.50	1.25	66.10	33.90
St-Louis 0.45 0.05 0.20 0.50 0.45	63.15	33.15	3.70	65.60	31.40
Moricaux 0.50	57 78	38.67	3.55	60.00	40.00
St-Jean 0.35 0.50 0.05	66.30	31.20	2 50	68.00	32.00
St-Eugène 0.10 0.50 0.50	62.42	31.08	3.50	64.68	35 32
Espérance 0.60 0.20 0.30	66 50	31.00	2.50	68.20	31.80
Petite veine 0.45	66.30	31.60	2.10	67.72	32.28
Nouvelle veine. 0.60	72.28	25.72	2.00	73.76	26.24

10   Couches.

7^m,15   de Charbon.

0^m,715   Épaisseur moyenne.

Fosse Lahure N° 2.

NOMS des VEINES.	Avec les cendres.			Déduction faite des cendres.	
	Carbone	Matières volatiles.	Cendres.	Carbone fixe.	Matières volatiles.
Louise 0.60 0.10	65.55	30.20	4.25	68.46	31.54
Présidente 1.30	70.00	28.00	2.00	71.43	28.57
Constance 0.40 0.20 0.20	66.70	30.80	2.50	68.41	31.59
Aimée 0.55 0.10 0.25					
Emma 0.10 0.40 0.80 0.25	69.10	28.40	2.50	70.87	29.13
Achille 0.20 0.80 0.70 0.16 0.25	69.50	28.00	2.50	71.28	28.72
Victor 0.40 0.60 0.90	69.65	28.31	2.01	71.07	28.93

7   Couches.

6^m,50   de Charbon.

0^m,930   Épaisseur moyenne.

Structure et composition chimique des veines principales des mines de Ferfay.

FOSSE DRUON N° 3.

NOMS des VEINES.	Avec les cendres.			Déduction faite des cendres.	
	Carbone	Matières volatiles.	Cendres.	Carbone fixe.	Matières volatiles.
Ste-Marie 0.30 0.60	69.42	28.88	6.70	69.05	30.95
St-Joseph 0.70 0.10	69.48	28 72	1.80	70.75	29.25
Justine 0.80	66.20	31.80	2.00	67.53	32.45
Élise 1.30	70.70	26.80	2.50	72.51	27.49
Camille 0.55	65.10	31.60	3.30	71.00	29.00
Gabrielle 0.12 0.15 0.60	67.00	30.80	2.20	68.50	31.50
Marsy 0.10 0.30 0.05 0.10	68.36	29.40	2.24	69.98	30.02
Legrand 0.80	72.01	25.75	2.24	73.66	26.34
Raymond 0.80	70.98	27.00	2.02	72.44	27.56
Regnault-Midi 0.30 1.00 0.25 0.60	66.36	31.50	2.14	68.13	31.87
Nouv. veine Midi 0.15 0.35 0.50 0.50	66.85	31.40	1.75	68.00	31.96
Paul 0.90	70.43	26.54	3.03	72.56	27.44

12	Couches.
10ᵐ,52	de Charbon.
0ᵐ,876	Épaisseur moyenne.

FOSSE CAUCHY-A-LA-TOUR N° 4.

NOMS des VEINES.	Avec les cendres.			Déduction faite des cendres.	
	Carbone	Matières volatiles.	Cendres.	Carbone fixe.	Matières volatiles.
Midi 0.60	63.40	34.60	2.00	64.70	35.30
St-Louis 0.90 0.10	59.85	33.40	6.75	64.18	35.82
Noël 0.40 0.10 0.10 0.22 0.15	64.50	31.00	4.50	67.53	32.47
Éloi 0.35 0.22 0.25	67.57	28.30	4.13	70.47	29.53

4	Couches.
2ᵐ,75	de Charbon.
0ᵐ,687	Épaisseur moyenne.

1° Emprunts. — Une délibération du 24 novembre 1864, autorise l'émission d'un emprunt de . . . . . .   545,000 fr. représenté par 1,090 obligations nominatives de 500 francs, remboursables à 560 francs en dix ans et rapportant 6 et $\frac{1}{2}$ $_0^{/0}$ d'intérêt.

Le dernier tirage a été effectué en 1876.

2° Le 11 décembre 1867, on décide un deuxième emprunt de . . . .   1,000,000 » pour lequel on émet 2,000 obligations de 500 fr. remboursables à 550 francs en dix ans, de 1872 à 1880 et rapportant 30 francs d'intérêt annuel.

3° En 1870, nouvel emprunt de . . . . .   1,000,000 » en 2,000 obligations de 500 francs remboursables à 550 francs en dix ans, de 1876 à 1885 et avec intérêt de 30 francs.

Tous ces emprunts furent contractés avant l'émission des 819 actions restées à la souche ; émission qui eut lieu en 1872. Ces actions ne furent pas souscrites d'abord, et ne purent être placées qu'en leur accordant une garantie d'intérêt annuel de 50 francs.

4° Un quatrième emprunt fut fait en 1875, il était de . . . .   1,500,000 » et représenté par 3,000 obligations de 500 francs, rapportant 30 francs d'intérêt et remboursables à 550 francs de 1881 à 1890 en dix ans.

5° L'assemblée générale du 4 janvier 1877, décide un nouvel emprunt de . . . .   1,500,000 » représenté par 3,000 obligations de 500 francs, rapportant 30 francs d'intérêt et remboursables à 550 francs, de 1885 à 1898 en quatorze ans.

Total des emprunts . . .   5,545,000 fr.

A ce chiffre des emprunts de. . . . .   5,545,000 » il faut ajouter :

Les avances ou prêts faits par la Société financière de crédit de Ferfay, constituée au

commencement de 1878, pour sortir la Compagnie de Ferfay de la situation critique dans laquelle elle se trouvait. Ces avances s'élevaient
au 30 juin 1878, à . . . . 591,051 » 43
et au 30 juin 1879, à . . . . 1,354,634 » 13

Le total général des emprunts faits successivement par la Compagnie de Ferfay, s'est donc élevé, au
30 juin 1879, à . . . . 6,809,634 fr. 13.

Situation financière embarrassée. — La situation de la Compagnie de Ferfay, en 1874, malgré le prix élevé de 3,460 francs qu'avaient atteint les actions, ne laissait pas que de préoccuper un grand nombre d'actionnaires. Un syndicat s'était réuni à Béthune pour demander des réformes, et l'assemblée générale du 12 novembre fut très-mouvementée.

Le bilan présenté à cette assemblée était le suivant :

Actif

Chemin de fer, construction et matériel........	1,382,118 fr	64
4 fosses : Terrain, puits, bâtiments, machines, matériel............................	4,509.979	18
Chantier, administration, maisons d'ouvriers ...	884,631	40
Terrains, chemins et rivage	245,306	76
Matériel, mobilier, équipages, etc	97,779	06
	7,119,818 fr.	04

Fonds de roulement :

Approvisionnements.........	374,787 fr.	19		
Caisse et portefeuille	89,878	18		
Acheteurs de houille.........	528,892	04		
			993,557	71
Total de l'actif......			8,113,375 fr.	75

Passif.

Actions..	3,000 000 fr.	»
Obligations en circulation.................	1,946,829	»
Effets à payer	733,047	15
Créditeurs divers......................	611,906	18
Caisse de secours......................	69,212	21
Total du passif......	6,360,994 fr.	
Excédant de l'actif sur le passif....	1,752,381	21
	8,113,375 fr.	75

Cette situation était mauvaise et fut l'objet de critiques dans l'assemblée générale de janvier 1875. L'actif comprenait toutes les dépenses faites depuis l'origine, et aucun amortissement n'avait été effectué. La dette obligations montait à près de 2 millions et la dette flottante à près de 1 et $\frac{1}{2}$ million. On fut obligé de consolider cette dette flottante par l'émission d'un quatrième emprunt de. . . . . 1,500,000 fr.

Le bilan du 30 juin 1876 indique une situation qui n'est pas meilleure. On a amorti partie des dépenses qui ne sont plus représentées ; mais la dette obligations dépasse 3 millions, et la dette flottante est encore de près de 1 million.

Actif :

Immeubles, terrains, constructions, chemins de fer..................................	2,220,757 fr. 43
Valeur des puits..........................	2,945,470 14
Matériel et outillage....	960,311 35
	6,126,538 fr. 92

Fonds de roulement :

Approvisionnements.	284,986 fr. 61	
Stock de charbon (à 15 f. 25) la tonne)...............	184,113 25	
Caisse et portefeuille........	19,477 08	
Acheteurs de houille.........	345,755 03	
		834,331 97
Total de l'actif......		6,960,870 fr. 89

Passif :

Actions...................................	3,000,000 fr. »
Obligations en circulation..................	3,115,000 »
Dette flottante..........................	924,304 52
Total du passif......	7,039,304 fr. 52
Excédant du passif sur l'actif......	78,433 63

La nécessité d'un cinquième emprunt pour la consolidation de la dette flottante, et l'exécution de travaux indispensables s'imposait et l'assemblée générale du 4 janvier 1877 vota cet emprunt, dont l'importance était de 1,500,000 francs.

Il ne fut couvert qu'à concurrence d'un peu plus de 1 million, et l'on négocia avec des banquiers le placement des 850 obligations qui n'avaient pas été souscrites.

Mais les ressources de cet emprunt furent insuffisantes pour conjurer la situation toujours critique de la Société. L'assemblée générale du 8 novembre 1877, nomma une commission de treize membres pour étudier les moyens d'en sortir.

Cette commission eut recours aux lumières de deux ingénieurs, MM De Clercq et Piérard qui, dans un rapport du 17 décembre 1877[1], concluaient à la nécessité de pousser activement les travaux préparatoires des trois fosses ; évaluaient à 500,000 francs la dépense à faire en trois ans à cet effet, et constataient qu'il ne leur paraissait pas possible d'abaisser le prix de revient au-dessous de 12 francs la tonne, avant l'exécution du programme de travaux qu'ils conseillaient.

La commission reconnut que pour un temps dont la durée était impossible à fixer, l'extraction resterait improductive, puisque le prix de revient était de 13 fr. 68 tonne, sans les charges sociales, et que le prix de vente ne ressortait qu'à 13 fr. 33. Elle reconnut en outre que la Société était en face d'une dette considérable, dont une partie exigible à bref délai, et dans la nécessité de faire de nouvelles et importantes dépenses.

Le fonds de roulement, au 30 novembre 1877, caisse, portefeuille, créances, approvisionnements et stoc de charbon, était de . . . .   720,758 fr. 45, Outre une dette consolidée de 4,486,000 francs en 8972 obligations de 500 francs remboursables avec prime de 550 francs et productives de 6 % d'intérêt, la dette flottante exigible était de . . . .   241,243 fr. 72.

Il y avait en outre à payer, au commencement de l'année 1868 :

268,000 francs pour intérêts des obligations, 176,000 »   » remboursement d'obligations sorties, ...   444,000 »

Ensemble . . .   685,243 fr. 72.

La Commission, en présence de ces échéances, d'une dépense de 500,000 francs en travaux, de la perte de l'exploitation, reconnaissait que le crédit de la Compagnie était complètement épuisé, et qu'elle ne trouverait pas de nouveaux prêteurs.

[1] Rapport de MM. De Clercq et Piérard, du 17 décembre 1877.

Elle proposait donc la dissolution de la Société, et, préoccupée des intérêts des actionnaires et des obligataires, elle soumettait à l'assemblée générale du 27 décembre 1877, un projet de constitution d'une Société nouvelle sur les bases suivantes :

Capital 6 millions, divisés en 12,000 actions de 500 francs :

9,000 actions seront appliquées au remboursement des obligations actuellement dues ;

3,000 actions seront réservées aux actionnaires actuels, à titre d'actions de fondateurs, à la condition de souscrire 4 actions, moyennant le versement de 1,500 francs.

Dans le cas où l'actionnaire actuel ne voudrait pas souscrire dans les conditions ci-dessus, son titre actuel pourra être échangé contre une action de la nouvelle Société, avec versement de 250 francs.

Les versements pourraient se faire soit en espèces, soit en obligations de l'ancienne Société, admises pour 500 francs.

Il se produisit des objections nombreuses contre le projet ci-dessus de la Commission ; les obligataires, qui savaient qu'ils pouvaient toujours exercer un recours contre les actionnaires de la Société civile, n'acceptaient pas, pour la plupart, l'échange de leurs obligations contre des actions. Enfin, la combinaison proposée n'aboutit pas.

Formation de la Société financière du crédit de Ferfay. — Un certain nombre d'actionnaires, souscripteurs aussi d'obligations, se constituèrent en *Société de Crédit* pour essayer d'empêcher la liquidation forcée de la Société houillère, et conjurer ainsi la perte de leurs intérêts, et bien plus, l'imminence de versements d'au moins 1,500 francs par action de 1,000 francs dont ils étaient tenus pour le paiement des dettes.

Cette Société de crédit avait pour objet :

1° De racheter pour le compte de la Société houillère un grand nombre d'obligations, passives d'intérêt à 6 % et remboursables à bref délai et d'avancer à la dite Société jusqu'à concurrence de 1 et $\frac{1}{2}$ et même 2 millions en principal, intérêts et frais, les sommes nécessaires pour le paiement de ses dettes et charges et la marche et le développement de son exploitation ;

2° De n'exiger, que sur les premiers bénéfices disponibles de la Société houillère, le remboursement des avances qu'elle lui ferait.

En échange de ces avantages, la Compagnie houillère garantit à la Société de Crédit, qui est une Société anonyme :

1° L'intérêt à 6 % de son capital ;

2° L'amortissement du dit capital avec une prime de 10 % ;

3° Et de plus, une part dans ses bénéfices.

Elle lui accorde en outre la nomination de quatre de ses administrateurs et différents autres avantages.

Le capital de la Société de crédit est fixé à 5 millions, divisés en 10,000 actions de 500 francs.

Les souscripteurs pourront se libérer, soit en espèces, soit en obligations de Ferfay.

Les actions sont nominatives ou aŭ porteur, au choix de l'actionnaire.

La Société est administrée par un conseil de cinq membres, etc, etc.

Comme on le voit, le but de la Société de crédit était surtout de permettre à la Compagnie de Ferfay d'ajourner le paiement des intérêts et le remboursement de ses obligations. Ses actions se substituaient aux obligations, dont elles avaient tous les droits, sauf toutefois celui de recevoir de suite les intérêts et le remboursement [1].

L'assemblée générale du 21 mars 1878, accepta le traité proposé par la Société de Crédit, et on sortit ainsi de la situation plus que critique dans laquelle se trouvait l'entreprise.

Faute de souscription suffisante, la Société de Crédit a réduit son capital à 3 millions, divisé en 6,000 actions de 500 francs, dont le versement a été effectué par l'apport de 4,263 obligations de la Société de Ferfay, reprises à 500 francs . 2,131,500 fr.
et le paiement en espèces de 500 francs sur
1737 actions. . . . .   868,500 »
                                            _____
                                           3,000,000 fr.

(1) Circulaire de la Société de crédit. — Projet de Traité. — Projet de statuts de ladite Société. (Mars 1878).

18

A la fin de juin 1879, la Société avait avancé à la Compagnie houillère. . . . . 1,354,634 fr. 13 et comme elle n'avait reçu en espèce que . . .   868,500 elle a dû se procurer par des emprunts les ressources nécessaires pour subvenir à ses dépenses.

Un premier emprunt de 300,000 francs a été contracté avec des banquiers sur nantissement d'obligations de Ferfay.

Un deuxième emprunt de 420,000 francs autorisé par l'assemblée générale des actionnaires du 20 mai 1879, n'a été couvert que jusqu'à concurrence de 252,000 francs.

Les bilans arrêtées au 30 juin des années 1878 et 1879, donnent la situation suivante de la Société de Crédit.

	30 juin 1878.		30 juin 1879	
ACTIF.				
Valeur des obligations de Ferfay, en caisse et en divers nantissements.	2.184.330	10	2.158.908	85
Créance sur la Compagnie houillère	591.051	43	1.354.413	83
Caisse et débiteurs	230.036	95	22.334	51
	3.005.418	48	3.535.657	19
PASSIF.				
Capital social.	3.000.000	»	3.000.000	»
Intérêts dûs aux actionnaires.	5.418	48	204.500	»
Emprunts et intérêt	»		331.157	19
	3.005.418	48	3.535.657	19

Situation en 1879. — Deux années se sont écoulées depuis la formation de la Société de Crédit, et la situation financière de la Compagnie de Ferfay est encore très-critique, ainsi que le constate le bilan arrêté au 30 juin 1879.

Actif :

Immeubles	5,520,530 fr.	61
Matériels divers, meubles.	1,095,974	33

Fonds de roulement :

Caisse et portefeuille.	22,126 fr.	94		
Charbon en magasin.	40,975	»		
Marchandises en magasin	130,417	64		
Débiteurs divers.	239,546	48		
			433,066	06

Profits et pertes :

Pertes des exercices précédents.	907,365	31

Pertes de l'exercice 1878-79 :

Intérêts d'actions et d'obligations payés	317,650 fr.	»		
Intérêt des avances de la Société de crédit	71,108	05		
Amortissements et droits sur les titres.	63,290	22		
Perte sur l'extraction.	252,956	56		
			705,004	83
			8,661,941 fr.	14

Passif :

Capital actions	3,000,000 fr.	»
Dette à la Société de crédit.	1,322,513	83
Dette consolidée en obligations.	4,156,515	»
Dette flottante.	182,912	31
	8,661,941 fr.	14

La question de liquidation de la Société a été examinée par les conseils d'administration des Sociétés d'exploitation et de Crédit, et dans une réunion extraordinaire des actionnaires du 18 septembre 1879, il a été décidé de proposer de réaliser, par un appel volontaire de 150 francs par titre, la somme de

225,000 francs, nécessaires pour achever des travaux d'exploitation, sur lesquels on fonde des espérances de rénovation des conditions de l'entreprise.

Une liste de souscription a été ouverte ; 143,000 francs sont souscrits à la date du 13 novembre 1879 ; il manque 82,000 francs.

Une assemblée générale, convoquée pour obtenir la souscription de ces derniers 82,000 francs, devait en cas d'insuccès, décider la liquidation de la Société.

Cette assemblée, tenue le 8 janvier 1880, a, parait-il, réuni les 82,000 francs que l'on considérait comme nécessaires pour achever les travaux de développement de l'exploitation. Cependant les souscripteurs volontaires de ces 225,000 francs, ont imposé la condition que les porteurs d'obligations consentiraient à ajourner le remboursement des obligations sorties aux tirages annuels, et on pense que cette condition sera acceptée et par la Société de Crédit et par le plus grand nombre de porteurs d'obligations qui sont pour la plupart en même temps actionnaires de Ferfay.

Dépenses de premier établissement. — Le bilan avait donné, fin juin 1874, le détail des dépenses faites à Ferfay pour premier établissement depuis l'origine, savoir :

Chemin de fer, construction et matériel	1,382,118 fr. 64
4 fosses, terrain, puits, bâtiments, machines et matériel	4,509,979 18
Chantier, maison d'administration, maisons d'ouvriers	884,634 40
Terrains, chemins et rivage	245,306 76
Matériel, mobilier, équipage.	97,779 06

Fonds de roulement :

Approvisionnements.	374,787 fr. 19		
Caisse et portefeuille	89,878 48		
Acheteurs de houille.	528,892 04		
		993,557	71
	Ensemble.	8,113,375 fr.	75

L'extraction était en 1874 de 153,456 tonnes. Il avait donc été

dépensé en frais de premier établissement 5,3 millions par
100,000 tonnes ou 53 francs par tonne extraite annuellement.

Ce chiffre a même été dépassé depuis 1874, puisqu'on a dû
recourir à deux emprunts en 1875 et 1877 de 1,5 millions chaque,
puis au prêt de la Société de Crédit.

Une partie de ces emprunts a servi, il est vrai, à réduire
le chiffre de la dette, mais l'autre partie a été employée en
travaux neufs et en réorganisation de l'entreprise.

Aussi, peut-on admettre que le capital, engagé dans les mines
de Ferfay, s'élève à 9 à 10 millions de francs, soit à près de
60 francs par tonne extraite annuellement. [1]

Ce capital a été fourni :

1º Par le produit de l'émission de 2,424 actions ayant versé 1,000 francs..	2,424,000 fr.	»
2º Par cinq emprunts successifs réalisés de 1864 à 1877.	5,545,000	»
3º Par le prêt de la Société de crédit, réalisé au 30 juin 1879.	1,322,513	83
	9,291,513 fr.	83

et le surplus par une retenue sur les bénéfices annuels.

Dividendes. — Dès 1857, la Compagnie de Ferfay distribuait
un dividende de 100 francs à chacune des 1,580 actions alors
émises.

Le dividende s'élevait les trois années suivantes, 1858-1860
à 125 francs. Il y avait alors 2,000 actions émises.

De 1861 à 1866, on ne distribua pas de dividende

Mais en 1867 et 1868, on répartit 50 francs par actions aux
2,181 actions émises.

Le dividende tomba à 25 francs en 1869 et 1870.

Aucune répartition n'est faite pendant les trois années 1871-1873.

En 1874, on distribua 50 francs à chacune des 3,000 actions
émises.

---

[1] Dans un rapport à la Société de crédit, du 3 avril 1879, il est dit : « qu'en
réalité c'est 8,911,130 fr. qui ont été dépensés en acquisitions, constructions, installations et travaux de premier établissement, outillage et matériel. »

Depuis lors, il n'a été distribué aucun dividende.

A la fin de 1874, le conseil d'administration proposa à l'assemblée générale la répartition d'un dividende de 50 francs ; mais celle-ci, en présence d'une dette flottante de 1,400,000 francs, rejeta cette proposition.

Quant aux 819 actions à intérêt garanti de l'émission de 1872, elles n'ont pas cessé de recevoir, depuis la date de leur souscription jusqu'à ce jour, un intérêt annuel de 50 francs.

Dans la situation financière de la Compagnie, cette charge annuelle de 40,950 francs, payés aux actions à intérêt garanti, est venue aggraver d'une manière facheuse la position déjà si embarrassée de l'entreprise.

Valeur des actions. — En novembre 1858, des actions libérées de Ferfay sont reprises dans une succession au taux de 2,350 francs, c'est-à-dire avec une prime de 1,350 francs ou de 135 %. Elles recevaient alors un dividende de 125 francs.

Mais leur valeur s'abaisse et on les retrouve :

En	1860 à......	2,000 fr.
»	1861 à......	1,700 et 1,550 fr.
»	1863 à......	1,350 et 1,275
»	1864 à......	1,250 et 1,050
»	1866 à......	900 fr.

Aucun dividende n'ayant été distribué de 1861 à 1866.

Elles remontent en 1867 à 1,400 francs pour redescendre à 1,000 francs.

Mais, en 1868, on ne trouvait pas à les vendre au pair, 1,000 francs.

En 1871, l'émission de 819 actions restées à la souche, décidée par l'assemblée générale du 6 décembre, ne peut être réalisée au pair, faute de souscriptions.

Pour en obtenir le placement, une assemblée générale extraordinaire du 14 février 1872, décide d'accorder à ces 819 actions le privilège d'une garantie d'un intérêt de 50 francs, chaque fois que le dividende annuel n'atteindrait pas ce chiffre. Toutefois ce privilège cesserait, après le paiement pendant cinq années consécutives d'un dividende à toutes les actions d'au moins 50 francs.

Malgré cette garantie d'intérêt, qui faisait des actions ainsi émises, de véritables obligations, il y eut peu d'empressement à les souscrire. Des personnes qui considéraient tout d'abord ces actions privilégiées comme un placement sûr, s'abstinrent d'en souscrire, lorsqu'elles apprirent que le capital à en provenir ne devait servir, même insuffisamment, qu'à rembourser une dette flottante considérable que l'administration avait laissé se former sans la moindre préoccupation, alors que peu auparavant elle distribuait des dividendes sur des bénéfices qui n'existaient pas en réalité.

La crise houillère fait monter le prix des actions de Ferfay comme celui de toutes les autres actions de mines. Ce prix s'élève pour les actions ordinaires, de 1,100 francs prix de fin 1872 à 3,000 et 3,200 francs en mars 1873. On les retrouve

En janvier 1874 à . . . .   2,525 fr.
»   août 1874 à . . . .   3,460 »
»   mars 1875 à. . . . .   4,665 »

Elles atteignirent même le prix maximum de 5,850 francs. Elles redescendent

En août 1875 à . . . .   4,070 fr.
»   janvier 1876 à . . . .   2,770 »
»   »   1877 à . . . .   1,090 »
»   »   1878 à . . . .   170 »
»   décembre 1878 à . . . .   70 »

Elles tombent même à 2 francs le 17 janvier 1879, à cause de la prévision très-fondée que dans le cas d'une liquidation, les possesseurs de ces actions seront tenus à rapporter pour payer les dettes de la Société, qui est une Société civile, une somme importante qu'on n'évalue pas à moins de 1,500 francs par action.

Les actions privilégiées, c'est-à-dire à intérêt garanti de 50 francs qui continue à être payé par la Société, ne sont plus côtées en janvier 1879 qu'à 240 francs, ces actions étant en effet responsables comme les autres, du paiement des dettes. Elles tombent même à 50 francs dans le courant de l'année.

On peut juger d'après les chiffres ci-dessus des pertes considérables qu'éprouvent certains actionnaires de Ferfay qui ont acheté en 1875 des actions à 4,665 francs et plus, alors qu'elles valent aujourd'hui 0 franc et même bien moins puisqu'en cas de liquidation, elles sont sous le coup de 1,500 francs d'appels de fonds pour le remboursement des dettes de la Société (1).

Traité pour l'établissement de fours à coke. — Dans le courant de l'année 1874, la Compagnie de Ferfay fit avec MM. Gérard et Devaux, marchands de charbon à Lille, et ses représentants, un traité pour la fourniture du charbon nécessaire à l'alimentation d'une fabrique de coke, qu'ils se proposaient d'établir sur les fosses.

La durée du marché était de quinze années.

Le prix du charbon était fixé à 0,50 la tonne au-dessous du prix payé par le client de la Compagnie le plus favorisé.

La quantité de charbon à livrer était de 150 à 200 tonnes par jour au minimum, soit de 50,000 à 70,000 tonnes par an.

MM. Gérard et Devaux, devaient former une Société au capital de 500,000 francs pour obtenir les capitaux nécessaires à la réalisation de leur entreprise.

Ce traité n'eut toutefois pas de suite, le nouveau conseil d'administration, nommé en janvier 1875, ayant refusé de le ratifier.

Quelque temps après, MM. Gérard et Devaux cessaient d'être les représentants de la Compagnie de Ferfay, laissant un solde de compte de près de 90,000 francs, qui n'a jamais été payé.

Matériel et outillage. — Les puits de Ferfay ont 4 mètres à 4 mèt. 25 de diamètre. Ils sont tous guidés en longuerines de chêne ayant à la fosse N° 3 $^{15}/_{20}$ et aux autres puits $^{18}/_{12}$ centimètres. Les cages, surmontées d'un parachute, sont à deux étages, contenant chacun 2 berlines de 5 hectolitres.

(1) Depuis la rédaction ci-dessus, et après l'apport volontaire de 225,000 fr. par les actionnaires et l'espoir de voir les obligataires ajourner le remboursement des obligations, les actions de Ferfay se négocient, en janvier 1880, à la Bourse de Lille, à 100 fr.

Il existe à chaque puits un compartiment d'aérage ou goyau dont la flèche est de 1 mèt. 45 à 1 mèt. 55.

Les machines d'extraction sont :

A la fosse Nᵒ 1, du système Cavé,   à 2 cylindres oscillants.
»   2,   »   horizontal à 2 »   de 0,60.
»   3,   »   »   à 2 »   de 0,70.
»   4,   »   vertical à 2 »   de 0,55.

Ainsi qu'il a été dit précédemment, une extraction mécanique a été établie en 1876 à la fosse Nᵒ 3. Elle est du système à *chaîne flottante*, mais se distingue par cette particularité que le moteur est placé au jour, et communique le mouvement à la poulie de tête de la chaine par un *cable de transmission* qui circule dans le goyau [1].

Prix de revient. — Les états de redevances fournissent les indications suivantes sur les dépenses faites dans les concessions de Ferfay et de Cauchy-à-la-Tour.

1873. — Extraction. . . . .   181,645 tonnes.
Dépenses de premier établissement. . . . .   212,306 fr. par tonne 1 fr. 16
 »   d'exploitation   2,713,927   »   14 94

                Ensemble. . . . . . 2,926,233 fr. par tonne 16 fr. 10

1874. — Extraction. . . . .   153,456 tonnes.
Dépenses de premier établissement. . . . .   124,530 fr. par tonne 0 fr. 81
 »   d'exploitation   2,528,178   »   16 48

                Ensemble. . . . . . 2,652,708 fr. par tonne 17 fr. 29

En 1876-77, la moyenne de dix mois donnait un prix de revient net de 17 fr. 03 la tonne, y compris 1 fr. 75 pour intérêts et primes sur actions et obligations, ou 15 fr. 28 pour frais d'exploitation.

Suivant MM, de Clercq et Piérard [2], le prix de revient

(1) Souvenir de la visite du congrès de l'industrie minérale à la fosse Nᵒ 3 de Ferfay. 9 juin 1876.

(2) Rapport du 17 décembre 1877.

de l'exploitation des fosses de Ferfay était en octobre 1877

Abattage, rauchage	2 fr.	780
Roulage, entretien des voies..............	3	952
Travaux divers, fournitures..............	3	097
Travaux extraordinaires et préparatoires....	0	516
	10 fr.	**285**
Triage, frais généraux, primes, commission de vente .	2	614
Intérêts d'emprunts et d'obligations	1	800
Total......	**14 fr.**	**699**

non compris le remboursement des obligations.

Abstraction faite des frais de vente et des intérêts des obligations et des actions s'élevant à 2 fr. 300, le prix de revient de l'exploitation était de 12 fr. 399.

Prix de vente des houilles. — En 1863 et 1864, la Compagnie de Ferfay vendait ses houilles tout venant à 13 francs la tonne à la mine et 13 fr. 30 sur bateau à son rivage d'Isbergues.

Les prix moyens de vente donnés dans les rapports des ingénieurs des mines sont les suivantes :

1869........	13 fr. 41	la tonne.
1871.............	13 34	»
1872.............	14 40	»
1873.............	19 50	»
1874.............	20	»

En 1874, la Compagnie avait obtenu une fourniture de 5,500 tonnes de tout-venant à l'assistance publique de Paris, à 18 fr. 11 la tonne à la mine ; en 1875, elle obtient la même fourniture à 20 fr. 50. Mais les prix moyens de vente s'abaissent ensuite. Ils ne sont plus :

En	1875	que de............	19 fr.	48
»	1876	»	17	35
»	1877	»	13	59
»	1878	»	12	58

Renseignements divers.

Extraction :	1877.	1878.	
Gros	1,142	774	tonnes
Tout-venant	150,588	153,439	»
Escaillage..............	4,703	4,795	»
Ensemble......	**156,433**	**159,008**	tonnes.

Vente :

	1877.	1878.
Dans le Pas-de-Calais	30,659	30,400 tonnes
» Nord	34,000	40,400 »
Hors du Pas-de-Calais et du Nord	80,000	70,703 »
	144,659	141,503 tonnes.

Consommation :

		1877.	1878.
»	»	19,393	19,550 »
	Total......	164,052	161,053 tonnes.

Vente :

	1877.	1878.
Par voitures.	6,203	6,181 tonnes.
» bateaux.	71,983	53,971 »
» wagons	66,473	81,351 »
Ensemble.....	144,659	141,503 tonnes.

Ouvriers. — Production par ouvrier. — Salaires. —
Les renseignements suivants sont extraits des rapports des
ingénieurs des mines.

ANNÉES.	OUVRIERS.			PRODUCTION PAR OUVRIER.		SALAIRES.	
	Du fond.	Du jour.	Total.	Du fond.	Des deux catégories.	Totaux.	Par ouvrier.
				Ton.	Ton.	F	F.
1869	651	152	803	113	92	745.411	928
1870	»	»	»	»	»	898.829	»
1871	1.160	162	1.322	108	95	1.100.472	832
1872	1.424	134	1.558	116	106	1.474.139	946
1873	»	»	»	114	»	»	1.038
1874	»	»	»	108	»	»	978
»	»	»	»	»	»	»	»
»	»	»	»	»	»	»	»
1877	1.227	221	1.448	128	108	1.250.911	863
1878	1.209	212	1.421	131	112	1.319.258	928

La production par ouvrier est notablement plns faible à Ferfay que dans les autres houillères de la région. C'est la conséquence d'un gisement accidenté, où un personnel considérable est employé aux travaux de recherche, au rocher, et par suite improductifs.

D'après le rapport de MM. de Clercq et Piérard ([1]) on avait employé en octobre 1877, 28,040 journées d'ouvriers pour produire 15,233 tonnes de houille.

La production journalière individuelle était donc de 544 kilog, inférieure de 106 kilog. ou près de 20 % à la moyenne de la production individuelle dans le Nord, et de 306 kilog. ou de 56 %. à la moyenne du Pas-de-Calais. Cependant, la production journalière de l'ouvrier à la veine avait été de 2,192 kilogs, production considérée par ces MM. comme bonne.

On trouvera d'autre part des renseignements plus détaillés et plus précis fournis par M. Évrard, sur la production, le nombre d'ouvriers et les salaires des mines de Ferfay de 1855 à 1878.

(1) Rapport du 17 décembre 1877.

TABLEAU donnant, par année, l'extraction, le nombre d'ouvriers occupés et la production par ouvrier des mines de Ferfay, de 1855 à 1878.

ANNÉES	EXTRACTION EN TONNES.		NOMBRE D'OUVRIERS OCCUPÉS.			PRODUCTION par ouvrier du fond et du jour.
			Au fond.	Au jour.	Ensemble.	
	T.					T.
1855	3.357	»	111	44	155	» »
1856	37.670	»	269	103	372	101 »
1857	37.376	»	345	112	457	82 »
1858	43.522	»	368	124	492	88 »
1859	39.192	»	400	126	526	74 »
1855-59	161.117	»				
1860	37.026	»	378	99	477	77 »
1861	34.342	»	344	96	440	78 »
1862	40.848	»	362	110	472	86 »
1863	46.722	»	394	112	506	92 »
1864	48.744	»	431	106	537	91 »
1865	61.384	»	552	108	660	93 »
1866	79.003	»	668	115	783	101 »
1867	72.696	»	766	114	880	83 »
1868	69.977	»	798	133	931	75 »
1869	73.911	»	829	144	973	76 »
1860-69	564.653	»				
	T.					
1870	84.170	880	1.002	168	1.170	72 »
1871	120.556	620	1.193	183	1.376	88 »
1872	165.946	950	1.377	176	1.553	107 »
1873	182.542	590	1.618	197	1.815	101 »
1874	154.466	280	1.528	190	1.718	90 »
1875	167.965	560	1.535	192	1.727	97 »
1876	162.864	900	1.388	195	1.583	106 »
1877	156.432	960	1.225	184	1.409	111 »
1870-77	1.194.946	740				
1878	159.008	220	1.208	172	1.380	115 »
TOTAUX.	2.079.724	960				

NOTA. — On remarquera quelques légères différences dans les chiffres du tableau ci-dessus et ceux donnés précédemment d'après les rapports des ingénieurs des Mines.

TABLEAU donnant, par année et par fosse, l'extraction, le nombre d'ouvriers occupés au fond et la production par ouvrier du fond des mines de Ferfay, de 1855 à 1878.

ANNÉES	FOSSE MONTEBELLO, N° 1. Extraction en tonnes.	Nombre d'ouvriers occupés.	Production par ouvrier.	FOSSE LAHURE, N° 2. Extraction en tonnes.	Nombre d'ouvriers occupés.	Production par ouvrier.	FOSSE, N° 3. Extraction en tonnes.	Production par ouvrier.	FOSSE DE CAUCHY-A-LA-TOUR, N° 4. Extraction en tonnes.	Nombre d'ouvriers occupés.	Production par ouvrier.	TOTAUX. Extraction en tonnes.	Nombre d'ouvriers occupés.	Production par ouvrier.
	T.		T.	T.		T.	T.	T.	T.		T.	T.		T.
1855	3.957	111	36	»	»	»	»	»	»	»	»	3.957	111	36
1856	37.670	227	166	»	42	»	»	»	»	»	»	37.670	269	140
1857	37.376	304	122	»	39	»	»	»	»	»	»	37.376	345	108
1858	43.523	330	132	»	38	»	»	»	»	»	»	43.523	368	118
1859	39.192	333	109	»	42	»	»	»	»	»	»	39.192	409	98
1855-59	161.117			»			»					161.117		
1860	37.096	322	115	»	56	69	»					37.096	378	98
1861	34.342	275	126	»	69	132	»					34.342	344	99
1862	40.848	290	141	»	72	»	»					40.848	392	113
1863	46.722	339	138	»	55	»	»					46.722	394	115
1864	48.744	367	133	»	64	»	»					48.744	431	113
1865	50.666	398	128	10.718	154	»	»					61.384	552	111
1866	59.498	346	114	39.505	322	»	»					72.003	668	118
1867	39.970	323	99	42.726	443	96	»	39				72.996	766	95
1868	93.778	361	91	57.189	398	94	»	58				69.977	798	88
1869	26.372	319	99	43.509	419	101	»					73.911	829	89
1860-69	388.966			175.687			428.790					564.653		
1870	39.720.460	385	104	50.450.409	512	98	31.457	129	4.269.240	66	39	84.170.880	1.062	84
1871	33.793	330	108	59.936.680	511	96	57.672	140	6.386.640	109	57	120.536.620	1.193	101
1872	43.585.920	341	128	58.391.640	513	113	66.383	119	14.677.920	119	82	163.946.950	1.377	120
1873	45.543.600	347	131	56.637.980	537	104	51.300	191	9.998.040	161	56	182.542.599	1.618	113
1874	44.150.400	335	132	49.727.920	522	95	72.429	124	1.361.800	81	»	134.465.989	1.528	101
1875	39.801.560	341	115	54.981.720	520	105	72.460	109	»	»	»	167.905.569	1.535	109
1876	38.923.880	390	100	52.951.120	471	111	73.935	120	»	»	»	161.964.300	1.388	109
1877	26.163.730	257	102	56.878.520	487	139	73.393	128	»	»	»	156.432.960	1.325	117
1870-77	392.183.560			428.360.860			428.790.70		35.593.040			1.194.946.740		
1878	24.428.100	212	115	55.195.900	480	126	70.384	142	150.008.920			150.008.920	1.208	131
TOTAUX.	876.693.720			659.262.560			508.175.00		35.593.040			2.670.724.960		

Note A. (1) — De 1875 à 1880 des travaux à terre considérables ont été exécutés. Ces travaux, étant hors de proportion avec l'extraction ont, pendant cette période, créé une situation anormale. — La production par homme total est donc tout à fait anormale. — La production ... productifs considérés isolément a été au contraire élevée pour la même période.

TABLEAU donnant, par année, le salaire de l'ouvrier
de chaque catégorie.

ANNÉES.	SALAIRE annuel des ouvriers de toute espèce.	SALAIRE journalier des ouvriers de toute espèce.	SALAIRE journalier du mineur proprement dit.
1856	679 fr. »	2 fr. 11	4 fr. 24
1860	705 »	2 24	3 42
1865	777 »	2 49	3 44
1870	785 »	2 57	3 69
1871	786 »	2 67	4 04
1872	928 »	2 99	4 17
1873	1.056 »	3 48	4 58
1874	990 »	3 40	4 51
1875	1.035 »	3 46	5 13
1876	1.084 »	3 66	5 06
1877	965 »	3 32	4 45
1878	957 »	2 29	4 21

Œuvres en faveur des ouvriers. —

D'après la notice distribuée aux membres du congrès de l'industrie minérale en 1876, « le service technique des mines » de Ferfay comprend un ingénieur principal, deux ingénieurs » divisionnaires pour le fond et un ingénieur divisionnaire pour » le jour. »

« Les ingénieurs ont sous leurs ordres les maîtres-porions, » les porions et les chefs d'ateliers chargés de la conduite » des travaux. »

« La Compagnie occupe 1,605 ouvriers, tant au fond qu'au » jour. »

« Elle possède près de 400 maisons dans lesquelles elle loge » une partie de ce personnel. »

« Elle a organisé une caisse de secours, et elle prépare
» l'organisation d'une Société coopérative d'alimentation. »

« Un docteur, un médecin, un ecclésiastique et des sœurs
» de la providence sont attachés à l'établissement. »

« Il existe aux mines de Ferfay une école pour les filles
» dirigée par les sœurs, et une école pour les garçons dirigée
» par un instituteur muni du brevet supérieur et assisté de deux
» instituteurs adjoints. »

« Ces écoles, pourvues d'un matériel complet d'enseignement.
» sont fréquentées le jour par les enfants, le soir par les adultes.»

« Ce système d'éducation est complété par des conférences
» hebdomadaires et par des cours supérieurs professés par
» les ingénieurs de la Compagnie. — Des collections sont mises
» à la disposition des élèves : »

« Les élèves des corons éloignés sont amenés aux écoles
» par chemins de fer et ramenés à domicile après la sortie
» de la classe. »

PUITS.

N° 120. Fosse N° 1, ou Montebello. — Ouverte en 1853. — Terrain houiller à 144 m. 50. Entre en exploitation en 1855. Ouverte avant l'obtention de la concession, elle se trouve placée à l'angle nord-est, très-près des limites communes avec Marles, et son champ d'exploitation est très-limité dans deux directions.

Profondeur 467 m.

Le grisou, tout-à-fait inconnu dans les étages supérieurs, a fait son apparition dès la profondeur de 363 m.

121. Fosse N° 2, ou Lahure. — Ouverte en 1856. — Le niveau fut passé sans machine d'épuisement.

Terrain houiller à 146 m. Jusqu'à 333 m. ne traverse que des terrains ondulés et irréguliers. Après beaucoup de recherches infructueuses, on décida l'approfondissement du puits et on rencontra un faisceau assez riche et assez régulier.

Entre en production en 1865.

Profondeur 497 m.

Le grisou y existe.

122. Fosse N° 3, ou Druon. — Ouverte en 1868. — Niveau facile à passer, donnant peu d'eau. Terrain houiller à 152 m. 50. Entre en exploitation en 1870. Grisou à l'étage de 327 m.

C'est la fosse la plus productive de Ferfay.

123. Fosse N° 4, ou de Cauchy. — Ouverte en juin 1859 par la Compagnie de Camblain-Chatelain, et comprise dans la concession de Cauchy-à-la-Tour, achetée en 1870 par la Compagnie de Ferfay.

Terrain houiller à 137 m. Gisement pauvre et irrégulier, qui se régularise cependant au niveau de 305 m. où les couches rencontrées ne présentent qu'une trop faible puissance.

Cette fosse n'a presque rien produit. Elle est en chômage depuis 1876.

Le grisou y existe.

SONDAGES.

N° 126. N° 1 à Ecquedecques. — Commencé le 1er juillet 1852, terminé le 31 janvier 1853. Rencontre un premier banc de tourtia de 1 m. 50 à 152 de profondeur; traverse ensuite un nouveau banc de dièves de 36 m., puis une nouvelle assise de tourtia de 2 m. 50 et pénètre à 192 m. dans le calcaire du nord où il est abandonné.

125. N° 2, à Ames. — Commencé le 1er décembre 1852. Épaisseur des morts-terrains, 116 m. 50; 10 m. de terrain houiller, puis calcaire carbonifère. Compris dans la concession d'Auchy-au-Bois.

261. N° 3 à Ferfay. — Commencé le 1er janvier 1853. Terrain houiller à 120 m.; à 122 m. 60 rencontre une veine de 0 m. 90 en deux sillons de charbon l'un de 0 m. 60 au toit, l'autre au mur de 0 m. 30 séparés par un banc de schistes de 0 m. 30.

262. N° 4 à Ames. — Commencé le 26 mars 1853. Rencontre le terrain houiller à 136 m.; à 139 m. passée de 0 m. 16 ; à 150 m. veine de deux sillons de 0 m. 86 de puissance utile.

263. N° 5 à Ferfay-Est. — Commencé le 2 avril 1853. Terrain houiller à 140 m. Veinule de 0 m. 25 à 141 m.; arrêté à 160 m.

124. N° 6 du chemin vert ou Ferfay-Sud. — Commencé le 4 septembre 1853, terminé le 20 novembre 1853. Terrain houiller à 130 m.; à 143 m. veinule de 0 m. 45.

264. N° 7, à Ferfay, près de l'église. — Commencé en 1856. Quarzites dévoniens ou calcareux à 115 m.
Profondeur 145 m.

905. N° 8. — Commencé en 1867. Épaisseur des morts-terrains 152 m. 50 ; arrêté à 192 m. après avoir traversé deux veines (Élise et Camille de la fosse N° 3).

906. N° 9. — Commencé le 22 mai 1878. Épaisseur des morts-terrains 139 m. 66. Rencontre sous le tourtia le calcaire carbonifère du sud et est actuellement à 356 m. dans une couche pyriteuse qui caractérise dans cette région la base du calcaire carbonifère.

X.

MINES D'AUCHY-AU-BOIS.

Premières recherches de la Société Faure. — Une Société se forma vers la fin de mai 1852, sous la raison sociale A. Faure et Cie pour exécuter des recherches de houille à l'ouest et au-delà des nombreuses entreprises qui fouillaient alors les environs de Béthune.

Elle se composait notamment d'ingénieurs et de capitalistes de Paris, et avait à sa tête MM. Martin-Lavallée, directeur de l'école centrale, Faure, ingénieur civil et Gardeur-Lebrun, directeur de l'école des arts et métiers de Châlons.

Elle installa, en juillet 1852, un premier sondage à Norrent-Fontes, N° 94, qui rencontra le calcaire carbonifère à 171 m. 45 ; puis un second, N° 95, à Radometz, près Thérouanne, qui dut être abandonné à la profondeur de 156 m., après avoir traversé 130 m. de morts-terrains et 26 m. de graviers, cailloux et sables divers.

Un peu plus tard elle exécute un troisième sondage à Saint-

Hilaire-Cottes, N° 96, près Auchy-au-Bois qui rencontre à 128 m. le terrain dévonien, dans lequel il pénètre jusqu'à 165 m.; puis un quatrième à Rély, N° 97, qui rencontre le calcaire carbonifère à 148 m.

La Société Faure n'avait pas de succès dans ses recherches. Elle avait alors pour concurrent le sieur Podevin qui avait trouvé la houille dans deux de ses sondages : le premier exécuté en 1852 à la Tirremande, N° 77; le deuxième exécuté en 1853, N° 78, a Saint-Hilaire-Cottes, près Auchy-au-Bois.

La Société Faure acquit du sieur Podevin ces deux sondages, et formula le 16 novembre 1853, une demande en concession, qui fut mise aux affiches le 1er avril 1854.

L'appareil de sonde de la Tirremande fut transporté à Bellery. N° 98, près Ames, où l'on atteignit le terrain houiller à 129 m 45. puis huit veines de houille dont la puissance variait de 0 m. 30 et 1 m. 80.

Constitution de la Société d'exploitation.—MM. Faure

et consorts, confiants dans le succès de leur demande en concession, songèrent à transformer leur Société de recherches en Société d'exploitation.

Cette transformation s'effectua par acte reçu par Me Turquet, notaire à Paris, en date du 28 avril 1855.

Voici l'analyse des statuts de cette Société, qui porta la dénomination de *Compagnie des mines d'Auchy-au-Bois*.

La Société commence le 1er mars 1855. Elle durera jusqu'à ce que les actionnaires aient décidé de la dissoudre.

MM. Lavallée, Lebrun et Faure apportent à la Société, leurs travaux d'exploration comprenant six sondages, leurs droits d'invention et autres à l'obtention de la concession, et les dépenses faites par eux.

Le capital social est fixé à. . . . . 2,000,000 fr. représenté par :

Apport des fondateurs. . . . . . 407,000 fr.
Apport des souscripteurs d'actions. 1,593,000 »
_____
2,000,000 fr.

et divisé en 4,000 actions de 500 fr.

814 actions, libérées de tous versements, sont attribuées aux fondateurs en représentation de leurs apports.

1,186 actions sont émises dès à présent.

2,000 actions pourront être émises ultérieurement.

4.000

Les titres sont nominatifs, mais peuvent être convertis en actions au porteur sur le désir de leur propriétaire.

Il sera versé 125 fr. par action en souscrivant, et le surplus sera versé sur appels du Conseil d'administration.

Le Conseil d'administration est composé de cinq membres ; il est chargé de la gestion de toutes les affaires et de tous les intérêts sociaux.

Les administrateurs doivent posséder, chacun, au moins vingt actions nominatives.

Ils sont nommés à vie.

En cas de décès ou de démission de l'un d'eux, les membres restants pourvoient à son remplacement.

La présence de trois membres est nécessaire pour la validité des délibérations.

Le Conseil choisit un directeur; il peut le révoquer à la majorité de 4 voix.

Il pourra employer en achat d'actions de la Société la partie du fonds de réserve qui dépasserait 200,000 fr.; émettre de nouveau les actions rachetées ou emprunter sur dépôt de ces actions.

Il pourra faire tous emprunts au nom de la Société.

Sont nommés administrateurs : MM. Martin-Lavallée, Gardeur Le Brun, Faure, Rhoné, Pereire (Eugène).

Les administrateurs recevront par chaque séance du Conseil un jeton de présence de 20 fr. et le remboursement de leurs frais de voyage.

L'assemblée générale se réunit le premier lundi d'octobre de chaque année.

Elle se compose de tous les propriétaires d'au moins cinq actions.

Elle nomme trois délégués actionnaires qui constituent un comité de surveillance.

Elle entend les rapports du Conseil d'administration et du Comité de surveillance sur les comptes annuels.

Elle délibère sur les modifications proposées par le Conseil aux statuts.

Les écritures sont arrêtées le 31 juillet de chaque année.

L'administration fixera le chiffre des dividendes.

Il sera créé un fonds de réserve qui ne pourra excéder 300,000 fr. et qui sera formé par une retenue d'un quart des bénéfices, après la répartition de 5 % aux actionnaires.

Concession.—Une demande en concession de la Société Faure. avait été déposée le 16 novembre 1853. Elle fut frappée d'opposition par la Compagnie de la Lys, qui lui disputait le terrain demandé. Enfin, après deux années d'attente, parurent les décrets du 29 décembre 1855, qui instituaient les quatre concessions de Bruay, Marles, Ferfay et Auchy-au-Bois.

Cette dernière accordée à MM. Martin-Lavallée, Gardeur-Lebrun et Faure, réunis en Société, comprenait une superficie de . . . . 1,316 hectares.

Un deuxième décret du 23 avril 1863, motivé par l'exécution en 1860 de cinq nouveaux sondages vint augmenter cette superficie de . . .   47 »

Ce qui porta la superficie totale à . . . . 1,363 hectares.

Enfin, un troisième décret, en date du 11 avril 1878, rendu après la constatation des découvertes faites à la fosse Nº 3, est venu plus que doubler la concession primitive en y ajoutant une extension de. . . . . 1,568 »

Superficie de la concession actuelle. . . . 2,931 hectares.

Travaux.—La Société d'exploitation constituée, la concession obtenue, on ouvre en avril 1856, une première fosse à Auchy-au-Bois, Nº 1. Elle atteint le terrain houiller à 141 m. et le calcaire carbonifère à 201 m. La formation houillère ne présentait donc, à la traversée du puits, qu'une faible épaisseur de 60 m.

Pl. XIX

C^{on} D'AUCHY - au - BOIS

Norrent

CC 91

Chaussée

Rely

77 T.H

St Hilaire

54

Aire

Branchaut

97 CC

a

d'Auchy-au-Bois

Ligny-lez-Aire

104 CC

Ame 3

Amettes

T.H.
115

Chaussée

Westrehem

105 T.H
101 CC

Ames

108

106 T.D N°3 92

107 T.D.et H

377

98

Extension du 11 Avril 18-8

Route

Amettes

375

D E   F E R F A Y

262

Branchaut

C^{on}

Fontaine-
les Hermans

Nédon

376

Nédonchelle

264 T.D

Échelle de 40.000

L'exploitation de cette fosse fut nulle au nord, et au midi, elle
porta presque exclusivement dans la seule veine Maréchale de
1 m. 10 d'épaisseur. Cette veine fut assez vite dépouillée au
niveau de 194 m. et on dut recourir en 1867, pour prolonger
l'extraction à un puits intérieur, creusé à 488 m. du puits principal, desservi d'abord par une machine à l'intérieur, et plus tard
en 1870, par une machine à l'extérieur, avec transmission par
câble en aloës d'abord et puis par un câble en fil de fer; un
télégraphe électrique assurait la régularité des mouvements.

Dans de pareilles conditions la fosse N° 1 fut peu productive,
pour ne pas dire onéreuse ; seulement elle permit d'explorer
transversalement la concession et de faire reconnaître que les
gisements houillers s'étendaient au-delà de sa limite sud et de
déterminer l'emplacement d'un puits qui fut ouvert plus tard sous
la désignation de N° 3.

Pendant l'année 1860, la Société exécutait une série de cinq
sondages au sud de sa concession pour disputer un lambeau de
la zone houillère aux Sociétés Calonne, La Modeste de Westrehem et l'Éclaireur du Pas-de-Calais. Enfin en 1862, elle ouvrait
une deuxième fosse.

Située à 1,800 m. à l'ouest de la fosse N° 1, elle ne rencontra
jusqu'à la profondeur de 215 m. que des veines accidentées et dont
l'exploitation fut improductive. On se décida en 1867 à l'appro-
fondir jusqu'à 431 m. et on ouvrit deux accrochages à 395 m. et
420 m. laissant 180 m. de hauteur du puits inexploité. Les
galeries à travers bancs de ces étages rencontraient au sud de
belles veines, assez régulières. Celles du nord atteignirent le
calcaire à 200 m. du puits.

La fosse N° 2 allait enfin donner des résultats, lorsque
le 7 juin 1873, pendant que l'on exhaussait le cuvelage par suite
du relèvement du niveau des eaux qui se produisit cette année
dans tout le bassin, une explosion de grisou eut lieu. Le sous-in-
génieur, deux surveillants et quatre ouvriers occupés à ce travail
périrent ; le guidage, le goyau furent détruits, et les eaux enva-
hirent les travaux.

La réparation des dégâts fut longue et difficile. On en vint
à bout, et on ouvrit de nouveaux accrochages à 270 mètres
et à 312 mètres — et l'exploitation de la fosse N° 2 fut reprise
en 1875.

Mais jusqu'ici elle n'a donné que de faibles résultats, et en 1878, les travers-bancs Nord et Sud sont venus lutter contre le calcaire carbonifère sans découvertes bien sérieuses.

L'accident, arrivé à la fosse N° 2, causa un grand émoi parmi les actionnaires.

Le Conseil d'administration convoqua une assemblée générale extraordinaire qui se tint le 11 août 1873, et dans laquelle il fut résolu de presser l'ouverture d'un troisième puits, déjà décidé en principe. Ce puits avait pour but d'exploiter particulièrement la richesse houillère reconnue par le puits intérieur de la fosse N° 1. Il devait rencontrer, au niveau de 270 mètres, une première exploitation explorée et préparée déjà par une galerie se reliant au puits intérieur.

Trois sondages furent exécutés en 1873 en vue de déterminer l'emplacement de ce puits, concurremment avec les explorations de la fosse N° 1 vers le Sud.

Le puits N° 3 fut ouvert en 1874 à 1,100 mètres au Sud du N° 1. Il rencontra le calcaire carbonifère à 146 m. 44, et le terrain houiller à 155 m. 44.

Ce puits est actuellement approfondi à 325 m. 27, et a traversé plusieurs belles couches de houille, dont l'une extraordinaire, la Présidente, de 3 m. 60 d'épaisseur. C'est dans cette couche qu'est établie une communication avec la fosse N° 1.

En avril 1878, on avait exploré la grande veine Présidente sur 367 mètres, dont la moitié cependant était en serrage. Cette veine découverte par la bowette sud du niveau de 196 mètres de la fosse N° 1, se présenta d'abord avec une épaisseur de 4 mètres, et fut suivi sur une certaine longueur avec cette épaisseur. Plus tard, on y rencontra des serrages successifs, entre lesquels la veine reparaissait, mais avec une épaisseur variable de 1 m. 50, 1 m. 75 et 2 et 3 mètres.

En 1878, un incendie se déclara dans les remblais de la grande couche Présidente. Il fallu barrer le foyer de l'incendie, et par suite suspendre au moins momentanément les travaux dans cette couche.

Les explorations faites dans ces derniers temps ont aussi fait reconnaître que les terrains de la fosse N° 3 sont accidentés.

Quatre accrochages ont été ouverts à 185, 227, 270 et 312 m.

Le puits N° 3, malgré l'irrégularité des terrains, s'annonce cependant comme possédant de grandes richesses, et devant fournir une exploitation fructueuse.

Il a coûté de fonçage proprement dit . . . .   644,942 fr. 04
et avec les installations . . . .   874,484 » 36
savoir :

1° Immeubles	44,482 fr.	44
2° Bâtiments de la fosse.	78,582	86
3° Fonçages, sondages.	644,942	04
4° Bâtiment des ateliers.	9,156	21
5° Matériel d'extraction	90,625	85
6° Matériel du fond.	6,694	96
Total.	874,484 fr. 36 (1)	

Une quatrième fosse a été ouverte en 1876 entre les fosses Nº 1 et Nº 2, dans la même position au Sud que la fosse Nº 3. Elle est arrêtée à 37 mètres à cause de la crise industrielle.

Chemins de fer. — Un décret du 26 juin 1857, avait concédé à la Compagnie du Nord, le chemin de fer dit des houillères du Pas-de-Calais, qui, partant d'Arras pour aboutir à Hazebrouck, traversait toutes les concessions de mines nouvellement instituées dans le nouveau bassin.

La Compagnie d'Auchy-au-Bois demanda, dès l'année 1859, à raccorder sa fosse Nº 1 à cette nouvelle ligne vers Lillers, par un embranchement de 8 kilomètres environ. Un décret du 25 avril 1860, autorisa l'exécution de cet embranchement.

Les terrains furent achetés par la Compagnie d'Auchy qui traita avec la Compagnie du Nord pour la construction du chemin. Les dépenses faites par cette dernière, devaient lui être remboursées en dix annuités égales, intérêt à 5 °/₀ compris.

L'annuité était de 42,629 francs.

Plus tard, le chemin de fer fut prolongé jusqu'au canal d'Aire, où un bassin d'embarquement fut établi à Isbergues, en commun avec la Compagnie de Ferfay, puis à la fosse Nº 2, et enfin, dans ces derniers temps jusqu'à la fosse Nº 3. — Le développement des voies est de 9,200 mètres.

_____

(1) Rapports du Conseil d'administration et de MM. les Commissaires à l'assemblée générale ordinaire et extraordinaire du 29 avril 1879.

La dépense d'établissement de ces différents embranchements a pesé lourdement sur la situation financière de la Compagnie d'Auchy, et le paiement des annuités de la Compagnie du Nord, joint aux frais de leur exploitation, a absorbé et au-delà tous les bénéfices de la faible production des fosses.

La Compagnie possède deux locomotives pour la traction sur ses embranchements.

Au 31 décembre 1878, il a été dépensé pour établissement de chemins de fer :

De raccordement à Lillers	661,146 fr. 79
De la gare d'eau d'Isbergues....	39,332 »
De la fosse N° 3	42,661 29
	743,140 08
Matériel du chemin de fer.......	111,623 10
Total......	854,763 fr. 18

Emprunts. — Sur le capital de 2 millions fixé par l'acte de Société, on a vu qu'il avait été attribué aux fondateurs pour leur apport, 814 actions libérées pour. . . . .   407,000 fr.

Il restait donc 3,186 actions qui, au cours de 500 francs produisirent. . . . . 1,593,000 »

Cette somme fut assez promptement absorbée par la création des fosses, l'acquisition du matériel, etc... et comme l'exploitation peu importante ne donnait que des pertes, il fallut songer bientôt à se créer un nouveau capital.

On eut recours pour cela aux emprunts.

Il fut émis au prix moyen net de 193 fr. 59, 6,000 obligations qui apportèrent dans la caisse de la Société. . . . 1,161,500 fr.

Ces obligations rapportant 12 fr. 50 d'intérêt et remboursables à 250 francs en vingt annuités, à partir de 1872, imposaient à la Compagnie une charge annuelle d'intérêts de 75,000 francs.

Le capital engagé et bientôt dépensé, se composait donc :

Produit du versement de 3,186 actions . . .	1,593,000 fr.
Produit de l'émission de 6,000 obligations . .	1,161,550 »
Ensemble. . .	2,754,550 fr.

Émission d'actions à intérêts. — Les capitaux fournis par l'émission des 4,000 actions primitives et des 6,000 obligations étant épuisés, l'assemblée générale du 27 février 1865, décide de se procurer 500,000 francs « somme nécessaire pour porter l'extraction à 1,500,000 hectolitres qui assurerait la prospérité de la Compagnie » par une émission de 1,000 actions nouvelles privilégiées.

Ces actions, émises à 500 francs, recevaient 40 francs d'intérêts la première année, puis les années suivantes également 40 francs sur les premiers bénéfices à distribuer, avant toute attribution aux actions anciennes, les deux types n'ayant de revenus égaux que si le produit de l'exercice permettait de donner 40 francs au moins à l'ensemble des actions.

Dans le cas où le revenu d'un ou de plusieurs exercices ne pourrait pas payer 40 francs aux actions nouvelles, les dividendes non payés seraient prélevés par privilège sur les premiers revenus disponibles des exercices suivants, avant toute attribution aux actions anciennes.

La Compagnie se procura ainsi 500,000 francs, mais à des conditions fort onéreuses, à un intérêt de 8 %, et le capital social fut porté à 2,500,000 francs représenté par 5,000 actions de 500 francs dont 1,000 privilégiées.

Une seconde émission de 1,000 actions privilégiées fut tentée en 1867, mais elle ne réussit qu'incomplètement. Il ne fut souscrit que 579 actions représentant une somme de 289,500 fr. et encore pour la plus grande partie (soit 246,631 fr. 53), ces actions furent prises en paiement de coupons échus ou escomptés.

La Compagnie ne réalisa donc en espèces sur cette émission que le chiffre de 42,868 fr. 47.

Liquidation et transformation de la Société. — Ces nouveaux capitaux furent insuffisants pour mettre les mines d'Auchy en état productif. La Compagnie avait émis :

4,000 actions primitives de 500 fr. représentant......	2,000,000
1,579 » privilégiées » »	789,500
6,000 obligations de 250 fr......................	1,500,000
Ensemble......	4,289,500

Son bilan arrêté au 31 mars 1867 , était le suivant :

Actif :

Concession, deux fosses, chemin de fer, immeubles, travaux et ouvrages divers	3,192,495 fr.	72
Mobilier, machines et matériel	431,674	26
Capital immobilisé.	3,624,169	98
Magasin, stock, caisse, recouvrements, fonds de roulement	293,289	21
Total de l'actif.	3,917,459 fr.	19

Passif :

Montant de 6,000 obligations émises.	1,500,000 fr.	»
Prêt de la Compagnie du chemin de fer du Nord.	137,666	26
Dettes diverses.	451,473	21
Total du passif.	2.089,139	47

La Compagnie n'avait , pour faire face à cet énorme passif de plus de 2 millions et aux charges d'intérêts et de remboursements qu'il lui imposait , que son faible fonds de roulement de 293,289 fr. 21.

Cette situation ne pouvait se maintenir. Aussi , une assemblée générale , tenue le 14 décembre 1867 , decida-t-elle la liquidation de la Société. et sa transformation en une nouvelle Société, dont les statuts adoptés dans l'assemblée générale du 30 mars 1868 , sont analysés ci-dessous.

La Société est anonyme.

Elle a pour objet la continuation de l'exploitation des mines de houille, concédées par décret du 26 décembre 1855 et 22 avril 1863 , et la reprise de toutes les valeurs actives et passives de l'ancienne Société civile des mines d'Auchy-au-Bois.

Le siége de la Société est à Paris.

La Société commencera à partir du 14 décembre 1867 , date de la dissolution de l'ancienne Société, et finira le 31 décembre 1950, époque à laquelle prend fin la concession du chemin de fer.

Les liquidateurs apportent à la Société nouvelle l'ensemble des biens et droits ainsi que toutes les obligations actives et passives de l'ancienne Société.

Le capital social actuel sera de 2,477,000 francs, dont 512,794 fr. 14 en numéraire, représenté par 4,954 actions de 500 francs ainsi répartis :

1° 2,628 1/2 libérées intégralement échangées contre 5,389 obligations de 250 fr...............	....	1.314.250 »
2° 1,502 1/2 libérées de 250 fr. échangées contre 3,005 actions de l'ancienne Société...........	....	375.625 »
Ayant à verser en espèces 250 fr......	375.625 »	....
3° 823 actions libérées de 333 fr. 33 en échange des actions privilégiées de l'ancienne Société...............	....	274.330 59
Ayant à verser en espèces 166 fr. 67...	137.169 41	....
	512.794 41	1.964.205 59
	2.477.000 »	

Le capital pourra être augmenté ultérieurement jusqu'à concurrence de 523,000 francs représenté par 1,046 actions de 500 francs savoir :

1° 371 1/2 libérées intégralement correspondant à 743 obligations de.	....	185.750 »
2° 497 1/2 libérées de 250 fr. correspondant à 995 actions de l'ancienne Société.................	....	124.375 »
Ayant à verser en espèces...........	124.375 »	....
3° 177 libérées de 333 fr. 33 correspondant à actions privilégiées...........	....	58.999 41
Ayant à verser en espèces	29.500 59	....
	153.875 59	369.124 41
	523.000 »	

Le conseil d'administration est dès à présent autorisé à émettre, tout ou partie des 1,046 actions ci-dessus, aux meilleures conditions.

Les titres sont nominatifs ou au porteur, au choix des actionnaires.

La Société sera administrée par un conseil composé de dix membres nommés par l'assemblée générale. Chaque membre devra posséder au moins 20 actions.

Le conseil sera renouvelé chaque année, par cinquième, par l'assemblée générale.

La présence de cinq membres au moins sera nécessaire pour la validité des délibérations.

Les membres du Conseil recevront par chaque séance du conseil, à laquelle ils assisteront, un jeton de présence de 20 francs et le remboursement de leurs frais de voyage. Le conseil aura droit en outre à 5 % des bénéfices nets, à répartir comme augmentation de la valeur des jetons de présence.

Il sera nommé, chaque année, en assemblée générale, trois commissaires, associés ou non, chargés de faire un rapport sur le bilan et les comptes présentés par les administrateurs.

Une assemblée générale sera tenue chaque année, dans le courant d'avril au plus tard.

Elle se composera de tous les actionnaires possédant 5 actions au moins.

Le Conseil d'administration y présentera l'inventaire, le bilan et les comptes.

Elle entendra le rapport des commissaires, approuvera les comptes et fixera le dividende à répartir.

Elle nommera les administrateurs à remplacer et les commissaires.

L'année sociale expire au 31 décembre.

Il sera fait, annuellement sur les bénéfices nets un prélèvement d'un vingtième au moins pour le fonds de réserve. Ce prélèvement cessera d'être obligatoire, lorsque le fond de réserve aura atteint le $^1/_{10}$ du capital social.

Insuffisance du capital. — La liquidation de l'ancienne Société débarrassa l'entreprise des charges que lui imposaient l'intérêt et le remboursement des 6,000 obligations ; mais elle laissait à payer les annuités dues à la Compagnie du Nord et les dettes diverses, montant ensemble à ⌐ . . . . 589,139 fr. 47.

La conversion des anciennes actions en nouvelles, avec soulte en espèces, n'avait produit que . . . . . . 512,794 fr. 41 auxquels vint s'ajouter ultérieurement la soulte de l'émission des actions non échangées, repré- sentant 153,875   59

Ensemble. . . . 666,670 fr. »

Le bilan au 31 décembre 1868, s'établissait ainsi :

Actif.

Concession, deux fosses, chemin de fer, immeubles, travaux et ouvrages divers............	2,553,373 fr. 63	
Mobilier, machines et matériel	305,737	36
	2,859,110	99

Fonds de roulement.

Magasin....................	56,749 fr. 53		
Stock de charbon	8,367	70	
Caisse et recouvrements.......	184,977	88	
		250,094	70
		3,109,205 fr. 70	

Passif.

Capital social avec l'augmentation provenant des souscriptions postérieures à la constitution....		2,628,500 fr. »	
Prime réservée aux souscriptions ultérieures de 101,760 fr. 90.........................		116,989	10
		2,745,489	10
Dettes à terme	272,770 fr. 67		
Dettes courantes.	90,945	93	
		363,716	60
		3,109,205 fr. 70	

La situation, on le voit, était tendue. Aussi dès la fin de 1869, toutes les ressources de la Compagnie étaient épuisées, et on ne pouvait continuer l'entreprise qu'en recourant aux emprunts.

Emprunts et émissions successifs. — Le premier
emprunt fut de fr.   152,500
Il fut réalisé par l'émission de bons à 6 %, remboursables après avertissement de six mois, et qui furent
souscrits par les principaux sociétaires.

Le deuxième fut voté par l'assemblée générale du
27 juillet 1871, et fut émis en obligations de priorité de
200 fr., remboursables à 250 fr. en vingt ans, depuis
1876 jusqu'en 1895, il produisit fr.   647,250

                        Total fr.   . .   799,750

Ces 800,000 francs furent bien vite épuisés, et l'assemblée
générale du 28 avril 1873 décida l'augmentation du capital social.

Il fut émis 1,500 actions de 500 fr., et suivant la déclaration
faite au greffe des tribunaux, le capital social fut ainsi porté
à fr. . . . . , . 3,536,000
savoir :

1° Capital social lors de la constitution de la
Société anonyme . . . . 2,477,000 fr.

2° Augmentation postérieure obtenue par la
conversion des titres de l'ancienne Société, depuis
la constitution de la Société anonyme. . . . . 309,000 »

3° Augmentation par l'émission de 1,500 actions
nouvelles de 500 fr. . . . . 750.000 »

                       Total.   . . .   3,356,000 fr.

ou 7,072 actions de 500 francs.

Les sommes ainsi obtenues par les emprunts et l'émission de
nouvelles actions furent employées à éteindre un passif courant,
à réparer le grand accident de la fosse N° 2, à continuer les
explorations du gite, enfin à exécuter divers sondages et à
commencer les travaux de la fosse N° 3.

Mais dès le commencement de 1875, il fallut se procurer de
nouvelles ressources et l'assemblée générale du 30 avril de cette

année autorisa l'émission d'un troisième emprunt
de . . . . , ... 1,000,000 fr.
représenté par 2,500 obligations de 400 fr., remboursables à 500 fr., en dix ans, à partir de 1896
et productives d'un intérêt de 25 fr. par an.

En 1876, nouvel appel de capitaux.

L'assemblée générale d'août décida l'émission
de 783 actions nouvelles à 500 fr., soit pour. . . 391,500 »

Le nombre d'actions, qui n'était jusque là que
de 7,217, fut ainsi porté à 8,000.

En outre la même assemblée vota un quatrième
emprunt de . . . . 500,000 »
qui ne fut toutefois réalisé qu'en mai 1877.

Il fut alors émis 1,250 obligations des mêmes
types et conditions que celles du troisième emprunt
effectué en 1875.

Le bilan arrêté au 31 décembre 1877, donnait la situation
suivante :

Actif.

Concession. — Apport.....................	407,000 fr.	»
Chemin de fer........................	710,152	77
Bâtiment des ateliers, magasins, logements, dont 170 maisons d'ouvriers	401,170	64
Fosse Nº 1............... 653,270 fr. 41		
» 2............... 709,658 17		
» 3.. .... 669,200 12		
» 4............... 66,344 22		
	2,098,472	92
Machines et matériel des fosses..............	492,626	88
Matériel de chemin de fer et divers.....	145,324	04
Approvisionnement en magasin.	150,080	26
Actif de roulement, y compris stock de charbon.	243,505	42
Divers.................................	19,134	20
Dépenses d'exploitation et pertes résultant des dix exercices écoulés.....................	1,982,650	20
Total de l'actif......	6,650,117 fr.	33

Passif.

Capital social	4,000,000 fr.	»
Emprunts : Obligations de la pre-		
mière Société	120,250	
» de 1871....	485,800	
• de 1875....	1,000,000	
» de 1877....	371,200	
	1,977,250	»
Créditeurs par compte............	672,867	33
	6,650,117 fr.	33

Ainsi fin 1877, après dix exercices, la nouvelle Société d'Auchy-au-Bois se trouvait dans une situation financière même plus mauvaise que l'ancienne à la fin de 1867.

La dette à terme, en obligations était de . .   1,977,250 fr. »

et sa dette courante et exigible de   672,867   33

Ensemble. . .   2,650,117 fr. 33

Il est vrai qu'elle possédait des travaux beaucoup mieux outillés, et des connaissances beaucoup plus complètes sur son gisement, et enfin qu'elle était en mesure de produire des quantités de houille plus importantes, et dans des conditions rémunératrices, sans la crise qui pèse sur l'industrie houillère.

Bons de délégation de dividendes — Il devenait indispensable de se procurer de nouveaux capitaux pour faire face aux charges indiquées dans la situation financière ci-dessus, compléter les travaux et les mettre en production.

Le Conseil d'administration proposa, à l'assemblée générale du 29 avril 1878, l'émission de *bons de délégation de dividendes*. Ces bons, au nombre de 1,000, était émis au pair de 500 fr. et donnaient droit à un intérêt annuel de 25 fr. net d'impôt, mais qui ne serait payé par privilège que sur les bénéfices réalisés à la fin de chaque exercice.

Dans le cas où le résultat de chaque exercice ne permettrait pas de payer cet intérêt, il serait capitalisé à 5% pour être joint à celui de l'exercice suivant ou payé lors du remboursement.

Ces bons de délégation pourront être remboursés par tirages, après décision de l'assemblée générale, avec une prime de 100 fr.

Dès que le cours des actions de la Compagnie dépassera le pair, le Conseil d'administration pourra émettre quantité suffisante d'actions nouvelles pour remplacer les bons de délégation.

Les souscripteurs desdits bons auront, pendant deux années, le droit de les échanger contre pareil nombre d'actions au pair.

Résultats financiers. — Le bilan arrêté au 31 décembre 1877, constate que dans l'intervalle de dix années, écoulé depuis la transformation de la Société en 1867, jusqu'en 1877, les résultats de l'exploitation des mines d'Auchy-au-Bois se traduisent par une perte de 1,982,650 fr. 20 ou en moyenne près de 200,000 fr. par année.

Pendant cette période l'exploitation a fourni. 204,746 tonnes; la perte par tonne a donc été de 9 fr. 68.

Pour l'année 1877, le compte de profits et pertes se soldait par une perte de. . . . . 462,020 fr. 66 pour une extraction de 31,717 tonnes, soit de 14 fr. 57 par tonne.

Savoir :

Travaux souterrains des fosses N° 1 et 2 (dont
la plus grande partie en travaux d'avenir). . . 184,739 fr. 72

Frais généraux 78,675 70

Frais de vente et de service de chemin de fer . 57,454 40

Changes, commissions, intérêts et escomptes
sur versements d'obligations 44,963 55

Coupons d'obligations, droits de transmission,
etc 96,187 29

On peut juger, d'après ces chiffres, de la situation difficile dans laquelle s'est trouvée la Compagnie d'Auchy-au-Bois. Puisse-t-elle enfin, par la mise en exploitation de sa fosse N° 3, sortir de ses embarras financiers et récupérer ses pertes.

Les résultats de l'exercice 1878, sont venu aggraver encore cette fâcheuse situation.

En effet le rapport du Conseil d'administration à l'assemblée générale du 18 janvier 1879 constate que les charges sociales se composent de :

A.   457 obligations de l'ancienne Société civile dont le remboursement a commencé en 1872 et ne finira qu'en 1891, a 250 fr. . . . .   114,250 fr.

B. 2,346 obligations émises en 1871 à 200 fr. dont le remboursement a commencé en 1876 et ne finira qu'en 1895, à 250 fr.   586,500 »

C. 2,500 obligations émises en 1875 à 400 fr. dont le remboursement commencera en 1896 et ne finira qu'en 1906 à 500 fr.   1,250,000 »

D. 1,250 obligations, dont 972 placées et 278 représentation d'un prêt, émises en 1876, à 400 fr. et remboursables à 500 fr. de 1896 à 1906 . . . . .   625,000 »

E. 1,000 bons de délégation émis à 500 fr. en 1878 donnant droit à un intérêt annuel de 25 fr., mais qui ne peut être payé que sur les bénéfices réalisés et remboursables à 600 fr. plus les intérêts échus qui n'auraient pas été payés. . . .   500,000 »

Total. . . .   3,075,750 »

dont il faut déduire toutefois pour primes de remboursement en obligations . . . .   515,150 »

Il reste pour la dette emprunt. . . 2,560,600 fr.

Il faut de plus 500,000 francs pour terminer les travaux.

Le Conseil d'administration proposait en conséquence « l'émis-
» sion de 3,000 obligations *bénéficiaires* de 500 fr. chacune,
» remboursables au pair, en capital et intérêts à 5 % l'an calculés
» d'année en année, en appliquant à leur remboursement intégral
» tous les bénéfices nets réalisés à la fin de chaque exercice, et
» avant toute distribution aux 8,000 actions formant le capital
» social, etc. »

La proposition fut adoptée par l'assemblée générale, mais

seulement pour 2,000 obligations, dont les 3/4 furent souscrites immédiatement par les administrateurs et quelques actionnaires

Production. — La fosse N° 1, ouverte en avril 1856, ne commença à produire qu'en 1859 et ne fournit pendant cette année et les années suivantes que de faibles quantités de houille.

Ainsi, on extrait de cette fosse :

En 1859....	28,210	hectolitres —	2,539	tonnes.
« 1860....	23,031	»	— 2,073	»
« 1861....	101,923	»	— 9,173	»
« 1862....	196,475	»	— 17,683	»
« 1863....	171,165	»	— 15,405	»

46,873 tonnes.

La fosse N° 2, qui avait été ouverte en 1862, vint augmenter la production, mais dans une proportion assez faible ; les deux fosses fournissaient :

En 1864...	301,190	hectolitres —	27,107	tonnes.
« 1865....	356,528	»	— 32,087	»
« 1866....	466,529	»	— 41,988	»
« 1867....	497,662	»	— 44,789	»

145,971 tonnes.

Les embarras financiers qui entrainèrent la liquidation de la Société en 1867, joints à la pauvreté des gisements connus alors, réduisirent la production de plus de moitié.

Elle descendit en effet :

En 1868 à ..	228,427	hectolitres —	20,558	tonnes.
« 1869 ..	181,708	»	— 16,354	»
« 1870 ..	220,209	»	— 19,819	»
« 1871 ..	203,846	»	— 18,846	»
« 1872 ..	238,462	»	— 21,461	»

96,538 tonnes.

A reporter...... 289,382 tonnes.

Report . . . . . . 289,382 tonnes.

La Compagnie ne put malheureusement profiter des hauts prix des houilles de la période de 1873-1875, sa production étant des plus faibles pendant cette période, par suite de l'accident arrivé au commencement de 1873 à la fosse N° 2.

Ainsi son extraction a été seulement:

En 1873 de	17,100 tonnes.
« 1874	27,473 »
» 1875	21,979 »
« 1876	19,439 »
« 1877	31,217 »

117,208 tonnes.

Ensemble . . . . . . 406,590 tonnes.

Elle a été en 1878 de . . . . 31,879 »

Et en 1879 de . . . . 28,109 »

Production totale . . . . . . 466,578 tonnes.

Les chiffres de production ci-dessus sont bien faibles, eu égard au capital dépensé dans l'entreprise, et qui, indépendamment des pertes ressortant du compte d'exploitation, s'élevait au 31 décembre 1877 à 4,667,467 fr. 13.

Ce capital, rapporté à l'extraction de 31,217 tonnes de 1877, correspond à 150 fr. par tonne. En admettant que les travaux actuels puissent fournir 80,000 à 100,000 tonnes annuellement, le capital engagé par tonne correspondrait encore à 50 fr. et plus.

Et cependant la Compagnie d'Auchy-au-Bois a été dirigée et administrée avec sagesse et avec habileté; ses administrateurs et ses actionnaires ont fait preuve d'une grande foi dans le succès, d'une persévérance digne d'un meilleur sort et n'ont reculé devant aucun sacrifice pour mener à bien leur entreprise. Tous leurs efforts ont échoué jusqu'ici devant la pauvreté et l'irrégularité du gisement reconnu par leurs premiers travaux. Les nouvelles découvertes de leur fosse N° 3 promettent beaucoup. Puissent-elles les dédommager de leur longue attente et de leurs grands sacrifices!

Gisement. — On a vu que le calcaire inférieur, base du terrain houiller, a été rencontré à la fosse N° 1, dans le puits

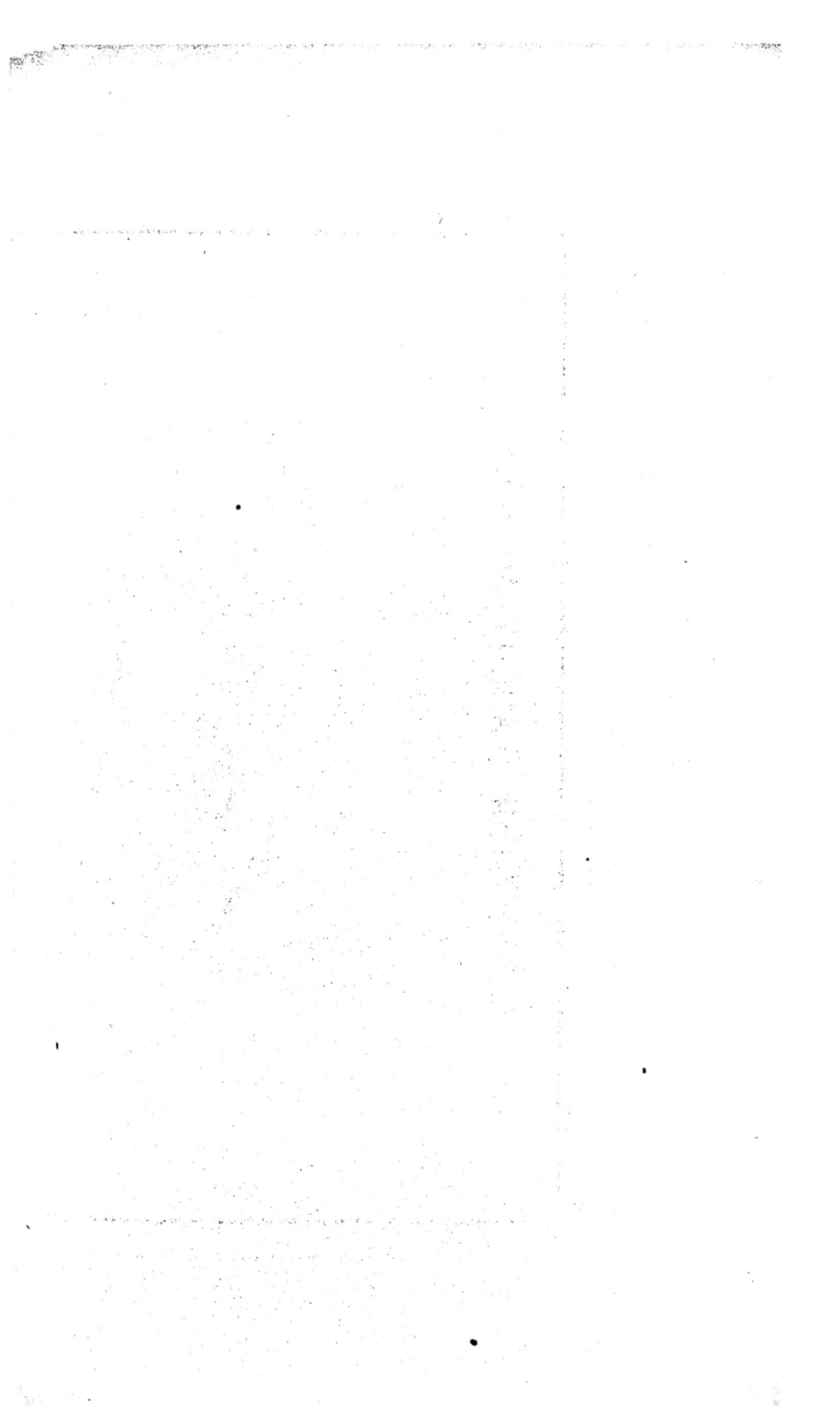

Pl. XX

CONCESSION D'AUCHY-AU-BOIS

COUPE SUIVANT LES BOWETTES DE LA FOSSE N°1

Fosse N°3   Fosse N°1

Niveau de la Mer

Terrain houiller en place

Calcaire carbonifère. Base du terrain Houiller

COUPE SUIVANT LES BOWETTES DE LA FOSSE N°2

Fosse N°2

Niveau   de   la   Mer

Partie probablement en place

Calcaire carbonifère. Base du Terrain Houiller

Échelle de 10.000

Extrait de l'Étude stratigraphique du Terrain houiller
d'Auchy-au-Bois par Ludovic Breton. 1877.

Gravé par Rittaucccccccnmm.   Lille Imp. Danel.

même à 201 m., et à la fosse N° 2 à 205 m. du puits au niveau de 395 m.

La première couche formée immédiatement sur le calcaire carbonifère, et qui n'a que quelques mètres d'épaisseur, est un schiste fossilifère en stratification rigoureusement concordante avec le calcaire. Vient ensuite un schiste homogène, noir, à pate fine, piqué de points et quelquefois de nodules de pyrite, puis après le véritable terrain houiller, avec plusieurs petites veines de houille, et enfin la veine *Maréchale* de 1 m. 10 d'épaisseur, donnant du charbon de forge, qui a été jusqu'ici la principale ressource de la fosse N° 1. Au-dessus de cette veine se trouve la couche Saint-Augustin de 1 m. 60, mais qui a été peu exploitée par suite de son état failleux.

D'autres couches supérieures à la précédente, et formant un faisceau distinct, ont été reconnues par la fosse N° 2. Elles sont au nombre de dix dont l'épaisseur varie de 0 m. 40 à 1 m., mais très-accidentées. Elle fournissent de la houille sèche à longue flamme.

L'ouvrage de M. Breton ([1]), dont sont extraits les renseignements qui précèdent, montre que l'axe de fond du bassin houiller inclinait vers l'est, lors du dépôt du terrain houiller et explique de cette manière comment le gisement d'Auchy-au-Bois, quoique reposant directement sur le calcaire carbonifère, ne renferme cependant pas les couches inférieures de la formation houillère.

D'après le rapport du Conseil d'administration à l'assemblée générale du 28 avril 1879, on avait recoupé par les travaux de la fosse N° 3, dix veines présentant, d'après leur ordre de superposition, les épaisseurs suivantes :

1re Veine	Présidente	3 m	»	en charbon.
2e »	Ernest	1	»	»
3e »	Jules.	»	60	»
4e »	Alphonse...	1	»	»
5e »	François.	»	80	»
6e »	Louise	»	60	»
7e »	Anne-Marie.	1	20	»
8e »	Zoé..	»	60	»
9e »	Charles-Eugène	1	»	»
10e »	Guillaume (puissance encore indéterminée).			
	Total	9 m80 en charbon.		

(1) Étude stratigraphique du terrain houiller d'Auchy-au-Bois. Lille.— 1877

Ces veines étaient près du puits, le point le plus au sud exploré n'est qu'à 100 m., et le point le plus au nord à 170 m. seulement.

Ces veines comprennent diverses variétés de houille, renfermant de 30 à 40 % de matières volatiles, très peu gailleteuse.

Ouvriers. — Production par ouvrier. — Salaires. — Voici les indications que fournissent les rapports des Ingénieurs des mines sur l'emploi du personnel de l'exploitation d'Auchy-au-Bois.

ANNÉES.	OUVRIERS.			PRODUCTION PAR OUVRIER.		SALAIRES.	
	Du fond.	Du jour.	Total.	Du fond.	Des deux catégories	Totaux.	Par ouvrier.
				Ton.	Ton.	F.	F.
1869	160	48	208	105	81	198.930	956
1870	»	»	»	»	»	214.930	»
1871	203	63	266	92	70	239.768	901
1872	240	64	304	91	72	300.491	988
1873	»	»	»	81	»	»	1.203
1874	»	»	»	83	»	»	1.216
»	»	»	»	»	»	»	»
»	»	»	»	»	»	»	»
1877	360	70	430	87	72	490.801	1.141
1878	256	14	270	124	118	393.560	1.457

Beaucoup de travaux d'exploration, au rocher, par conséquent improductifs. Aussi la production utile de l'ouvrier est faible, quoique le salaire soit élevé.

Maisons. — Au 30 avril 1877, la Compagnie avait bâti 170 maisons, dont la construction lui avait coûté 401,170 fr. 64, soit 2,360 fr. l'une.

A raison de 1,7 ouvrier par maison, elle fournissait le logement à la presque totalité de son personnel.

Prix de revient. — D'après les états de redevances, la Compagnie d'Auchy-au-Bois a dépensé :

1873. — Dépenses de premier établissement .... 51,156 fr. par tonne 2 fr. 99
     »   d'exploitation............. 419,787   »   24   54

Ensemble...... 470,943 fr. par tonne 27 fr. 53

En 1874. — Dépenses de premier établissement .... 124,658 fr. par tonne 4 fr. 53
     »   d'exploitation............. 701,552   »   25   51

Ensemble .... 826,210 fr. par tonne 30 fr. 04

Ces prix de revient sont excessifs ; il est vrai que tous les travaux ont été autant des travaux d'exploration que d'exploitation.

Un rapport de MM. Lisbet et Piérard, donne pour la seule fosse en exploitation en 1878, le prix détaillé ci-dessus.

Salaires. — Frais directs............ 0 fr. 580
     »   indirects.......... 0   070

                               0 fr. 650

Consommation................... 0   328
Transport et commission 0   059
Frais généraux.................. 0   060

Total...... 1 fr. 097

par hectolitre, ou 12 fr. 19 par tonne.

Prix de vente. — Le rapport du Conseil d'administration à l'assemblée générale du 18 janvier 1879, donne le tableau suivant des prix moyens de vente, depuis 1870.

Années.	Puits N° 1.		Puits N° 2.	
1870......	14 fr.	01	13 fr.	56
1871......	14	76	14	37
1872......	17	17	19	78
1873......	22	73	24	26
1874......	19	36	21	74
1875......	19	01	21	95
1876......	16	43	20	06
1877......	14	13	14	58
1878......	12	67	14	06

A la fin de cette dernière année le prix moyen de vente n'était même plus que de 11 fr. 95 la tonne et on n'espérait pas un prix supérieur à 11 fr. 50 pour 1879.

On voit par les chiffres ci-dessus, la baisse énorme qui s'est produite dans les prix des charbons d'Auchy dans ces dernières années, et qui les a fait descendre bien au-dessous des prix réalisés même avant la grande hausse des salaires de 1872 à 1875. Cette baisse des prix n'est pas particulière à Auchy ; elle a agi dans des proportions semblables sur les prix des autres houillères de la région.

Valeur des actions. — Les actions de la Société d'exploitation de 1855, émises à 500 fr., n'avaient versé en 1861 que 375 fr., et étaient cotées pendant cette année de 600 à 675 fr., soit avec une prime de 225 à 300 fr. Elles avaient même atteint fin 1855 le prix élevé de 750 francs.

L'assemblée générale du 27 février 1865 décida l'émission de 1,000 actions privilégiées, de 500 fr., de sorte que le nombre d'actions en circulation qui n'avait été jusque-là que de 4,000 fut porté à 5,000.

En 1867, fut tentée une nouvelle émission de 1,000 actions dans les mêmes conditions, mais il ne put en être placé que 579, ce qui porta le chiffre des actions en circulation à 5,579.

On a vu que dans cette même année 1867, lors de la liquidation de la Société civile, ces actions de 500 fr., entièrement libérées, ne furent admises dans la nouvelle Société que pour une demie action, ayant à verser 250 fr., soit pour 125 fr. Elles tombèrent même à 75 fr. en 1868. Elles remontèrent en 1872 à 375 fr.

Au commencement de 1873, on trouve les nouvelles actions cotées à 520 fr. Leur prix de vente s'élève comme celui de toutes les actions des autres houillères et atteint :

> En janvier 1875 . . . .   900 fr.
> »   mai 1875 . . . . 1,500 »

pour redescendre ensuite :

> En janvier 1876 à . . . . . . 1,090 fr.
> »   »   1877 à . . . . . .   478 »
> »   »   1878 à . . . . . .   90 »

En 1876, il y avait en circulation 7,217 actions. Pendant cette année, il en fut émis 783 à 500 fr., et à partir de ce moment, le nombre d'actions en circulation est de 8,000.

PUITS.

N° 90. Fosse N° 1. — Commencée en avril 1856. Rencontre le terrain houiller à 141 m. 48, et le calcaire carbonifère à 201 m. Accrochage à 159 et 194 m. Puits intérieur à 488 m. au sud de la fosse qui exploite jusqu'à la profondeur de 267 m. exécuté en 1867-68.

91. Fosse N° 2. — Ouverte en 1862, à 1,800 m. à l'ouest de la fosse N° 1. Le passage du niveau a présenté d'assez sérieuses difficultés. Rencontre le terrain houiller à 145 m. Approfondie à 431 m.

Explosion de grisou le 7 juin 1873, qui fait 7 victimes, démolit le guidage et la cloison d'aérage, et amène l'inondation du puits. La réparation de ces dégâts opérée, on remplace en 1876 la machine d'extraction par une plus forte, de 200 chevaux.

Par les bowettes nord et sud on a traversé toute la formation houillère ; ces bowettes sont venues buter contre le calcaire carbonifère.

92. Fosse N° 3. — Ouverte en 1874. — Atteint le calcaire carbonifère à 146 m. 44, et après en avoir traversé 9 m., le terrain houiller en allure normale à 155 m. 44.

Approfondie à 325 m. 27. 4 accrochages ouverts à 185, 227, 270, 312 m.

A traversé plusieurs belles veines, dont la veine Présidente de 3 m., dans laquelle est établie une communication avec la fosse N° 1.

Ce puits a coûté de forage 644,942 fr. 04, et avec ses installations 874,484 fr. 36.

La houille de ce puits tient 34 % de matières volatiles.

93. Fosse N° 4. — Commencée en 1876. — Suspendue à 37 m., à cause de la crise industrielle.

SONDAGES.

N° 94. A Norrent-Fontes. — 1852.— Atteint le calcaire carbonifère à 169 m.48. Abandonné à 171 m. 45.

95. A Radometz, près Thérouanne. — 1852. — Dût être abandonné à 156 m., après avoir traversé 130 m. de morts-terrains et 26 m. de graviers, cailloux et sables divers. Donna des nappes d'eau jaillissante, et éprouva plusieurs accidents dans les cailloux vifs, engagés au milieu des sables aquifères.

96. A Auchy-au-Bois. — 1853. — Rencontre le terrain dévonien à 128 m. et y est continué jusqu'à la profondeur de 165 m. 14.

Argiles grises et lie de vin.

97. A Réty, ou Saint-Hilaire. (S. O). — 1853. — Rencontre le calcaire carbonifère rose à 148 m. 20. On y pénètre d'un mètre environ.

77. De la Tirremande. (Ligny). — Commencé en 1852 par M. Podevin. Découvre la houille. Acquis et continué par la Société Faure. Terrain houiller à 103 m. Poussé à 160 m. Traverse cinq veines de 0 m. 40 à 1 m. 30 de puissance. Profondeur totale 160 m. 10.

78. De Saint-Hilaire-Cottes, près Auchy-au-Bois. — Commencé en 1853, par M. Podevin. Traverse une couche de houille de 1 m. 39 d'épaisseur verticale à 152 m. Avait atteint le terrain houiller à 110 m. Acquis par la Société Faure, en 1853. Profondeur totale 153 m. 15.

98. A Bellery, près Ames. — 1854. — Terrain houiller à 129 m. 45. Poussé à 223 m. Traverse huit veines de charbon dont la puissance varie entre 0 m. 30 et 1 m. 80.

99. Près de la fosse N° 2. — 1857 — A 386 m. au nord, exécuté dans le but de déterminer l'emplacement de cette fosse. Terrain houiller à 138 m. Poursuivi jusqu'à 162 m.

100. Au sud de la concession. — A 250 m. au sud du clocher d'Auchy-au-Bois. — 1859. Arrêté à 209 m. 39, après avoir traversé :

  83 m. 33 de schistes violacés
et 0 56 de calcaires.

  83 m. 89 qui appartiennent à la formation dévonienne. Épaisseur des morts-terrains 125 m. 50.

101. A 50 m. de la limite sud de la concession, sur la route N° 13 d'Hesdin à Aire. — 1860. — Terrain houiller à 155 m. 90, a rencontré cinq veinules de houille, et une veine de 1 m. 12 à 207 m. Profondeur totale 208 m. 68.

102. A 190 m. de la limite de la concession, à l'intersection de la route départementale N° 13 avec le chemin de Ligny à Auchy. — 1860. — Abandonné à 168 m. 65 dans le calcaire fétide. Avait rencontré la base du tourtia à 165 m. 20.

103. A 90 m. de la limite sud de la concession, à l'intersection du chemin de Lepinette avec le chemin de Ligny à Auchy. — 1860. — Atteint le terrain houiller à 144 m. Poussé à 162 m. 30 et a rencontré deux fois la houille.

104. A 60 m. au sud de la concession. — Sur le chemin de Vignacourt. Rencontre le calcaire ancien à 133 m. 83. — 1860. — Profondeur 134 m. 83.

105. Sondage près le puits N° 2. — Exécuté en vue de l'emplacement de ce puits. — 1861. — Rencontre le terrain houiller à 143 m. Est poussé jusqu'à 192 m.

106. N° 15 de Rougement. — 1873. — A 1,200 m. de la fosse N° 1. Atteint le terrain ancien à 131 m. A 168 m. 50 rencontre un calcaire dolomitique, dans lequel il reste jusqu'à 200 m., profondeur à laquelle il touche à des schistes gris, puis à du calcaire. Arrêté à 215 m. 11.

107. N° 16. — 1873. — A 170 m. au nord du précédent, rencontre des schistes noirs à phtanite à 148 m., puis à 170 m. des terrains douteux, des schistes houillers avec de petits morceaux de calcaire et enfin à 185 m. une veine de houille. Abandonné à 191 m. 40.

108. N° 17. — 1874. — A 70 m. au nord du précédent. Atteint le terrain houiller à 146 m., immédiatement au-dessous du tourtia.

125. Deuxième d'Ames. — 1853. — Exécuté par la Compagnie de Ferfay. Épaisseur des morts-terrains 116 m. 50. Terrain houiller, puis calcaire carbonifère. Profondeur 133 m.

76. Sondage de Liettres. — Exécuté par M. Podevin. Épaisseur des morts-terrains 127 m. Calcaire carbonifère. Profondeur 132 m. 03.

330. Sondage d'Angres, N° 1. — Grés verdâtres à 137 m. 60. Profondeur 149 m. 60.

XI

MINES DE FLÉCHINELLE.

Travaux de la Société Podevin.— Vers le mois d'octobre 1852, M. Podevin, administrateur des mines d'Hardinghem et Fiennes, forma avec diverses personnes une Société qui se proposait de rechercher le prolongement du bassin houiller entre Ferfay et Thérouanne [1].

Cette Société installa en même temps deux sondages : l'un à Liettres, N° 76, qui aboutit à un résultat négatif ; l'autre à la Tirremande, N° 77, qui atteignit la houille.

L'outillage du forage de Liettres fut reporté au commencement de l'année 1853 sur un point du territoire de Saint-Hilaire-Cottes, voisin d'Auchy-au-Bois, N° 78. On y traversa une couche de houille de 1 m. 39.

_____

[1] Rapport inédit de M. Thiry, Ingénieur des mines de Fléchinelle, du 31 décembre 1877.

La Société Podevin avait pour rivale dans ses recherches la société Faure, qui avait pratiqué divers sondages, lesquels, bien qu'infructueux, lui donnaient un droit de priorité. Une transaction amiable intervint entre les deux Sociétés ; la Société Podevin abandonna à sa concurrente les sondages positifs de la Tirremande et de Saint-Hilaire-Cottes, dit d'Auchy-au-Bois.

La Société Podevin continua néanmoins ses recherches en les reportant au couchant du sondage de la Tirremande, et dans la direction présumée du prolongement du bassin houiller.

Elle fit simultanément en 1853 deux sondages à Enquin, N° 79, et à Fléchinelle, N° 80. Elle rencontra le terrain négatif dans le premier, mais plusieurs couches de houille grasse dans le second.

A la suite de cette découverte, la Société Podevin demande une concession, tout en continuant ses explorations.

En 1854, elle perce un nouveau sondage à Estrées-Blanche, N° 81, qui atteint le terrain houiller à 112 m. et recoupe à 138 m. une belle couche de houille grasse, divisée par deux petits nerfs de schiste.

Les recherches, un instant interrompues, sont reprises en 1855, par l'ouverture de deux sondages au hameau de Serny. Le premier, N° 82, est arrêté sur un calcaire inférieur assimilable aux marbres du Boulonnais. Le second, N° 83, atteint le terrain houiller, puis une petite veine et est continué dans un grès houiller sur une hauteur de plus de 100 m.

La Société Podevin se trouvait donc en possession de trois sondages positifs, dont deux, ceux de Fléchinelle, N° 80, et d'Estrées-Blanche, N° 81, situés à 600 m. l'un de l'autre, sur une ligne transversale à l'axe du bassin houiller, et le troisième, de Serny N° 2, 83, situé à 1,200 m. environ à l'ouest des deux premiers [1]. Planche XXI.

Formation d'une Société d'exploitation. — C'est alors que la Société de recherches se constitua en Société d'exploitation, suivant acte du 28 août 1855.

La Société était civile.

---

[1] Rapport de M. Thiry, précédemment cité.

Elle prit le nom de *Compagnie des mines de houille de la Lys-Supérieure.*

Le capital social était fixé à deux millions de francs, divisé en 4,000 actions de 500 francs.

800 actions libérées étaient attribuées à la Société Podevin, en compensation de son apport consistant en cinq sondages, dont deux suivis de la découverte de la houille, et un sixième à Enquin, N° 87, qui avait déjà atteint le terrain houiller. Toutefois elles devaient rester à la souche jusqu'à l'époque de la mise en vente du charbon.

Il était émis 1,600 autres actions, et les 1,600 restant devaient être émises ultérieurement suivant décisions de l'administration.

Les actions, primitivement nominatives, pouvaient, après leur libération, être transformées en actions au porteur.

Le Conseil d'administration était composé de cinq membres qui furent d'abord : MM. Lequien, Tétin-Degaspary, Pinart, Mathieu et Furne. Ils étaient nommés à vie. En cas de décès ou de démission de l'un d'eux, il était pourvu à son remplacement par les membres restants.

Une assemblée générale devait se tenir chaque année. Elle se composait de tous propriétaires d'au moins cinq actions, et devait nommer trois délégués, chargés de prendre connaissance, au siège de la Société, des comptes de l'administration et de faire, sur lesdits comptes, un rapport aux assemblées générales.

Les écritures devaient être arrêtées le 15 novembre de chaque année.

Il était créé un fonds de réserve, par le prélèvement d'un sixième du bénéfice net, et qui ne pouvait excéder 300,000 fr.

Le Conseil d'administration avait la faculté de convertir la Société civile en Société anonyme.

Ouverture d'une fosse à Fléchinelle. — La nouvelle Société commença les préparatifs d'une fosse à Fléchinelle, N° 84. Le premier coup de pioche fut donné le 22 décembre 1855.

Le puits, de 4 m. de diamètre, fut maçonné jusqu'au niveau, à 17 m. 75. De cette profondeur jusqu'à celle de 98 m. 95, il fut muni d'un cuvelage en bois d'orme, à 16 pans.

Le passage du niveau fut long et laborieux ; on se servit d'une machine d'épuisement à traction directe de 2 m. de course, faisant marcher deux pompes de 0 m. 50 de diamètre. On a évalué à 10,000 mètres cubes le volume d'eau maximum épuisé par 24 heures. La base du cuvelage ne put être achevée que le 8 février 1858, c'est-à-dire plus de deux ans après le commencement du creusement du puits.

Le terrain houiller fut atteint à 127 m. 23 en avril 1858 [1].

Mais le cuvelage en bois d'orme donnait lieu à des fuites d'eau considérables et à des ruptures de pièces fréquentes. On fut obligé en 1866, pour y remédier, de poser à l'intérieur une chemise ou nouveau cuvelage en fonte sur 50 m. de hauteur. On fut ainsi entraîné à une dépense de 120,000 francs.

Gisement. — La fosse de Fléchinelle rencontra une première veine de 0 m. 80 à 149 m. Un premier accrochage fut ouvert, en décembre 1858, à la profondeur de 180 m. Des bowettes de reconnaissance au nord et au sud constatèrent l'existence de neuf couches, dont quatre seulement exploitables. D'autres accrochages ont été établis successivement à 230, 280, 320 et 350 m., et ont découvert d'autres couches exploitables.

Partout on a rencontré des terrains fortement inclinés au sud, et des couches presque verticales, dont l'exploitation est difficile et coûteuse. Planche XXI.

Les couches exploitées de 1860 à 1872 sont au nombre de huit, savoir, en commençant par la plus profonde :

Saint-Charles de	0 m. 60 de puissance.	
Élisabeth de	1	"
Sainte-Marie de.	1	"
Gabrielle de.	0 80	"
Marquise de	0 60	"
Angélique de.	1	"
Coralie	1 40	"
Deux sillons.	0 80	"
Total	7 m. 20 de puissance	

et une moyenne d'épaisseur de couche de 0 m. 90.

(1) Rapport de M. Théry, précédemment cité.

PLAN

Engunegatte   Con DE FLÉCHINELLE

Liettres

Serny

Enquin   Estrée-Blanche

Erny-St-Julien

Fléchinelle

D'AUCHY-AU-BOIS

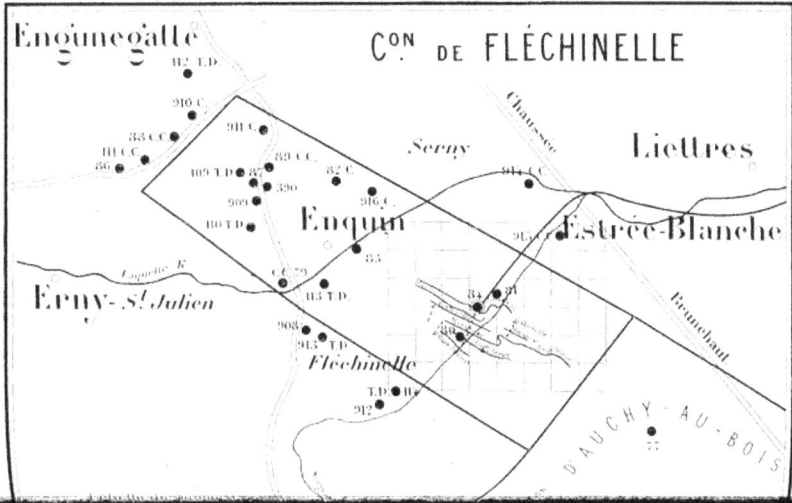

COUPE VERTICALE DES TRAVAUX DE LA FOSSE
DE FLÉCHINELLE

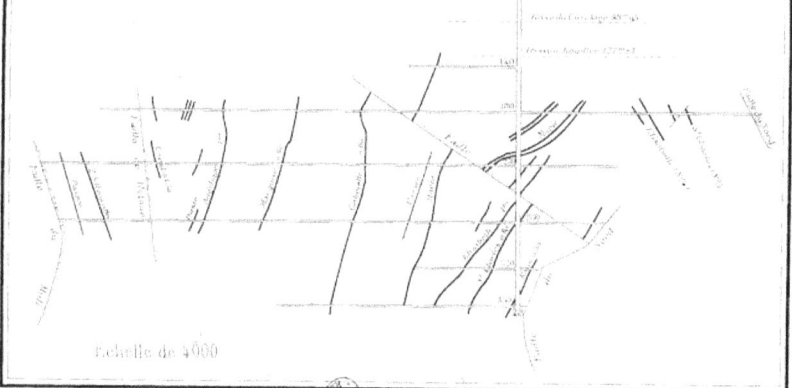

Echelle de 4000

La houille tient de 28 à 34 % de matières volatiles, suivant les couches, et dégage du grisou.

Nouveaux sondages.— La Compagnie de la Lys-Supérieure continuait cependant ses explorations.

Le 22 février 1856, elle ouvrait un sondage à Coyecque, N° 85, à l'extrémité occidentale de la concession qu'elle sollicitait. Il fut arrêté à 153 m. 20, après avoir traversé 24 m. 70 de schistes gris-verdâtre que l'ingénieur des mines du département classait dans la formation dévonienne.

D'autres sondages étaient exécutés successivement : à Enguinegatte, N° 86, résultat indéterminé ; à Enquin, N° 3 (87), terrain houiller et veinules de charbon ; à Enquin, N° 4 (88), calcaire ; à Enquin, N° 5 (89), calcaire.

Concession.— La Société d'exploitation de Fléchinelle avait, dès 1856, formé une demande en concession, à laquelle il fut donné satisfaction par un décret du 31 août 1858, qui accordait aux sieurs Lequien, Tétin, Degaspary, Pinart, Mathieu et Furne, sous le nom de *concession de Fléchinelle*, une étendue superficielle de 376 hectares.

A la suite de sondages exécutés en dehors de son périmètre primitif, la Compagnie obtint, par décret du 16 juillet 1863, une extension de 157 hectares, ce qui porta l'étendue de la concession de Fléchinelle à 533 hectares.

Chemin de fer. — La fosse de Fléchinelle était éloignée et du chemin de fer et du canal, et par suite privée de moyens de transport.

La Compagnie se décida à la relier et au canal d'Aire à La Bassée et à la station d'Aire-Berguette, par un embranchement à grande section d'une longueur de 14 kilomètres. Elle obtint le 8 février 1862 un décret d'utilité publique pour l'exécution de cet embranchement qui a coûté environ 1,200,000 francs.

Un emprunt de 500,000 fr., en obligations, fut voté par l'assemblée générale du 11 juin 1861, pour subvenir aux frais d'acquisition des terrains du chemin de fer.

Le chemin de fer fut exécuté par la Compagnie du Nord, sur des terrains acquis par la Société de la Lys, et moyennant le remboursement par annuités, du capital et intérêts, des dépenses d'établissement.

Malgré cette combinaison avantageuse, la construction de l'embranchement de Fléchinelle fut une charge hors de proportion avec le chiffre de la production, et qui a pesé très-lourdement sur la situation de la Compagnie de la Lys.

Au 6 février 1872, il était dû à la Compagnie du Nord :

Une troisième annuité convenue, échue le 18 janvier 1871, en souffrance, 50,000 francs.

Une quatrième annuité convenue, échue le 18 janvier 1872, en souffrance, 50,000 francs.

Une cinquième annuité convenue devait échoir, le 18 janvier 1873, en souffrance, 104,000 francs.

Vers la fin de 1871, la Compagnie du Nord, informée des poursuites exercées par quelques créanciers contre la Compagnie civile de la Lys, crut prudent, pour sauvegarder ses intérêts, de suivre le même exemple.

La nouvelle Société lui paya, au mois de juillet 1872, fr.   50,000
plus les intérêts échus, et au 15 janvier 1873   115,000

En même temps on arrêta avec elle le compte de sa créance, qui fut réglée à fr. . . . . 496,000 »
payables en dix annuités de fr. 64,240 13
à partir du 15 janvier 1874.

En 1876, la Compagnie de Fléchinelle a cédé à la Compagnie du Nord—Est environ deux kilomètres de son chemin de fer, entre la gare d'eau et la gare de Berguette, moyennant 80,000 fr.

Plus tard elle a entamé des négociations pour la cession de sa ligne à des capitalistes, et se procurer ainsi des ressources pour la continuation de ses travaux. Mais jusqu'ici ces négociations n'ont pas abouti.

Emprunts. — Dès 1861 on avait dû recourir aux emprunts. Il fut émis 2,500 obligations de 200 fr. remboursables à 250 fr. en vingt ans, à partir du 1er janvier 1865, et rapportant 12 fr. 50 ou

6 1/4 % d'intérêt	500,000 fr.

Cet emprunt, décidé par l'assemblée générale du 11 juin 1861, avait pour but de subvenir aux frais d'acquisition des terrains nécessaires à l'établissement du chemin de fer.

Un deuxième emprunt fut contracté en 1862. Il fut réalisé par l'émission de 339 obligations de 1,000 fr. remboursables au pair . . . . . . 339,000 »

En 1868, on émet 2,000 nouvelles obligations de 200 fr. remboursables à 250 fr. . . . . . . 400,000 »

1,239,000 fr.

Production. — Les travaux préparatoires de la fosse de Fléchinelle fournirent, dès 1858, une petite quantité de houille ; mais, jusqu'en 1868, l'extraction de cette fosse fut très-faible.

Ainsi l'extraction produisit :

En 1858, 1859 et 1860..	8,296 tonnes.
» 1861..............	9,108 »
» 1862..............	5,637 »
» 1863.............	6,425 »
» 1864..............	9,196 »
» 1865..............	8,645 »
» 1866..............	4,832 »
» 1867.............	8,006 »

60,145 tonnes.

A partir de 1868, l'extraction augmente assez notablement, et atteint :

En 1868..............	18,905 tonnes.
» 1869.............	25,100 »
» 1870..............	32,380 »
» 1871..............	41,801 »

118,186

178,331 tonnes.

Dépenses faites. — Jusqu'à la fin de 1871, la Compagnie de la Lys n'avait pu, avec une aussi faible production, couvrir ses frais

d'exploitation. Son capital actions, fixé à 2 millions, n'avait pas
été complètement placé (¹), et n'avait produit que.   1,233,500 fr.

Dès 1861, la Société avait dû recourir aux
emprunts et s'était procurée de cette manière .   .   1,270,100   »

Ses recettes s'élevaient ainsi à   2,503,600 fr.

Ses dépenses avaient été assez considérables, et les intérêts et
le remboursement de ses emprunts, ajoutés aux annuités qu'elle
avait à payer à la Compagnie du chemin de fer du Nord, consti-
tuaient une charge écrasante. La Société était à bout de
ressources ; elle allait succomber écrasée par un passif de plus
de 2 millions.

Il était dû :

1⁰	Aux obligataires, capital versé et primes....	1,402,250 fr.	»
2⁰	» intérêts échus............	89,625	»
3⁰	A la Compagnie du Nord, principal et intérêts échus................	639,598	41
4⁰	Aux souscripteurs de l'emprunt hypothécaire, principal et intérêts..	32,686	66
5⁰	A divers...............	76,472	53
	Total......	2,240,632 fr.	60
	Il existait en valeurs disponibles.............	100,414	26
	Restait un passif......	2,140,218 fr	34

Une assemblée générale extraordinaire, tenue le 6 février 1872,
décida la liquidation de la Société ; et pour éviter aux actionnaires non seulement la perte des sommes versées, mais le
rapport de 4 à 500 fr. par action pour le paiement des dettes, elle
décida en même temps la constitution d'une Société nouvelle
reprenant la suite de l'ancienne.

Du 28 août 1855, date de la constitution de la Société civile de
la Lys—Supérieure, au 6 février 1872, date de la liquidation, les
recettes se sont élevées à   2,503,600   »
et les dépenses à   2,566,670   77

l'excédant des dépenses sur les recettes est de.   63,070   77

(1) Il n'avait été placé, le 31 décembre 1871, que 3,267 actions sur les 4,000 formant le capital.

Les recettes se composaient :

Actions	Première émission en 1855.	800 libérées.	" "
		1,400 à 500 fr.....	700,000 "
	Deuxième " 1859.	1,067 à 500 fr.....	533,500 "

3,267 actions ayant produit.... 1,233,500 fr. "

Emprunts....	1er en 1861. — 2,500 obligations de 200 fr. remboursables à 250 fr. en 20 ans et rapportant 12 fr. 50 d'intérêts..	500,000 "
	2e en 1862. — 339 id. de 1,000 f. id. à 1,000 f.	339,000 "
	3e en 1868. — 2,000 id. de 200 f. id. à 250 f.	400,000 "

Emprunt hypothécaire........ .... 31,100 "

1,270,100 "

Total des recettes...... 2,503,600 fr. "

Les dépenses se décomposaient ainsi :

Premier établissement. — Terrain .... 60,883 fr. 71
Puits d'extraction. 697,396 29
Bâtiments 204,143 29
Matériel........................ 350,838 44
Forages......................... 51,086 02
Chemins. 39,693 03
Frais généraux................... 60,497 01
Dépréciation du matériel........... 12,821 10
Chemin de fer..... . ... 610,005 10
Dépôts de Lumbres et du rivage....... 18,790 65

2,106,154 64
Approvisionnements et ateliers..................... .... 42,223 76
Emprunts. — Remboursements .... 63,400 fr. "
Intérêts, primes, etc............. 348,996 80

412,396 80
Exploitation. — Excédant des dépenses sur les produits......... 5,895 57

Total des dépenses...... 2,566,670 fr. 77

Transformation de la Société civile en Société anonyme. — La liquidation de la Société civile, décidée par l'assemblée générale extraordinaire du 6 février 1872, s'effectua, ainsi qu'il a été dit, par la formation d'une Société nouvelle sous forme anonyme, dans laquelle on fit entrer et les obligations et les actions de l'ancienne Société.

Conformément au plan de transformation accepté par les assemblées générales des intéressés dans la Société civile, le capital social actuel devait être de fr. 1,205,000 dont 263,000 fr. en numéraire, savoir :

1°	1,296	actions	libérées intégralement aux conditions de transformation ;	
2°	258	»	également libérées ;	
	1,554	actions	représentant un capital de fr. .	777,000
3°	789	»	libérées de 166 fr. 66, à libérer en argent de 333 fr. 34 et représentant un capital de fr. . . .	394,500
4°	67	»	libérées intégralement et représentant un capital de fr. . . .	33,500
	2,410	actions.	Total du capital actuel fr.	1,205,000

Ce capital pouvait être augmenté ultérieurement jusqu'à concurrence de fr. . . . . 1,295,000 divisé en 2,590 actions de 500 fr. savoir :

1°	1,056			
2°	212			
	1,268	actions	intégralement libérées et représentant un capital de fr. . . .	634,000
3°	894	»	libérées de 166 fr. 66, à libérer en argent de 333 fr. 34 et représentant un capital de fr. . . .	447,000
4°	16	»	libérées intégralement et représentant un capital de fr. . . .	8,000
5°	412	»	à libérer entièrement en argent et représentant un capital de fr.	206,000
	2,590	actions.	Total de l'augmentation prévue du capital fr. . . .	1,295,000

Tout actionnaire de l'ancienne Société, possédant cinq actions, recevait trois actions de la Société anonyme. moyennant le paiement de 1,000 fr. espèces, c'est-à-dire que chaque action ancienne était reprise dans la Société nouvelle pour 100 fr.

Toutefois, quand un même actionnaire convertissait trois groupes de cinq actions. avec versement de 3,000 fr., en neuf actions nouvelles, il avait le droit d'échanger sans soulte dix actions anciennes contre une nouvelle, ce qui attribuait dans ces conditions une valeur de 50 fr. à l'action ancienne.

Tout obligataire, adhérent à la nouvelle Société, capitalisait les titres lui appartenant et les coupons échus ou à échoir jusqu'au 1er avril 1872. A cette somme il ajoutait 10 %, et le total lui donnait droit à autant d'actions de la nouvelle Société qu'il contenait de fois 500 fr.

La différence en plus était remboursée en espèces à moins que l'obligataire ne préférât recevoir une action en complétant sa soulte en espèces.

La Société civile transférait à la Société anonyme l'ensemble de ses biens, de ses droits et ses obligations actives et passives.

La nouvelle Société parvint à se constituer; toutefois la conversion des anciennes actions en actions nouvelles ne produisit que fr. 549,000 somme insuffisante pour faire face aux dépenses nécessaires au fonctionnement de l'entreprise.

On dut émettre en 1877 des actions nouvelles et, malgré le prix très-réduit 166 fr. 66. auquel on les offrait, on ne parvint à en placer que 600 qui produi-sirent fr. 100,000

Produit du placement des actions fr.   649,000

Lors de l'assemblée de mai 1876, le nombre d'actions émises était de 3,668 représentant un capital de. . . .   1,834,000 fr.

Par suite d'adhésions nouvelles le nombre d'actions s'est accru :

En 1876 de. . . . .   6 4/10 pour fr. 3,200
 " 1877 de.   600
                                  606 4/10

de sorte que le nombre d'actions émises au 14 mai 1878 est de 4,274 4/10 représentant au taux nominal de 500 fr. un capital de 2,137,000 fr.

Le capital actions a été tout-à-fait insuffisant pour soutenir la marche de l'entreprise, dont l'exploitation, sauf pendant les années des prix excessifs des charbons, n'a jamais donné que des pertes.

Emprunts. — Il a fallu recourir à des emprunts successifs.

Le premier fut réalisé en 1874 et produisit . .   234,550 fr.

L'assemblée générale du 12 septembre 1876 décida l'émission de 4,000 obligations de 225 fr. remboursables à 250 fr., mais cette émission ne fut couverte que jusqu'à concurrence de . . . . .   315,125 »

549,675 fr.

A la fin de l'année 1878, la Compagnie a lancé des prospectus pour le placement des obligations non souscrites en 1876-77 et restées à la souche, mais cette souscription n'a pu être réalisée.

Les bilans d'autre part aux 31 décembre 1876 et 1877 résument la situation de la Compagnie aux multiples points de vue de ses émissions d'actions, de ses emprunts, de ses dépenses de premier établissement et de ses ressources.

BILAN au 31 décembre.

	1876.		1877.	
ACTIF.				
Caisse et effets en portefeuille, etc	30.697	97	30.126	56
Comptes courants.	90.358	06	214.178	95
Produits invendus.	18.873	94	21.689	23
Souscriptions à l'emprunt d'un million. . . .	60.875	»	11.450	»
Souscriptions » »	621.225	»	»	»
Actions.	1.834.000	»	1.837.000	»
Approvisionnements.	124.248	38	61.970	34
Établissement premier.	2.973.016	52	2.899.740	18
Pertes et profits, y compris exercice courant	223.718	12	484.332	29
Actif.	5.977.012	99	5.560.486	65
PASSIF.				
Ouvriers.	21.733	42	14.689	74
Caisse de secours	38.013	82	40.718	37
Comptes courants	80.372	27	92.004	66
Intérêts et remboursements d'obligations dûs.	2.826	20	5.518	80
Fonds de réserve.	111.230	13	111.230	14
Compagnie du chemin de fer du Nord . . .	449.680	55	385.440	30
Chemin de fer (excédant des produits)	22.179	76	34.216	76
Amortissement du compte premier établissement.	120.442	88	147.142	88
Capital actions.	1.834.000	»	1.837.000	»
Capital obligations : 1er emprunt.	75.600	»	71.600	»
2e »	58.000	»	55.000	»
3e »	315.600	»	302.200	»
4e » 1874 . . .	36.250	»	»	»
» 1 million.	900.000	»	309.125	»
Souscription à la Société anonyme	1.837.200	»	2.137.200	»
Actions à annuler.	17.400	»	17.400	»
Primes de transformation.	56.453	95	»	»
	5.977.012	99	5.560.486	65

Production depuis 1872. — A partir de 1871, l'extraction s'élève à des chiffres supérieurs à ceux des précédentes années quoiqu'elle ne soit pas encore bien considérable, par suite de l'irrégularité du gisement.

Elle est :

En 1872 de............	39,299	tonnes.
» 1873 de............	37,009	»
» 1874 de............	35,673	»
» 1875 de............	42,332	»
» 1876 de............	54,891	»
» 1877 de............	47,107	»
» 1878 de............	39,130	»

	295,441	tonnes.
L'extraction de 1858 à 1871 avait été de...	178,331	»
Total de la production depuis l'origine.	473,772	tonnes.

Jusqu'en 1875, l'extraction se faisait à la profondeur de 280 m. Pendant cette année on approfondit la fosse de 80 m. sous stoc, par le procédé Lisbet, et deux nouveaux étages furent ouverts à 320 et à 350 m. En même temps on perça la faille qui avait jusqu'alors arrêté toutes les exploitations vers le levant, et on retrouva au delà toutes les veines connues, mais rejetées au nord de 100 mètres.

Coke . — Briquettes. — Les houilles de Fléchinelle sont menues ; la vente en est difficile. Aussi pour en faciliter l'écoulement, la Compagnie a fait construire, en 1872 et 1873, quarante fours à coke du système Smet, de 0 m. 60 de largeur, 1 m. 10 de hauteur et 7 m. de longueur, produisant chacun 1,500 kilog. de coke par 24 heures.

Le rendement est de 66 %.

Leur installation avec conduite d'eau et matériel a coûté	85,000 fr.
A cette somme il faut ajouter . . . . . . pour bâtiments, broyeurs, lavoirs et accessoires.	52,000 »
Total. . .	137,000 fr.

La fabrication annuelle de coke est d'environ 10.000 tonnes procurant l'écoulement de 15 à 16,000 tonnes de houille.

Après 1875, divers essais de fabrication d'agglomérés domestiques, sans adjonction de brai ni de goudron, ont été tentés. On paraissait être en voie de réussir avec les appareils modifiés Durand et Marais, lorsqu'un procès, compliqué de la faillite du constructeur et de la liquidation de la Société des inventeurs, s'est produit, et les essais ont été abandonnés.

Recettes et dépenses de la Société anonyme. — Du 7 février 1872, date de la fondation de la Société anonyme, jusqu'au 31 décembre 1877, les recettes ont été :

Soulte de conversion des anciennes actions.......			519,000 fr.	"
Placement de 600 actions à 166 fr. 66 pour...............			100,000	"
			649,000 fr.	"
Emprunts.... { obligations émises en 1874.....	234,250 fr.	"		
Id. en 1876......	276,300	"		
			510,550	"
Produit de la vente de 2,200 m. de la partie de chemin de fer, comprise entre la gare d'Aire et le rivage....................			88,000	"
Bénéfices sur charbon, coke, chemin de fer, après amortissement du compte profits et pertes, intérêts des obligations exceptés.....			168,265	52
Total......			1,415,815 fr. 52	

Pendant le même temps, il a été dépensé :

Déficit d'actif légué par la Société civile....			63,070 fr. 77	
Emprunt .... { Intérêts....................	230,050 fr. 73			
Remboursement d'obligations....	106,500	"		
			336,550	73
Remboursement d'emprunt hypothécaire......................			31,100	"
Annuités payées à la Compagnie du Nord.....................			369,719	35
Premier établissement.— Puits d'extraction........	134,172 fr. 12			
40 fours à coke.	73,044	07		
Bâtiments et appareils de chauffage...........	47,210	54		
Générateurs...........	65,552	18		
Ventilateurs....	29,015	08		
Terrains.............	20,745	56		
Chemin de fer et divers ..	101,376	26		
			471,115	82
Augmentation des objets d'approvisionnement			19,746	58
Total......			1,291,303 fr. 25	

Ainsi les recettes ont été de.............	1,415,815 fr. 52
Et les dépenses de........	1,291,303 25
Il restait au 31 décembre 1877......	124,512 fr. 27

disponibles pour la marche de l'entreprise.

Cette somme, représentée par des marchandises en magasin et des créances, est insuffisante et, dès le commencement de l'année 1878, la Compagnie a dû s'occuper de se procurer de nouvelles ressources.

Dépenses depuis l'origine. — On a vu que la première Société avait dépensé au 6 février 1877 . . . . 2,566,670 fr. 77 et que la deuxième Société avait absorbé au 31 décembre 1877 1,291,303   25

Ensemble. . . 3.857.974 fr. 02

La production annuelle a atteint au maximum, en 1876, 54,000 tonnes ; en moyenne, cette production n'a pas été de plus de 40,000 tonnes. Il a donc été dépensé à Fléchinelle plus de 90 fr. par tonne extraite annuellement.

Situation financière actuelle. — La situation actuelle de la Compagnie de Fléchinelle est loin d'être belle ; mais cette situation ne peut être attribuée ni à l'Administration ni à la Direction, qui ont conduit l'entreprise avec économie, avec ordre, et avec sagesse. Elle est due entièrement aux conditions de gisement, et aux charges financières qui grèvent l'établissement : emprunts onéreux et chemin de fer long et coûteux.

Cette situation de la Compagnie de Fléchinelle est exposée très nettement dans les comptes des deux derniers exercices soumis aux actionnaires dans leurs assemblées générales.

Compte général. — Pertes et Profits.

	DES EXERCICES	
PERTES	**1876.**	**1877.**
Amortissement sur matériel et bâtiments..	37.610 72	26.700 »
Intérêts et primes de remboursement des obligations.	37.363 75	43.297 50
Intérêts, frais d'administration, divers. . . .	18.314 41	18.805 03
Perte sur exploitation et fabrication de coke	33.043 98	33.304 09
Perte sur placement d'actions, commissions, etc.	9.694 27	200.000 »
	136.227 13	322.106 62
PROFITS.		
Intérêts et produits divers	2.552 44	5.038 50
Solde du compte, prime de transformation.	» »	56.453 95
	2.552 44	61.492 45
Pertes définitives. . . .	133 674 69	260.614 17

Ouvriers. — Salaires. — Voici les renseignements que fournissent les rapports des ingénieurs des mines sur les ouvriers de Fléchinelle, leur production et leurs salaires annuels.

Année.	Ouvriers au fond.	Ouvriers au jour.	Total.
1869.	170	51	221
1871.	240	61	301
1872.	258	52	310
1877.	309	131	440
1878.	246	108	354

La production annuelle d'un ouvrier a été :

Année.	Ouvriers du fond.	Ouvriers du fond et du jour.
1869......	147 tonnes.	113 tonnes.
1871......	174 »	140 »
1872......	152 »	126 »
1877......	152 »	107 »
1878......	159 »	110 »
Moyenne..	157 tonnes.	115 tonnes.

Il a été payé en salaires :

Année.	Total.	Par ouvrier.
1869	210,101 fr.	950 fr.
1871......	248,760	829
1872......	364,647	1,176
1877......	329,342	748
1878......	248,661	702

La Compagnie possède 46 maisons d'ouvriers.

Prix de revient. — Rien n'est plus difficile que de donner un prix de revient exact ; aussi ne présente-t-on les chiffres ci-dessous que comme termes de comparaison.

D'après les états de redevance dressés par l'ingénieur des mines, la Compagnie de la Lys-Supérieure a donné les résultats suivants :

1873. — Extraction........................	37,009 tonnes.	
Dépenses ordinaires d'exploitation.	544,029 f. 77 par tonne	14 f. 70
Dépenses de premier établissement.	127,433 97 »	3 44
Dépenses totales......	671,463 f. 74 par tonne	18 f. 14
1874. — Extraction........................	35,673 tonnes.	
Dépenses ordinaires d'exploitation.	535,874 f. 25 par tonne	15 f. 01
Dépenses de premier établissement.	148,562 82 »	4 16
Dépenses totales......	684,437 f. 07 par tonne	19 f. 17

La main-d'œuvre figurait dans les prix de revient de 1874 pour 9 fr. 22.

D'après le rapport à l'assemblée générale des actionnaires de 1878, le prix de revient était :

En 1876 de............ 12 fr. 93
Et en 1877 de......... .... 12 16

Prix de vente. — De même que pour le prix de revient il est très-difficile d'établir le prix moyen de vente d'une houillère. Voici quelques chiffres recueillis à diverses sources, et qui donnent au moins une idée comparative des prix nets de vente à Fléchinelle à diverses époques :

1869	12 fr. 55	la tonne.
1872	12 80	»
1873	19 50	»
1874	19 50	»
1875	15 60	»
1876	12 32	»
1877	11 46	»
1878	10 96	»

Sauf pendant les années 1873-1875, où les prix de vente de la houille ont été très-élevés, l'exploitation de Fléchinelle n'a jamais donné que de la perte.

Valeur des actions. — L'action de 500 francs de la Société civile de la Lys-Supérieure ne se vendait déjà plus en 1861 qu'à 300 francs.

Après la transformation de la Société civile en Société anonyme, l'action de 500 francs se vend :

En 1873 à   530 fr. Il y avait à cette époque 3,120 et 8/10 actions en circulation.
Elle tombe à 465   » en janvier 1874.
Elle est à   507   » en janvier 1875.

Elle monte successivement pour atteindre son maximum, 1,000 francs, en mai 1875.

Elle redescend ensuite graduellement et tombe :

A 510 fr. en janvier 1876. Il y avait alors 3,668 actions en circulation.
» 248   »   février 1877.
» 157   »   janvier 1878.
»   76   »   octobre 1878.
»   50   »   novembre 1879.

Le nombre d'actions émises est actuellement de 4,274. Il n'était au 1er janvier 1876 que de 3,668. Il a été émis en 1877 et 1878, 600 actions au prix moyen de 166 francs.

PUITS ET FORAGES

exécutés par diverses Sociétés à proximité de la concession de
FLÉCHINELLE ou dans le périmètre de ladite concession.

COMPAGNIE HOUILLÈRE ANONYME DE LA LYS-SUPÉRIEURE.
CONCESSION DE FLÉCHINELLE.

N° 84. Fosse de Fléchinelle. — Ouverte à la fin de 1855. — Niveau difficile
qui exigea deux années de travail et d'efforts pour le traverser. 80 m. de hauteur de
cuvelage. — Terrain houiller rencontré à 127 m. 23 en avril 1858. Le cuvelage qui
est en orme a été revêtu, en 1866, d'une chemise en fonte ayant 50 m. de hauteur
depuis la base dudit cuvelage. Ce revêtement qui a coûté 120,000 francs a réduit le
diamètre utile du puits, de 4 m. à 3 m. 40. Un enfoncement sous stoc, exécuté à la
fin de 1877, a porté la profondeur de la fosse à 365 m. Charbon extrait depuis la mise
en exploitation, 1858, jusqu'au 31 décembre 1878, 473,772 tonnes. L'exploitation
donne du grisou.

86. Forage d'Enguinegatte, N° 1. — Résultat indéterminé. — Argiles et
schistes à 166 m. 70. Profondeur 212 m.

87. Forage d'Enquin, N° 3. — 1860. — Terrain houiller et veinules de
charbon. Épaisseur des morts terrains 160 m. 80. Profondeur 195 m. 70.

88. Forage d'Enquin, N° 4. — Calcaire à 161 m. Profondeur 162 m. 22.

89. Forage d'Enquin, N° 5. — Calcaire à 159 m. Profondeur 165 m. 44.

113. Forage de Fléchinelle, N° 2. — Grès dévonien à 128 m. 98. Profondeur
130 m. 40.

111. Forage d'Enguinegatte, N° 2. — 1873-1874. — Calcaire.

110. Forage d'Enquin, N° 6. — Calcaire dévonien.

PREMIÈRE SOCIÉTÉ DE RECHERCHES (PODEVIN ET Cⁱᵉ).

N° 77. Forage de la Tirremande. — 1852. — Terrain houiller à 105 m. acquis et continué par la Société Faure. Poussé à 160 m. Cinq couches de houille de 0 m. 40 à 1 m. 30 de puissance.

78. Forage d'Enquin, N° 1. — 1853. — Calcaire carbonifère à 142 m.

80. Forage de Fléchinelle, N° 1. — 1853.— Terrain houiller à 132 m. 72. A recoupé plusieurs couches de houille grasse. Profondeur 159 m. 31.

81. Forage d'Estrée-Blanche. — 1854. — Terrain houiller à 112 m. Belle couche de houille grasse à 138 m. Profondeur 141 m. 12.

82. Forage de Serny. — 1855. — Calcaire supérieur assimilable aux marbres du Boulonnais à 130 m. 30. Profondeur 131 m. 30.

83. Forage d'Enquin, N° 2. — 1855. — Terrain houiller, petite couche de houille, puis grès houiller dans lequel on a approfondi plus de 100 m. Ce sondage a été terminé par la Société d'exploitation (Fléchinelle).

SOCIÉTÉ LA MORINIE (LEBRETON ET Cⁱᵉ).

N° 300. Puits de La Morinie. — 1861. — Creusé au diamètre utile de 4 m. Maçonné et cuvelé jusqu'à la tête du niveau. Abandonné à la publication du décret d'extension de la concession de Fléchinelle. Était pourvu de divers bâtiments d'exploitation qui existent encore, d'une machine d'extraction et d'un générateur.

303. Autre puits. — Creusé jusqu'au niveau, boisé simplement, puis abandonné : un éboulement s'étant produit, l'administration des mines a obligé le propriétaire du terrain à combler l'excavation.

308. Forage Lebreton, N° 1. — Terrain houiller.

109.   Id.   id.   N° 2. — 1859. — Épaisseur des morts-terrains 161 m. Arrête à 177 m. dans le calcaire et les grès de transition.

910. Forage Lebreton, N° 3. — Calcaire.

911. **Id.** **id.** **N° 4.** — Calcaire.

112. **Id.** **id.** **N° 5.** —1860.—Conglomérats de silex. Profondeur 176^m

912. **Id.** **id.** **N° 6.** — Terrain dévonien.

913. **Id.** **id.** **N° 7.** — Terrain dévonien.

DEUXIÈME SOCIÉTÉ DE RECHERCHES (PODEVIN ET Cie).

N° 914. Forage d'Estrée-Blanche, N° 1. — Calcaire carbonifère.

915. **Id.** **id.** **N° 2.** — Calcaire carbonifère.

SOCIÉTÉ DE RECHERCHES (LUCAS CHAMPIONNIÈRE ET Cie).

N° 916. Forage de Serny. — Calcaire supérieur, assimilable aux marbres du Boulonnais, — 1853.

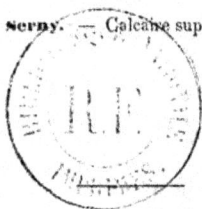

TABLE DES MATIÈRES.

TEXTE.

XI. — Mines de Fléchinelle.

LÉGENDES DES PLANCHES.

348 LÉGENDE DES PLANCHES.

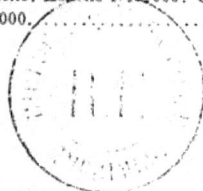

Lille Imp. L. Danel.

www.ingramcontent.com/pod-product-compliance
Lightning Source LLC
Chambersburg PA
CBHW052103230326
41599CB00054B/3649